西洋参营养品质评价及产品开发

◎ 孙印石　刘政波　宋政建　著

中国农业科学技术出版社

图书在版编目（CIP）数据

西洋参营养品质评价及产品开发 / 孙印石，刘政波，宋政建著 . -- 北京：中国农业科学技术出版社，2024.10

ISBN 978-7-5116-6483-9

Ⅰ. ①西… Ⅱ . ①孙… ②刘… ③宋… Ⅲ . ①西洋参－营养成分－研究 ②西洋参－产品开发－研究 Ⅳ . ① R282-71

中国国家版本馆 CIP 数据核字（2023）第 203478 号

责任编辑 马雪峰 姚 欢
责任校对 王 彦
责任印制 姜义伟 王思文

出 版 者 中国农业科学技术出版社
北京市中关村南大街 12 号 邮编：100081
电　　话 （010）82106630（编辑室）（010）82106624（发行部）
（010）82109709（读者服务部）
传　　真 （010）82106631
网　　址 https://castp.caas.cn
经 销 者 各地新华书店
印 刷 者 北京建宏印刷有限公司
开　　本 185 mm × 260 mm 1/16
印　　张 11.5
字　　数 247 千字
版　　次 2024 年 10 月第 1 版 2024 年 10 月第 1 次印刷
定　　价 160.00 元

《西洋参营养品质评价及产品开发》编委会

主　　著　孙印石　刘政波　宋政建

副 主 著　李志满　谷召俊　于红霞

著作成员　（以姓氏笔画为序）

丁茂桐　于红霞　于进池　马健凯　王　梓
王燕华　牛序滕　仉　劲　石莹莹　田　伟
曲　迪　任多多　任利鹏　华　梅　刘　畅
刘　爽　刘　静　刘　毅　刘金华　刘金辉
刘政波　那　微　孙印石　李　伟　李　娜
李　锴　李仁涛　李田野　李志满　李珊珊
李雪晴　杨希全　肖　娜　吴　迪　谷召俊
沙纪越　宋政建　宋振巧　宋根群　张　伟
张　悦　张燕停　陆雨顺　陈　宝　陈建波
陈浩成　邵紫君　武伦鹏　林红梅　周晨阳
郑文彬　房信胜　弥　宏　贾桂燕　徐桂珍
郭德山　梅显贵　霍晓慧　穆　锐　戴　刚
魏亮亮　魏晓明

西洋参（*Panax quinquefolium* L.）又名花旗参、美国参，为五加科人参属多年生草本植物，具有补气养阴、清热生津的作用。临床上用于气虚阴亏、虚热烦倦、咳喘痰血、内热消渴、口燥咽干等症。西洋参原产于北美洲加拿大的蒙特利尔、魁北克和美国东部，我国自1975年引种成功后，西洋参在东北和山东威海地区已有大量种植。随着现代药理研究的深入，西洋参的药理活性及作用机制被逐步揭示，其市场需求也不断增大。2023年11月，国家卫生健康委和国家市场监管总局将西洋参纳入既是食品又是中药材的物质目录，自此，作为药食同源植物的西洋参拥有了名贵中药和高级食材的双重身份，产业发展迎来了新春天。

目前已知西洋参中含有皂苷、蛋白质、氨基酸、多糖、挥发油、维生素等多种化学成分，具有调节免疫、抗抑郁、抗肿瘤、抗炎、抗氧化、降血糖、保护心血管系统等多种药理作用，但对于不同来源和加工方法的西洋参中化学成分和药理作用缺乏系统的总结归纳，尤其对西洋参的营养品质和产品创制依然缺乏完整的研究与开发。鉴于此，本团队联合相关单位对山东产西洋参的营养品质及产品开发方面进行了大量研究，在整理和回顾近年来发表的相关文献和研究成果的基础上编辑了本书。本书全面介绍了西洋参中各种化学成分（皂苷、多糖、蛋白质、氨基酸、核苷类、黄酮、无机元素、重金属和农药残留）及检测方法，比较了不同来源和加工方法对西洋参中化学成分和免疫活性的影响，提炼和总结了西洋参的生理作用，系统介绍了西洋参在各类产品（抗癌、解酒护肝、提高免疫力、改善肠道菌群失调、改善腹泻、治疗溃疡性结肠炎和降尿酸改善痛风）开发中的作用机制和治疗效果。力图通过本书为更多从事西洋参产业的科研人员和相关企业提供化学成分和产品开发的参考，以期为西洋参品质评价和更深层次的研究与利用提供理论依据，为推动西洋参产业的长足进步和全面发展奠定基础。

本书内容广泛，加之作者水平有限，疏漏之处在所难免，恳请广大读者不吝指正。

著　者

2023年12月

第一篇　西洋参营养品质评价

第一章　西洋参化学成分概况…… 3

1　研究背景…… 3

2　人参皂苷类成分…… 3

3　多糖类成分…… 5

4　氨基酸类成分…… 5

5　无机元素类成分…… 6

6　挥发油类成分…… 6

7　黄酮类成分…… 7

参考文献…… 7

第二章　西洋参化学成分分析…… 11

1　材料与方法…… 11

2　结果与分析…… 19

参考文献…… 35

第二篇　西洋参加工品质和免疫活性研究

第三章　不同加工方法对西洋参化学成分的影响…… 39

1　材料与方法…… 39

2　结果与分析…… 40

3　结论…… 44

参考文献…… 45

第四章　西洋红参和软支西洋参的免疫活性对比分析…… 46

1　材料与方法…… 47

2　结果与分析 …… 50
3　结论 …… 55
参考文献 …… 56

第三篇　西洋参产品开发

第五章　西洋参药理作用的研究进展 …… 61
1　抗肿瘤作用 …… 61
2　抗氧化作用 …… 62
3　抗炎作用 …… 62
4　免疫调节作用 …… 63
5　对代谢的作用 …… 64
6　对心血管系统的作用 …… 64
7　总结与展望 …… 65
参考文献 …… 65

第六章　西洋参抗癌产品开发 …… 68
1　材料与方法 …… 69
2　结果与分析 …… 72
3　结论 …… 88
参考文献 …… 89

第七章　西洋参解酒护肝产品开发 …… 93
1　材料与方法 …… 93
2　结果与分析 …… 95
3　结论 …… 99
参考文献 …… 100

第八章　西洋参提高免疫力产品开发 …… 103
1　材料与方法 …… 104
2　结果与分析 …… 107
3　结论 …… 114
参考文献 …… 116

第九章　西洋参改善肠道菌群失调产品开发 …… 121
1　材料与方法 …… 121
2　结果与分析 …… 124
3　结论 …… 130
参考文献 …… 131

第十章　西洋参改善腹泻产品开发 …… 133
1　材料与方法 …… 134
2　结果与分析 …… 136
3　结论 …… 139
参考文献 …… 140

第十一章　西洋参治疗溃疡性结肠炎产品开发 …… 142
1　材料与方法 …… 142
2　结果与分析 …… 146
3　结论 …… 163
参考文献 …… 163

第十二章　西洋参治疗痛风产品开发 …… 165
1　材料与方法 …… 165
2　结果与分析 …… 167
3　结论 …… 170
参考文献 …… 171

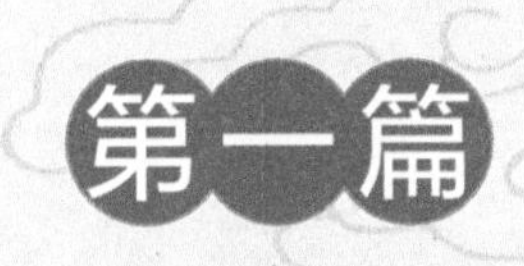

西洋参营养品质评价

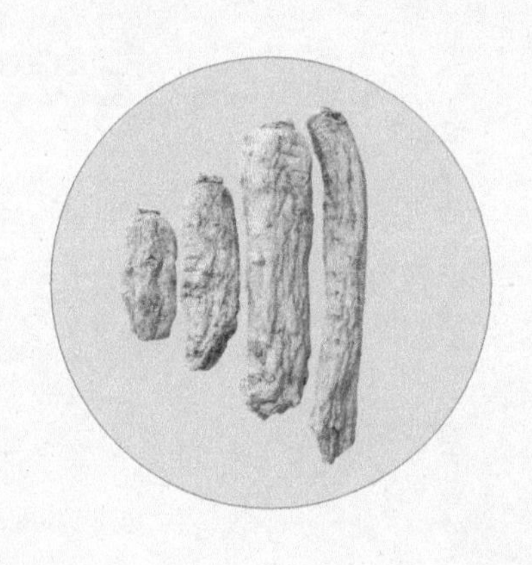

第一章　西洋参化学成分概况

西洋参（*Panax quinquefolium* L.）是五加科人参属多年生草本植物，具有补气养阴、清热生津的功效，我国于300多年前将西洋参运用在中医临床治疗领域。近年来，人们对西洋参的化学成分进行了系统研究，西洋参的化学成分主要有人参皂苷、多糖、挥发油、微量元素、氨基酸、蛋白质、维生素、脂肪酸等。本章对西洋参化学成分的研究现状进行综述，以期为西洋参的进一步研究和开发利用提供参考。

1　研究背景

西洋参在我国始载于《本草纲目拾遗》，清代《补图本草备要》中记载“西洋参，苦、甘、凉、味厚、气薄、补肺降火，生津液，除烦倦，虚而有火者相宜”。最早于1854年人们就开始了西洋参化学成分研究，目前已知西洋参中含有皂苷、蛋白质、氨基酸、核苷、黄酮类、多糖、挥发油、维生素、矿物质等多种化学成分，具有免疫调节、抗抑郁、抗肿瘤病、抗炎、抗氧化、降血脂等多种药理作用[1-6]。

西洋参原产于北美洲加拿大的蒙特利尔、魁北克和美国东部，我国自1975年引种成功后，西洋参在东北和山东威海地区大量种植，鲜参年产量已达1万t，我国已经成为除加拿大、美国之外的第三大西洋参生产国。而山东威海地区经过30多年的推广种植，已发展成西洋参生产集中度最高的产区，占全国的45%以上。中药加工是几千年来发展起来的一种制药技术形式，对于中药在传统临床实践中的安全有效应用至关重要。热加工作为目前常用的西洋参干燥方法，因其操作简单、成本低，对环境、设备等要求不高，得到广泛应用。已有研究报道热加工西洋参改变了西洋参的药理活性，显著增加了西洋参的抗增殖作用[7-8]。

2　人参皂苷类成分

人参皂苷是西洋参中最主要的有效成分之一，目前从人参属植物中鉴定出的人参皂苷有100余种，分离出40余种[9-10]。西洋参皂苷类成分可以分为三大类群：Ra组、Rb组、Rg组。相关研究表明，在这三大类群中，Ra组的几种单体生理活性较弱，而Rb组和Rg

组的生理活性相对较强。另外，西洋参中的人参皂苷类成分按照皂苷元结构不同可分为4种：PPD、PPT、齐墩果酸型五环三萜皂苷、奥克梯隆型皂苷。其中人参皂苷 Rb_1、Re、Rg_1、Rc 和 Rd 占人参皂苷总量的 70% 以上[11]。

Wang 采用高效液相色谱－光电二极管阵列紫外检测法测定西洋参中人参皂苷的含量，结果显示人参皂苷 Rb_1 和 Re 含量较高，人参皂苷 Rc、Rd 和 Rg_1 的含量较低，人参皂苷 Rb_2 的含量最低，人参皂苷 Rf 为人参的特有成分，西洋参中未检测到人参皂苷 Rf[12-13]。研究表明，西洋参根中的人参皂苷含量为 Rb_1 > Re > Rg_1 ≈ Rc > Rd[14]。西洋参皂苷的种类繁多，所测得的皂苷类成分的含量受多种因素的影响，不同产地的西洋参以及不同部位的西洋参皂苷种类和含量有一定差异。李向高等的研究结果表明西洋参各部位皂苷含量为芦头（11.63%）> 须根（8.80%）> 侧根（7.87%）> 主根（6.49%）[15]。孟祥颖等测定了西洋参不同部位的总皂苷含量，花蕾最高，为 14.87%，茎叶最低，为 5.79%；总皂苷含量为花蕾 > 花柄 > 果肉 > 根 > 茎叶[16]。Qu 等测定了 5 年生西洋参不同部位的皂苷含量，总皂苷含量为叶（16.5%）> 根毛（6.9%）> 根茎（5.1%）> 根（4.9%）> 茎（2.0%）。刘志洋等对长白县栽培 1~4 年生西洋参根、茎、叶不同部位的总皂苷含量进行测定，总皂苷含量为叶 > 根 > 茎[17-18]。郑友兰等利用薄层层析对西洋参芦头化学成分进行了研究，从国产西洋参中分离出人参皂苷 Ro、Rb_1、Rd、Re，结果表明芦头中单体皂苷和总皂苷含量均比相应主根含量高[19]。综上可知，主根并不是西洋参各部位中总皂苷含量最高的，须根、根茎和叶的皂苷远高于主根[20-22]。

张崇禧等曾指出不同产地西洋参中皂苷含量不同，并且随参龄的增长皂苷含量增加，利用薄层层析－比色法对国内外西洋参中的单体皂苷含量进行了测定，皂苷含量北京 > 吉林通化，均大于加拿大；我国黑龙江、陕西、集安、抚松产西洋参与美国产西洋参皂苷含量无显著差异[23]。苏建等分析产自北京、山东文登、吉林靖宇的西洋参，结果发现就皂苷成分的组成与含量而言，我国吉林靖宇产的西洋参与加拿大温哥华、多伦多和美国威斯康星等进口西洋参最为接近，特别是人参皂苷 Rc 和 Rg_2 含量明显高于其他产地[24]。Sun 等基于液相色谱 / 质谱的色谱指纹图谱和化学计量学方法对美国和中国西洋参进行分析鉴别，实验结果表明两个国家栽培的西洋参中人参皂苷的含量存在较大差异[25]。美国产西洋参中人参皂苷 Rc、Rd、Rb_1 和 Rb_2 含量较高，但人参皂苷 Rb_1 含量低于中国产西洋参。许维娜等利用比色法测定西洋参总皂苷含量，由高到低依次为吉林长白地区（4.429%）> 山东（4.079%）> 吉林通化（3.599%）> 吉林抚松（3.218%）> 北京怀柔（3.081%）[26]。高晖富等对山东文登、吉林抚松、吉林靖宇以及美国和加拿大产西洋参中皂苷含量进行检测，结果表明我国山东文登产西洋参总皂苷含量为 6.90%，高于美国和加拿大西洋参总皂苷含量[27]。

3　多糖类成分

多糖是多种生命活动不可或缺的成分之一，具有多种生物活性。西洋参中含有淀粉、果胶、单糖、寡糖等多种糖类化合物，总糖含量在60%~70%。多糖是西洋参中主要的生物活性物质之一，约占干燥西洋参根的10%[28-29]。西洋参中的多糖物质按照结构分类可以分为中性多糖和酸性多糖，西洋参中性多糖主要有葡聚半乳糖和阿拉伯半乳聚糖，果胶一般由葡萄糖、半乳糖、阿拉伯糖等组成。

Wang等从西洋参根中分离出3种酸性多糖，分别命名为PPQA2、PPQA4和PPQA5[30]。Yu等分离2种中性分子多糖（WPS-1、WPS-2）和3种酸性分子多糖（SPS-1、SPS-2、SPS-3）[31]。Ghosh等分离出一种具有免疫调节特性的酸性多糖组分AGC3[32]。李珊珊等从西洋参果中提取总多糖并分离纯化，得到中性糖和酸性糖[33]。罗维莹等测定了西洋参叶中总糖、还原糖和粗淀粉含量，4年生西洋参叶中总糖含量为5.02%[34]。据报道，多糖中单糖含量为Glc > GalA > Ara > Ga > Rha。梁忠岩等测定了国内外西洋参的化学成分，发现除国产西洋参不含有木糖外，其余国内外西洋参中的其他成分无显著性差异[35]。

4　氨基酸类成分

目前已知西洋参中含有的氨基酸有17种，各部位氨基酸含量有一定差异，同年生西洋参各部位氨基酸含量的排列顺序是花蕾 > 叶 > 须根 > 主根[36]。在西洋参生长旺盛阶段地上部分的营养元素积累较多，氨基酸含量升高，反之氨基酸含量下降，表明西洋参中的氨基酸积累与营养元素的积累呈正相关[37]。参龄是影响西洋参中氨基酸含量的重要因素，根、茎、叶、花蕾及种子中的氨基酸含量均会随着参龄时间的增长而减少。王秋等的研究结果表明，氨基酸含量变化趋势与产地无关，不同参龄西洋参中氨基酸呈"V"形增长，3年生西洋参中各氨基酸含量最少，Arg与Asp含量与生长年份相关性较大，Cys与Met含量变化几乎与参龄无关[38]。刘丽敏对西洋参干燥根中游离氨基酸的含量进行分析，发现西洋参根中游离氨基酸主要以Arg为主，其含量占游离氨基酸总量的59.2%[39]。

不同产地西洋参中总氨基酸的含量具有一定差异，赵方杰等分析加拿大多伦多以及陕西留坝、吉林抚松、山东文登地区西洋参中的氨基酸种类及含量，结果表明各产地西洋参样本均检测到17种氨基酸；不同产地西洋参根部总氨基酸含量存在显著差异，根部总氨基酸含量为陕西留坝（88.09 mg/g）> 加拿大多伦多（85.80 mg/g）> 山东文登（79.44 mg/g）> 吉林抚林（65.99 mg/g）[40]。

5 无机元素类成分

西洋参具有滋补强壮、生津、补血等功能，不仅与西洋参中所含人参皂苷有关，微量元素的药理作用也不可忽视，微量元素的含量是中药非常重要的基础数据[41]。西洋参各部位中的无机元素含量不同，一般须根、根茎和叶的微量元素含量远高于主根[42]。张甲生等利用荧光法、极谱法和原子吸收光谱法检测了国产西洋参中各部位的 14 种元素：钾 K、钙 Ca、镁 Mg、钠 Na、铁 Fe、锌 Zn、铜 Cu、锰 Mn、钴 Co、硒 Se、镍 Ni、钼 Mo、铅 Pb、镉 Cd，微量元素含量依次为：根茎（48.53 mg/g）> 叶（42.02 mg/g）> 须根（35.13 mg/g）> 茎秆（34.68 mg/g）> 种子（24.88 mg/g）> 主根（17.59 mg/g）[43]。

不同产地西洋参中微量元素的差异与产地的生态环境、土壤类型及气候条件有十分密切的关系，1997 年宋晓凯应用电感耦合等离子体发射光谱法对不同产地（吉林敦化、通化、左家、桦甸，陕西西安、汉中、留坝，辽宁，黑龙江，加拿大）西洋参中 4 种人体必需微量元素（Fe、Cu、Zn、Mn）的含量进行测定，国产西洋参 Cu 和 Mn 元素的含量高于进口西洋参；进口西洋参 Fe 元素含量略高于国产西洋参；西安产西洋参 Zn 元素的含量明显高于其他产地的西洋参，我国其余产地西洋参与进口西洋参几乎无差异。李晶晶等的研究结果显示进口西洋参中 Ba 和 Y 元素含量较高，国产西洋参的 Na 元素含量较高[44]。

6 挥发油类成分

挥发油是西洋参中的气味来源，目前尚未得到充分开发。郑友兰等利用高效液相色谱—质谱联用技术首次从西洋参中分离出 90 余种化合物，并鉴定了其中 20 种化合物，包含 14 种倍半萜、5 种酯、1 种酸，其中倍半萜中反式 -β- 金合欢烯、β- 甜没药烯相对含量较高[45]。各产地的西洋参挥发油含量在 0.04%~0.10%。

不同干燥方法对西洋参的挥发性成分具有很大影响，李丽丽等利用气相离子迁移谱（GC-IMS）对烘干和冻干处理的西洋参进行挥发性成分研究，在西洋参中共定性出 52 种挥发性成分，包括 11 种醇类、8 种酮类、12 种醛类、5 种吡嗪类、5 种酯类、4 种酸类、2 种烯烃类等[46]。结果显示，冻干干燥方式下西洋参的醛类和醇类挥发性成分的质量分数高，烘干方式下酯类、酸类、酮类、烯烃类、吡嗪类挥发性成分的质量分数高。焦玉凤等采用顶空固相微萃取（HS-SPME）技术结合 GC-MS 对西洋参的挥发性成分进行提取、分析与鉴定，共鉴定出 147 种化合物，包括 92 种烃类、17 种醇类、9 种醛类、7 种酮类、3 种酯类、2 种有机酸及酚类、17 种杂环类及其他化合物。我国吉林蛟河 3 年生、4 年生西洋参和加拿大魁北克 3 年生、4 年生西洋参共有 16 种挥发性成分[47]。综上所述，虽然国内外西洋参挥发油种类和含量类似，但存在一定的差异，不完全一致，这可能与西洋参的产地经纬度、采收时间以及干燥保存方式等多种因素有关，具体的相关性还有待于进一步探究。

7　黄酮类成分

黄酮类化合物在心血管系统、内分泌系统和抗肿瘤方面具有明显的药理作用，西洋参中总黄酮通常是采用溶剂提取，紫外比色法进行测定。魏春雁等将 CM Sephadex C-25 用于黄酮类化合物的分离并取得了成功[48]。孟祥颖等在西洋参根和果中发现了黄酮，利用紫外比色法对西洋参不同部位总黄酮含量进行测定，结果为花（0.64%）> 果（0.40%）> 茎叶（0.15%）> 根（0.10%）[49]。郑朝华等考察了 4 种因素对西洋参中黄酮类物质提取的影响，发现料液比和温度对黄酮类物质的提取影响较大，提取时间和 pH 值对黄酮类物质的提取影响较小[50]。

参考文献

[1] 丁涛，尚智，温富春，等．西洋参茎叶总皂甙对小鼠腹腔巨噬细胞免疫功能作用的研究［J］．长春中医药大学学报，2007，23（6）：14-15.

[2] LI Z M, ZHAO L J, CHEN J B, et al. Ginsenoside Rk1 alleviates LPS-induced depression-like behavior in mice by promoting BDNF and suppressing the neuroinflammatory response［J］. Biochemical and Biophysical Research Communications, 2020, 530(4): 658-664.

[3] KING M L, MURPHY L L. Role of cyclin inhibitor protein p21 in the inhibition of HCT116 human colon cancer cell proliferation by American ginseng (*Panax quinquefolius*) and its constituents［J］. Phytomedicine, 2009, 17(3-4): 261-268.

[4] WANG X, WANG C, WANG J, et al.. Pseudoginsenoside-F11 (PF11) exerts anti-neuroinflammatory effects on LPS-activated microglial cells by inhibiting TLR4-mediated TAK1/IKK/NF-κB, MAPKs and Akt signaling pathways［J］. Neuropharmacology, 2014, 79: 642-656.

[5] SHAO Z H, XIE J T, HOEK T L V, et al.. Antioxidant effects of American ginseng berry extract in cardiomyocytes exposed to acute oxidant stress［J］. Biochimica et Biophysica Acta, 2004, 1670(3): 165-171.

[6] KIM H M, LEE J, JUNG S, et al.. The involvement of ginseng berry extract in blood flow via regulation of blood coagulation in rats fed a high-fat diet［J］. Journal of Ginseng Research, 2017, 41(2): 120-126.

[7] WANG C Z, AUNG H H, NI M, et al.. Red American ginseng: Ginsenoside constituents and antiproliferative activities of heat-processed *Panax quinquefolius* roots［J］. Planta Medica,

2007, 73(7): 669-674.

[8] HE M, HUANG X, LIU S Y, et al.. The difference between white and red ginseng: variations in ginsenosides and immunomodulation [J] . Planta Medica, 2018, 84: 845-854.

[9] 鲍建材，刘刚，郑友兰，等 . 西洋参中皂苷类成分的研究 [J] . 人参研究，2004，16（1）: 7-9.

[10] JIA L, ZHAO Y Q. Current evaluation of the millennium phytomedicine-ginseng (I): Etymology, pharmacognosy, phytochemistry, market and regulations [J] . Current Medicinal Chemistry, 2009, 16(19): 2475-2484.

[11] CHEN C F, CHIOU W F, ZHANG J T. Comparison of the pharmacological effects of *Panax ginseng* and *Panax quinquefolium* [J] . Acta Pharmacologica Sinica, 2008, 29(9): 1103-1108.

[12] WANG A, WANG C Z, WU J A, et al.. Determination of major ginsenosides in *Panax quinquefolius* (American ginseng) using high-performance liquid chromatography [J] . Phytochemical Analysis, 2005, 16(4): 272-277.

[13] LI W, GU C, ZHANG H, et al. Use of high-performance liquid chromatography-tandem mass spectrometry to distinguish *Panax ginseng* C. A. Meyer (Asian ginseng) and *Panax quinquefolius* L. (North American ginseng) [J] . Analytical Chemistry, 2000, 72(21): 5417-5422.

[14] ASSINEWE V A, BAUM B R, GAGNON D, et al. Phytochemistry of wild populations of *Panax quinquefolius* L. (North American ginseng) [J] . Journal of Agricultural & Food Chemistry, 2003, 51(16): 4549-4553.

[15] 李向高，郑友兰，贾继红 . 西洋参的氨基酸成分的分析 [J] . 中药通报，1985，（5）: 35-37.

[16] 孟祥颖，李向高，于洋 . 国产西洋参花蕾化学成分的研究Ⅰ：人参皂苷的分离、鉴定及含量测定 [J] . 吉林农业大学学报，2000，（3）: 1-8.

[17] QU C L, BAI Y P, JIN X Q, et al.. Study on ginsenosides in different parts and ages of *Panax quinquefolius* L. [J] . Food Chemistry, 2009, 115: 340-346.

[18] 刘志洋，刘岩 . 不同年生西洋参的植物形态和有效成分含量比较 [J] . 吉林农业，2011，（12）: 60.

[19] 郑友兰，张崇禧，李向高 . 人参和西洋参芦头与根的化学成分比较分析 [J] . 中国药学杂志，1989，（6）: 332-334，379.

[20] XIE J, MEHENDALE R S, WANG A, et al. American ginseng leaf: ginsenoside analysis and hypoglycemic activity [J] . Pharmacological Research, 2003, 49(2): 113-117.

[21] 张甲生，叶汉光，安汝国，等 . 国产西洋参各部位中微量元素的测定 [J] . 白求恩医科

大学学报，1987，（6）：503-505.

［22］赵宗建，赵宗英，安占元，等．中国不同产地西洋参芦头和主根的某些成分的分析［J］．东北师大学报：自然科学版，1989，（4）：75-80.

［23］张崇禧，郑友兰，李向高．不同参龄西洋参中皂甙的含量变化［J］．人参研究，1993，（3）：32-33，42.

［24］苏建，李海舟，孔令义，等．不同产地西洋参皂甙成分的 HPLC 分析［J］．天然产物研究与开发，2004，（6）：561-564.

［25］SUN J H, CHEN P. Differentiation of *Panax quinquefolius* grown in the USA and China using LC/MS-based chromatographic fingerprinting and chemometric approaches［J］. Analytical and Bioanalytical Chemistry, 2011, 399(5): 1877-1889.

［26］许维娜，韩晓磊，王凯萍，等．不同产地西洋参中总皂苷含量的比较研究［J］．人参研究，2012，24（4）：11-12.

［27］高晖富，姜丽萍，姜志辉，等．不同方法测定不同产地西洋参中人参皂苷含量［J］．人参研究，2017，29（4）：6-8.

［28］GODWIN C A, ABRAHAMS P C, JIRUI H, et al.. The Yin and Yang actions of North American ginseng root in modulating the immune function of macrophages［J］. Chinese Medicine, 2011, 6(1): 21.

［29］JI X L, HOU C Y, SHI M M, et al.. An insight into the research concerning *Panax ginseng* C. A. Meyer polysaccharides: A review［J］. Food Reviews International, 2020, 38(6): 1-17.

［30］WANG L, YU X, YANG X, et al.. Structural and anti-inflammatory characterization of a novel neutral polysaccharide from North American ginseng (*Panax quinquefolius*)［J］. International Journal of Biological Macromolecules, 2014, 74: 12-17.

［31］YU X H, LIU Y, WU X L, et al.. Isolation, purification, characterization and immunostimulatory activity of polysaccharides derived from American ginseng［J］. Carbohydrate Polymers, 2017, 156: 9-18.

［32］GHOSH R, BRYANT L D, ARIVETT A B, et al. An acidic polysaccharide (AGC3) isolated from North American ginseng (*Panax quinquefolius*) suspension culture as a potential immunomodulatory nutraceutical［J］. Current Research in Food Science, 2020, 3: 207-216.

［33］李珊珊，祁玉丽，曲迪，等．西洋参果多糖的纯化及 DPPH 自由基清除活性研究［J］．特产研究，2019，41（1）：1-4.

［34］罗维莹，魏春雁，许传莲．不同年生国产西洋参叶中糖类物质的测定［J］．人参研究，1998，（1）：9-10.

［35］梁忠岩，张翼伸，苗春艳．西洋参与人参总糖组成及含量的比较研究［J］．中国药学杂志，1989，（4）：207-209，253.

[36] 李向高，郑友兰，贾继红. 西洋参的氨基酸成分的分析 [J]. 中药通报，1985，(5)：35-37.
[37] 孙贺. 西洋参养分积累规律的研究 [D]. 吉林：吉林农业大学，2008.
[38] 王秋，许佳明，王珊，等. 不同产地不同生长年限西洋参中氨基酸含量比较研究 [J]. 时珍国医国药，2016，27 (12)：3007-3010.
[39] 刘丽敏. 西洋参中 L- 精氨酸及其衍生物的研究 [D]. 吉林：吉林农业大学，2008.
[40] 赵方杰，廉喜红，胡小平，等. 不同产地西洋参氨基酸种类及含量分析 [J]. 西北农业学报，2020，29 (7)：1051-1058.
[41] 张崇禧，李向高，郭生祯. 西洋参化学成分的研究 (Ⅲ)：元素分析 [J]. 西北植物学报，1987，7 (4)：266-269.
[42] 宋晓凯. 10 种产地西洋参中微量元素的含量研究 [J]. 吉林林学院学报，1997，(4)：46-47.
[43] 张甲生，叶汉光，安汝国，等. 国产西洋参各部位中微量元素的测定 [J]. 白求恩医科大学学报，1987，(6)：503-505.
[44] 李晶晶，徐国钧，金蓉鸾，等. 人参、西洋参中的微量元素分析 [J]. 中国药科大学学报，1989，(1)：43-45.
[45] 郑友兰，张崇禧，李向高，等. 国产西洋参与进口西洋参的比较研究：西洋参中挥发油成分的分析 [J]. 药学学报，1989，(2)：118-121.
[46] 李丽丽，张敏敏，李蒙，等. 不同干燥方法下西洋参的挥发性成分研究 [J]. 山东科学，2020，33 (3)：62-67.
[47] 焦玉凤，李平亚，刘云鹤，等. 国内外西洋参挥发性成分的 HS-SPME/GC-MS 比较 [J]. 中药材，2019，42 (11)：2574-2581.
[48] 魏春雁，徐崇范，罗维莹，等. 国产西洋参叶黄酮成分研究 [J]. 吉林农业大学学报，1999，(3)：7-11.
[49] 孟祥颖，李向高，刘大有. 西洋参不同部位中黄酮的含量测定 [J]. 长春中医学院学报，2002，(2)：45-46.
[50] 郑朝华，陈建秋. 西洋参总黄酮的提取及其对羟基自由基清除的作用 [J]. 安徽农业科学，2012，40 (32)：15903-15904，15907.

第二章　西洋参化学成分分析

利用现代仪器分析技术测定山东产西洋参的化学成分含量表明，西洋参中总皂苷含量为4.01%~8.87%，以人参皂苷Rb_1和Re含量为最高，占皂苷总量的70%以上，人参皂苷Rb_1、Re、Rc、Rd和Rg_1占皂苷总量的90%以上。核苷类成分以尿苷、鸟苷和腺苷含量最高。西洋参多糖含量为6.29%~15.50%。常量元素K含量最高，其次是Ca、Mg、Na。重金属Pb和Hg均未检出，部分样品中检出As和Cd，所有样品中Cu均有检出。粗蛋白含量为8.16%~17.39%。游离氨基酸总量为9.32~22.05 mg/g。总黄酮含量为0.09%~0.22%。有机氯农药残留（七氯、顺式环氧七氯、反式环氧七氯、氧化氯丹、反式氯丹和顺式氯丹）在42个样品中均未检出，六氯苯、五氯硝基苯在42个样品中均有检出，含量分别为3.57~26.33 μg/kg和12.07~290.00 μg/kg。

1　材料与方法

1.1　实验材料

笔者于2019年在山东省威海市12个乡镇23个村共42个采样点取样，研究区域覆盖了山东省威海市主要的西洋参种植区域。鲜西洋参经吉林农业大学中药材学院李伟教授鉴定其为五加科人参属植物西洋参（*Panax quinquefolius* L.），鲜西洋参样品洗去参根上的泥土，保持其他部位的完整，无损伤，随机挑选1 kg，清洗后晾干水分放置1~2 d，使外表皮干燥，42℃持续烘干，大概4~7 d时间，粉碎，过筛（60目），备用，采样地点见表2-1。

表2-1　西洋参样品及来源

采样地点	经纬度	海拔（m）	编号
侯家镇大时家村	37°01′06″N，122°07′07″E	22.1	S1
侯家镇河杨家村	37°00′55″N，122°04′38″E	38.9	S2
侯家镇河杨家村	37°00′55″N，122°04′38″E	38.9	S3
泽库镇花岛村	36°58′41″N，122°05′09″E	21.2	S4

（续表）

采样地点	经纬度	海拔（m）	编号
泽库镇姚家村	36°58′07″N，122°02′15″E	31.0	S5
泽库镇姚家村	36°58′07″N，122°02′15″E	31.0	S6
葛家镇姚家庄村	37°04′54″N，121°48′57″E	69.3	S7
葛家镇铺集村	37°05′24″N，121°49′19″E	75.0	S8
葛家镇铺集村	37°05′24″N，121°49′19″E	75.0	S9
葛家镇铺集村	37°06′08″N，121°49′53″E	46.8	S10
葛家镇姚家庄村	37°05′02″N，121°49′53″E	34.6	S11
葛家镇姚家庄村	37°05′02″N，121°49′53″E	34.6	S12
葛家镇铺集村	37°06′18″N，121°50′06″E	71.6	S13
葛家镇铺集村	37°06′18″N，121°50′06″E	71.6	S14
葛家镇铺集村	37°06′18″N，121°50′06″E	71.6	S15
泽头镇刘家疃村	37°02′03″N，121°50′07″E	44.0	S16
泽头镇刘家疃村	36°59′10″N，121°49′01″E	41.3	S17
泽头镇刘家疃村	36°59′10″N，121°49′01″E	41.3	S18
泽头镇刘家疃村	37°02′03″N，121°50′07″E	40.6	S19
泽头镇刘家疃村	37°02′03″N，121°50′07″E	40.6	S20
泽头镇徐家村	37°02′58″N，121°51′11″E	29.4	S21
泽头镇徐家村	37°02′58″N，121°51′11″E	29.4	S22
泽头镇徐家村	37°03′24″N，121°51′11″E	28.1	S23
泽头镇徐家村	37°03′24″N，121°51′11″E	28.1	S24
泽头镇许家埠村	37°04′12″N，121°53′10″E	36.4	S25
汪疃镇翠峡口村	37°18′22″N，121°56′41″E	42.0	S26
汪疃镇曹家房村	37°18′16″N，121°57′39″E	42.3	S27
汪疃镇段家庄村	37°21′01″N，122°00′33″E	76.0	S28
汪疃镇许家屯村	37°21′33″N，122°01′03″E	80.2	S29
汪疃镇许家屯村	37°21′33″N，122°01′03″E	80.2	S30
汪疃镇鞠家村	37°21′01″N，122°01′03″E	86.0	S31
汪疃镇徐家产村	37°21′29″N，121°59′28″E	88.9	S32
大水泊镇西水泊	37°10′34″N，122°13′55″E	40.0	S33
营镇马家岭村	37°13′31″N，122°14′08″E	80.0	S34
营镇中仓村	37°13′51″N，122°14′00″E	86.4	S35
上庄镇房家村	36°58′57″N，122°13′21″E	32.3	S36

（续表）

采样地点	经纬度	海拔（m）	编号
上庄镇房家村	36°58′57″N，122°13′21″E	32.3	S37
大疃镇大疃村	37°06′29″N，122°18′25″E	34.0	S38
午极镇张家屯村	37°02′28″N，121°28′02″E	24.2	S39
白沙滩镇大陶家村	36°51′15″N，121°43′18″E	22.4	S40
白沙滩镇大陶家村	36°51′15″N，121°43′18″E	22.4	S41
崔西镇上庄村	37°15′47″N，122°23′12″E	102.3	S42

1.2　实验试剂

对照品腺嘌呤（批号 D09S10S97125）、肌苷（批号 TJ0623XA13）、鸟嘌呤（批号 KM0522CA14）、尿苷（批号 TM0313XA13）、鸟苷（批号 AJ0609NA14）、腺苷（批号 Z23S7J21814）、2′-脱氧鸟苷（批号 N07A7W12580）、β-胸苷（批号 DN1122WB13），人参单体皂苷标准品 Rg_1（批号 Z1308L45576）、Rf（批号 P10S6F3239）、20(S)-Rh_1（批号 H21F3X1）、20(R)-Rh_1（批号 Z12M8X35790）、Rb_1（批号 HM0514XA14）、Rc（批号 Z10J6B1）、Rb_2（批号 HA0408XB14）、Rb_3（批号 Z04J6B1）、Rd（J03HB186914）、20(S)-Rg_3（批号 SM0306PB14）、20(R)-Rg_3（批号 YA0417A14）和 20(S)-Rh_2（批号 Z14S6X3238），组氨酸（批号 A13GB144942）、丝氨酸（批号 J01GB150454）、精氨酸（批号 H11M10Y82633）、甘氨酸（批号 S29A10I34463）、天冬氨酸（批号 S24A8I34463）、谷氨酸（批号 S12A10I85582）、苏氨酸（批号 O10GB162607）、丙氨酸（批号 J04GB153374）、脯氨酸（批号 Z12O11H127142）、赖氨酸（批号 J16GB155185）、酪氨酸（批号 H22O11Y128127）、甲硫氨酸（批号 Z01A10H84659）、缬氨酸（批号 S05J12I135887）、异亮氨酸（批号 S20N11I131753）、亮氨酸（批号 J07GB15079）、苯丙氨酸（批号 H02J11H117318）、色氨酸（批号 S07D7I26134）、γ-氨基丁酸（批号 Z08A8H33553）、芦丁（批号 A05GB144263），上海源叶生物科技有限公司，HPLC 测定质量分数均≥ 98%。香兰素，上海源叶生物科技有限公司。As、Cd、Cu、Hg 和 Pb 的多元素混合标准储备液，购于国家有色金属及电子材料分析测试中心。六氯苯、五氯硝基苯、七氯、氧化氯丹、顺式环氧七氯、反式环氧七氯、反式氯丹、顺式氯丹，购于农业农村部环境保护科研监测所。甲醇、乙腈，色谱纯，美国 Honeywell 公司。甲醇、高氯酸、浓硫酸、硝酸、正丁醇，分析纯，北京化工厂。

1.3　实验仪器

Acquity UPLC H-Class 超高效液相色谱仪、二元溶剂管理器、PDA 检测器、工作站 Empower 3.0 版本，美国 Waters 公司；Varian710-ES 全谱直读电感耦合等离子体发射光谱仪，美国 Varian 公司；MS 204S 十万分之一电子分析天平，Mettler Toledo 公司；EX 125D ZH 万分之一电子天平，奥豪斯仪器有限公司；752N 紫外分光光度计，上海仪电分析有限公司；N-EVAP-24 氮吹仪，美国 Organomation 公司；Heraeus Megafuge 8R 型超高速冷冻离心机，赛默飞世尔科技有限公司。

1.4 总皂苷含量测定方法

准确称取西洋参样品 0.1 g，精密加 3 mL 水饱和正丁醇溶液，50℃超声提取 30 min，8 000 r/min 离心 5 min，上清液加 4 mL 蒸馏水涡旋混匀，30 min 后 8 000 r/min 离心 5 min，上清液置于 10 mL 容量瓶中，甲醇定容，即得总皂苷提取液。参考文献方法并稍作修改[1]。

精密称取人参皂苷 Re 对照品适量，用甲醇配制成 1 mg/mL 的标准储备液。标准储备液用甲醇稀释成 1.00 mg/mL、0.75 mg/mL、0.50 mg/mL、0.25 mg/mL、0.10 mg/mL 系列标准溶液，取 200 μL，在 80℃水浴蒸干，加入 8% 香兰素和 72% H_2SO_4 溶液，60℃水浴显色反应 10 min，立即放入冰水中 10 min，用紫外分光光度计于 544 nm 波长处测定吸光度，以甲醇为空白对照。以人参皂苷 Re 标准品溶液质量浓度为横坐标，吸光度为纵坐标，绘制回归曲线。准确量取 200 μL 总皂苷提取液同上述方法测定吸光度，按回归方程计算西洋参中总皂苷含量。

1.5 单体皂苷含量测定方法

西洋参中单体皂苷的含量测定参考文献方法，利用 UPLC-PDA 法测定。准确称取西洋参样品 0.2 g，每个样品 3 份，置于 5 mL 离心管中，精密加入 80% 甲醇 4 mL，称定质量，混匀，密封，超声提取 30 min，冷却至室温，补足失重，以 8 000 r/min 离心 5 min，取上清液，经 0.22 μm 微孔滤膜过滤，即得。

液相色谱条件：Acquity UPLC BEH C18 色谱柱（2.1 mm × 50 mm，1.7 μm），柱温 30℃，进样量 2 μL，流速 0.4 mL/min，流动相 A 为水，流动相 B 为乙腈，梯度洗脱（0~6 min，13%~22% B；6~16 min，22%~38% B；16~18 min，38% B；22~23.5 min，40%~45% B；23.5~24 min，45%~58% B；24~30 min，58%~62% B；30~30.5min，62%~80% B；30.5~32 min，80% B；32~37.75 min，13% B；37.5~43 min，13% B），检测波长 203 nm。

线性范围：精密称取人参皂苷 Rg_1、Re、Rf、20(S)-Rh_1、20(R)-Rh_1、Rb_1、Rc、F_1、Rb_2、Rb_3、Rd、F_2、20(S)-Rg_3、20(R)-Rg_3、20(R)-Rh_2 和 20(S)-Rh_2 对照品 10 mg（精确至 0.01 mg），置于 10 mL 量瓶中，80% 甲醇定容至刻度线，配制成质量浓度为 1 mg/mL 的混合对照品贮备溶液。逐级稀释，得到一系列不同质量浓度的混合对照品溶液，按色谱条件进样分析各成分的峰面积，每个浓度平行进样 3 次，以对照品的峰面积（Y）对相应的质量浓度（X）进行线性回归，计算各组分的标准曲线以及线性范围。

方法学考察：取混合对照品溶液，每次进样 2 μL，连续进样 6 次，计算各成分峰面积的相对标准偏差（RSD），考察仪器精密度；取 6 份样品粉末，精密称定，按前处理方法制备供试品溶液，分别进样 2 μL，16 个单体皂苷在样品中有 12 种检出，计算 12 个皂苷类成分质量分数的 RSD，考察实验重复性；精密吸取同一样品供试　样本溶液，按色谱条件分别于 0 h、2 h、4 h、6 h、8 h、10 h、12 h、24 h 进样 2 μL，测定峰面积，计算 RSD，考察方法稳定性；精密称取适量同一样品粉末，分别加入适量对照品溶液进行加样回收率实验，按前处理方法制备供试品溶液，按所建立的方法进行测定，计算各皂苷含量、回收率及 RSD，考察加样回收率。

1.6　核苷类成分含量测定方法

利用 UPLC-PDA 法测定含量。取西洋参样品粉末约 0.2 g，精密称定，置于 5 mL 离心管中，精密加蒸馏水 4 mL，称定质量，密封涡旋混匀，室温下超声提取 60 min，冷却至室温，8 000 r/min 离心 10 min，上清液经 0.22 μm 微孔滤膜过滤，即得供试品溶液[2-4]。

液相色谱条件：Acquity UPLC HSS T3 色谱柱柱（100 mm × 2.1 mm，1.8 μm），柱温 30℃；流速 0.3 mL/min，进样量 2 μL，流动相 A 为水，流动相 B 为乙腈，梯度洗脱（0~5 min，0% B；5~11 min，0%~6% B；11~12.5 min，6%~15% B；12.5~14 min，15%~0% B；14~15 min，0% B），检测波长 260 nm。

线性范围：分别精密称取 8 个对照品 10 mg（精确至 0.01 mg）置于 25 mL 量瓶中，蒸馏水定容至刻度线，配制成质量浓度为 400 μg/mL 的混合对照品贮备液，用水稀释得到 1 μg/mL、5 μg/mL、10 μg/mL、20 μg/mL、50 μg/mL、100 μg/mL、200 μg/mL 的系列混合对照品溶液，置于 4℃的冰箱内，临用前经 0.22 μm 微孔滤膜过滤至进样瓶。按色谱条件进样分析各成分的峰面积，每个浓度平行进样 3 次，以对照品的峰面积（Y）对相应的质量浓度（X）进行线性回归，计算各组分的标准曲线以及线性范围。

方法学考察：取混合对照品溶液 20 μg/mL，每次进样 2 μL，连续进样 6 次，计算各成分峰面积的 RSD，考察仪器精密度；取 6 份样品粉末，精密称定，按前处理方法制备供试品溶液，分别进样 2 μL，计算 RSD，考察实验重复性；精密吸取同一样品供试样本溶液，按色谱条件分别于 0 h、2 h、4 h、6 h、8 h、10 h、12 h、24 h 进样 2 μL，测定峰面积，计算 RSD，考察方法稳定性；精密称取适量同一样品粉末，分别加入适量对照品溶液进行加样回收率实验，按前处理方法制备供试品溶液，按所建立的方法进行测定，计算各核苷含量、回收率及 RSD，考察加样回收率。

1.7　多糖含量测定方法

称取西洋参样品粉末 0.25 g，精密称定，加入蒸馏水 20 倍量水（5 mL），于 100℃水浴中提取 30 min，过滤。滤渣再加 5 mL 蒸馏水提取，合并 2 次的滤液，将滤液于 60℃水浴浓缩至 2 mL，加入 95% 乙醇调至溶液醇浓度为 75%，过夜，离心，沉淀加 5 mL 水溶解，即得西洋参多糖供试品溶液[5-6]。

对照品溶液制备：取 *D*- 无水葡萄糖适量，精密称定，用蒸馏水配制成 100 μg/mL 的对照品溶液，备用。

标准曲线的绘制：分别精密量取对照品溶液 0 mL、0.2 mL、0.3 mL、0.4 mL、0.5 mL、0.6 mL、0.7 mL、0.8 mL 于试管中，蒸馏水补足至 1 mL。加入 6% 苯酚溶液 1 mL、浓硫酸 5 mL 摇匀，室温放置 30 min，用紫外分光光度计于 490 nm 波长处测定吸光度。以葡萄糖含量（X）为横坐标，吸光度（Y）为纵坐标，绘制标准曲线。

多糖供试品测定：精密量取供试品溶液 0.5 mL，自“补足蒸馏水至 1 mL”起操作，测定吸光度，从标准曲线上读出供试品溶液中多糖含量。

1.8　矿物元素含量测定方法

西洋参中的无机元素分析参考文献方法，采用 ICP-MS 法测定[7-8]。准确称取西洋参样品粉末 0.50 g，置于三角烧瓶中，加硝酸：高氯酸（4∶1）混合溶液 5 mL，混匀，瓶口加一小漏斗，浸泡过夜。置于电热板上加热消解，消解程序见表 2-2，保持微沸，若变棕黑色，再加硝酸：高氯酸（4∶1）混合溶液适量，持续加热至溶液澄清后升高温度，继续加至冒烟，直至白烟散尽，消解液无色透明或略带色，放冷，转入 50 mL 容量瓶中，用 2% 硝酸溶液洗涤容器，洗液合并于容量瓶中，并稀释至刻度，摇匀，即得。同法同时制备试剂空白溶液。

表 2-2　升温消解程序

阶段	温度（℃）	升温时间（min）	保持时间（min）
1	80	5	30
2	120	5	30
3	140	5	30
4	160	5	30
5	180	5	30

ICP-OES 仪器参数：RF 功率 1 200 W，稳定时间 3 s，等离子体流速 15.0 L/min，辅助气体流速 1.50 L/min，光路温度 34.9℃，泵速 7 r/min。

对照品溶液的制备：准确量取一定体积的标准储备液，分别以 2% 的硝酸定容，配制混合标准曲线质量浓度为 0 mg/mL、5 mg/mL、10 mg/mL、20 mg/mL、50 mg/mL、100 mg/mL。内标溶液选取一定体积的元素母液，用 2% 的硝酸将其稀释至 10 mg/mL，在选定的浓度范围内做标准曲线，并按信噪比 S/N=3 计算检出限（LOD），按 S/N=10 计算定量限（LOQ）。

1.9　蛋白质、氨基酸含量测定方法

西洋参中蛋白质分析方法参考 GB 5009.6—2016，王燕华等和张秀莲等采用杜马斯燃烧法进行含量测定[9-10]。精密称取西洋参样品 30 mg，置燃烧反应炉中在高纯氧（≥ 99.99%）条件下充分燃烧，于还原炉中检测含量，折算系数为 6.25。杜马斯定氮仪的仪器条件为：O_2 流速为 400 mL/min，He 流速为 195 mL/min，燃烧反应器温度为 1 030℃，还原反应器温度为 650℃，压力为 88.1 kPa。

西洋参中氨基酸分析方法参考文献[11]，采用柱前衍生化 UPLC-PDA 法进行含量测定。对照品溶液的制备：称取氨基酸标准品 10 mg（精确至 0.01 mg），精密称定，置于 10 mL 容量瓶中，0.1% HCl 溶液溶解后，蒸馏水定容至刻度线，得 1 mg/mL 的混合对照品溶液，备用。

供试品溶液的制备：分别称取西洋参样品约 0.1 g，置于 2 mL Eppendorf 管中，分别加入 400 μL 甲醇、400 μL 水及 400 μL 氯仿溶液提取游离氨基酸，涡旋混匀，采用超声提取法提取 15 min，提取完毕后放置冷却，过 0.22 μm 滤膜，待衍生化。

衍生化反应：准确移取 10 μL 系列浓度的氨基酸对照品溶液和供试品溶液于衬管，加入 70 μL 硼酸盐缓冲液和 20 μL AQC 衍生试剂，涡旋 15 s，室温放置 1 min，密封于进样瓶，于 55℃恒温鼓风干燥箱内加热 10 min，上机检测。

液相色谱条件：AccQ-TagUltra C18 色谱柱（100 mm × 2.1 mm，1.7 μm）；柱温：50℃；进样体积：1 μL；流速：0.5 mL/min；流动相 A 为 0.1% AccQ Tag Eluent A 溶液，流动相 B 为乙腈，梯度洗脱（0~0.54 min，0.1% B；0.54~8.74 min，0.1%~4.1% B；8.74~10.74 min，4.1%~9.1% B；1.74%~13.74 min，9.1%~21.2% B；13.74~17.04 min，21.2%~59.6% B；17.04~17.05 min，59.6%~90% B；17.05~17.64 min，90% B；17.64~18.73 min，90%~0.1% B；18.73~19.5 min，0.1% B），检测波长 260 nm。

线性范围：将 1 mg/mL 的混合对照品溶液用蒸馏水逐级稀释得到质量分数分别为 1 μg/mL、10 μg/mL、525 μg/mL、50 μg/mL、100 μg/mL、200 μg/mL 的 18 个游离氨基酸混合标准溶液，置于 4℃的冰箱内，临用前经 0.22 μm 微孔滤膜过滤至进样瓶。按色谱条件进样分析各成分的峰面积，每个浓度平行进样 3 次，以对照品的峰面积（Y）对相应的质量浓度（X）进行线性回归，计算各组分的标准曲线以及线性范围。

方法学考察：取混合对照品溶液，每次进样 1 μL，连续进样 6 次，计算各成分峰面积的 RSD，考察仪器精密度；取 6 份样品粉末，精密称定，按前处理方法制备供试品溶液，分别进样 1 μL，计算 RSD，考察实验重复性；精密吸取同一样品供试样本溶液，按色谱条件分别于 0 h、2 h、4 h、6 h、8 h、10 h、12 h、24 h 进样 1 μL，测定峰面积，计算 RSD，考察方法稳定性；精密称取适量同一样品粉末，分别加入适量对照品溶液进行加样回收率实验，按前处理方法制备供试品溶液，按所建立的方法进行测定，计算各氨基

酸含量、回收率及 RSD，测定加样回收率。

1.10 总黄酮含量测定方法

准确称取西洋参样品 0.2 g，精密加 4 mL 70% 乙醇，静置 20 min，超声提取 50 min，8 000 r/min 离心 5 min，取上清液，重复提取 2 次，上清液合并至蒸发皿中蒸干，残渣加 10 mL 70% 乙醇溶解，过滤，取 1 mL，加 0.3 mL 5% 亚硝酸钠溶液 6 min 后，加 0.3 mL 10% 硝酸铝溶液，6 min 后加 4% NaOH 溶液 2 mL，摇匀，反应 10 min，500 nm 波长处测定吸光度。

标准曲线的绘制：精密称取芦丁对照品 5 mg 于 5 mL 容量瓶中，加 70% 乙醇溶解并定容，配制成 1 mg/mL 的对照品储备液。对照品储备液用 70% 乙醇稀释成 1.00 mg/mL、0.75 mg/mL、0.50 mg/mL、0.25 mg/mL、0.10 mg/mL 系列标准溶液，取 1 mL，同供试品溶液相同处理，用紫外分光光度计于 500 nm 波长处测定吸光度。以 70% 乙醇为空白对照，以芦丁对照品溶液质量浓度为横坐标（X），吸光度为纵坐标（Y），绘制标准曲线。

1.11 有机氯农残含量测定方法

西洋参中的有机氯农药残留的测定参考文献方法[8]，采用 GC-MS 法测定。精密称取西洋参样品 3 g，置于 50 mL 具塞离心管中，加 1% 冰醋酸溶液 15 mL，30 min 后精密加入乙腈 15 mL，超声 5 min，加入无水硫酸镁与无水乙酸钠的混合粉末（4∶1）7.5 g，超声 3 min，于冰浴中冷却 10 min，4 000 r/min 离心 5 min，取上清液 9 mL，置于已预先装有净化材料的分散固相萃取净化管［无水硫酸镁 900 mg，*N*- 丙基乙二胺（PSA）300 mg，十八烷基硅烷键合硅胶 300 mg，硅胶 300 mg，石墨化炭黑 90 mg］中，超声 5 min，离心，精密取上清 5 mL，置于氮吹仪上 40℃水浴浓缩至约 0.4 mL，加乙腈定容至 1 mL，0.22 μm 微孔滤膜过滤，取续滤液，即得供试品溶液。

气相色谱条件：色谱柱选择以 5% 苯基甲基聚硅氧烷为固定液的弹性石英毛细管柱（30 m × 0.25 mm × 0.25 μm）；载气为高纯氦气（He）；载气流量为 1.0 mL/min；升温程序为初始温度 60℃，保持 0.3 min，以 10 ℃ /min 速率升至 230℃；进样口温度 240℃；进样量 1 μL，分流比为 10∶1。

质谱条件：离子源为电子轰击源（EI），离子源温度 230℃；电子能量 70 eV；质谱传输接口温度 250℃；溶剂延迟时间 5 min；监测模式为多反应监测（MRM）。

线性范围：精密称取各对照品，甲醇配制得到 100 μg/mL 的混合标准品溶液，逐级稀释，得到一系列不同质量浓度的混合对照品溶液，经 0.22 μm 微孔滤膜过滤至进样瓶。按仪器条件进样分析各成分的峰面积，每个浓度平行进样 3 次，以对照品的峰面积（Y）对相应的质量浓度（X）进行线性回归，计算各组分的标准曲线以及线性范围。

方法学考察：取混合对照品溶液，每次进样 1 μL，连续进样 6 次，计算各成分峰面积的 RSD，考察仪器精密度；取 6 份样品粉末，精密称定，按前处理方法制备供试品溶液，分别进样 1 μL，计算 RSD，考察实验重复性；精密吸取同一样品供试样本溶液，按色谱条件分别于 0 h、2 h、4 h、6 h、8 h、10 h、12 h、24 h 进样 1 μL，测定峰面积，计算 RSD，考察方法稳定性；精密称取适量同一样品粉末，分别加入适量对照品溶液进行加样回收率实验，按前处理方法制备供试品溶液，按所建立的方法进行测定，计算各农残含量、回收率及 RSD，测定加样回收率。

1.12　统计分析

所有实验数据重复测定 3 次，所得结果以“平均值 ± 标准差”表示（$n=3$），采用 SPSS 22.0 统计软件进行数据统计、分析和绘制图表，单因素方差分析结果以 $P<0.05$ 为差异显著，$P<0.01$ 为差异极显著。

2　结果与分析

2.1　西洋参中皂苷类含量分析

比色法测定西洋参中总皂苷含量，建立的人参皂苷 Re 浓度与吸光度之间的回归方程为 $Y=0.1701X+0.077$，$R^2=0.9994$。42 批西洋参中总皂苷含量见表 2-3。山东省威海地区西洋参的总皂苷含量范围为 4.01%~8.87%，均值为 6.66% ± 1.23%。其中文登区西洋参的总皂苷含量为 6.62% ± 1.29%，荣成市西洋参的总皂苷含量为 6.36% ± 0.83%，乳山市西洋参的总皂苷含量为 7.45% ± 0.29%。2020 版《中国药典》未对西洋参中总皂苷含量进行规定，参考 GB/T 36397—2018《西洋参分等质量》，其规定西洋参中总皂苷含量不得少于 4.0%，除 S31 样品的总皂苷含量为 4.01% ± 0.67%，其余样品的总皂苷含量均远大于 4%。

表 2-3　42 批西洋参中总皂苷含量　　（单位：%）

编号	含　量	编号	含　量	编号	含　量
S1	8.00 ± 0.69	S15	7.39 ± 0.02	S29	6.24 ± 0.70
S2	8.63 ± 0.09	S16	5.25 ± 0.38	S30	7.45 ± 1.02
S3	7.23 ± 0.24	S17	5.97 ± 0.75	S31	4.01 ± 0.67
S4	6.99 ± 0.36	S18	4.98 ± 0.72	S32	4.56 ± 0.89
S5	6.88 ± 0.36	S19	7.03 ± 0.15	S33	5.57 ± 0.20
S6	7.25 ± 0.54	S20	6.25 ± 0.87	S34	5.66 ± 0.02
S7	8.87 ± 0.60	S21	6.16 ± 0.33	S35	5.47 ± 0.09
S8	8.44 ± 0.37	S22	5.30 ± 0.40	S36	5.45 ± 0.05
S9	8.83 ± 0.38	S23	7.13 ± 0.48	S37	5.62 ± 0.06
S10	5.68 ± 0.07	S24	6.49 ± 0.21	S38	7.06 ± 0.22

（续表）

编号	含　量	编号	含　量	编号	含　量
S11	8.56 ± 0.61	S25	7.47 ± 0.28	S39	7.03 ± 0.52
S12	5.23 ± 0.24	S26	8.62 ± 0.16	S40	7.67 ± 0.65
S13	6.03 ± 1.28	S27	7.28 ± 0.85	S41	7.64 ± 0.29
S14	5.52 ± 0.13	S28	5.35 ± 0.18	S42	7.32 ± 0.33

16 种单体皂苷标准品色谱图和西洋参样品色谱图见图 2-1 和图 2-3。16 种单体皂苷的线性范围、回归方程、相关系数见表 2-4。精密度实验结果表明，16 种皂苷 Rg_1、Re、Rf、20(S)-Rh_1、20(R)-Rh_1、Rb_1、Rc、F_1、Rb_2、Rb_3、Rd、F_2、20(S)-Rg_3、20(R)-Rg_3、20(S)-Rh_2、20(R)-Rh_2 成分峰面积的 RSD 分别为 1.23%、0.36%、0.15%、0.65%、0.14%、1.76%、1.56%、0.95%、1.04%、0.45%、0.24%、0.10%、0.11%、0.41%、0.67% 和 0.59%，各成分的 RSD 均小于 5%，说明仪器精密度良好；重复性实验结果表明，12 种检出皂苷 Rg_1、Re、20(S)-Rh_1、Rb_1、Rc、F_1、Rb_2、Rb_3、Rd、F_2、20(S)-Rh_2、20(R)-Rh_2 的 RSD 分别为 0.14%、1.76%、0.56%、2.65%、1.14%、0.85%、0.64%、2.10%、0.61%、1.11%、1.07%、0.39%，说明本实验重复性良好；稳定性实验结果表明，12 种检出皂苷峰面积的 RSD 为分别 0.74%、0.76%、0.46%、0.75%、0.24%、1.05%、0.44%、0.90%、0.16%、0.12%、0.57%、0.49%，说明本实验在 24 h 内稳定性良好；加样回收实验结果表明，12 种检出皂苷的平均加样回收率分别为 99.1%、99.6%、102.9%、100.3%、99.2%、

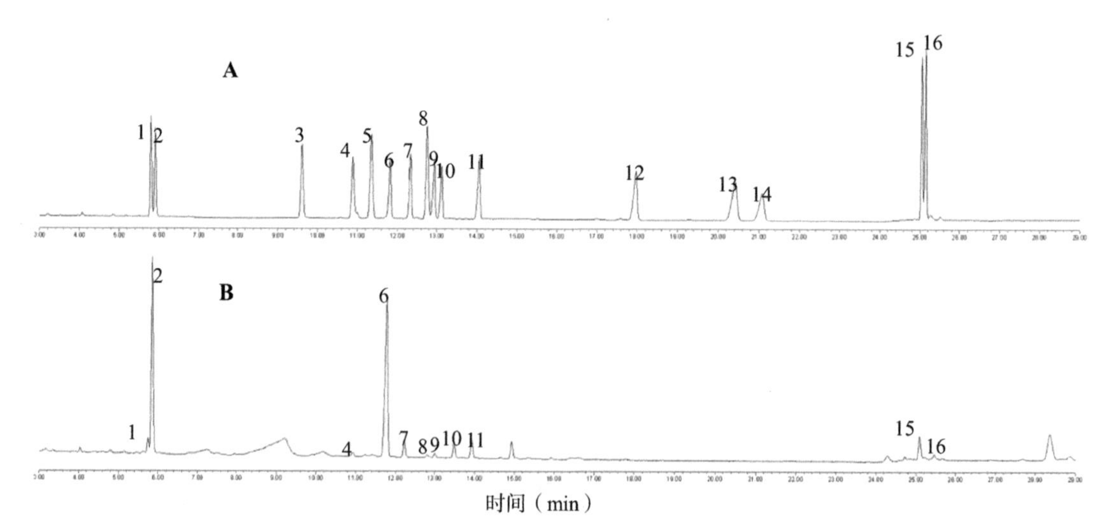

图 2-1　16 种人参皂苷标准品（A）及西洋参样品（B）的 UPLC 图

注：1. Rg_1；2. Re；3. Rf；4. 20(S)-Rh_1；5. 20(R)-Rh_1；6. Rb_1；7. Rc；8. F_1；9. Rb_2；10. Rb_3；11. Rd；12. F_2；13. 20(S)-Rg_3；14. 20(R)-Rg_3；15. 20(S)-Rh_2；16. 20(R)-Rh_2。

99.2%、100.7%、98.1%、98.60%、101.3%、99.6% 和 101.1%，RSD 分别为 0.54%、1.58%、0.22%、1.05%、0.64%、2.05%、1.64%、1.10%、0.91%、0.18%、0.67% 和 0.23%，说明加样回收率良好。

表 2-4　16 种皂苷类成分的线性回归方程、R^2 及线性范围

人参皂苷	线性回归方程	R^2	线性范围（mg/mL）
Rg_1	$Y=1.58\times10^6X+3\ 120$	0.999 8	0.050 2~1.0040
Re	$Y=1.41\times10^6X+5\ 330$	0.999 4	0.051 1~1.0220
Rf	$Y=1.69\times10^6X-6\ 110$	0.999 6	0.050 4~1.0080
20(S)-Rh_1	$Y=1.64\times10^6X+2\ 180$	0.999 5	0.050 1~1.0020
20(R)-Rh_1	$Y=2.15\times10^6X-1\ 230$	0.999 6	0.051 3~1.0260
Rb_1	$Y=1.34\times10^6X-9\ 240$	0.999 5	0.051 0~1.0200
Rc	$Y=1.40\times10^6X-9\ 380$	0.999 9	0.051 1~1.0220
F_1	$Y=2.19\times10^6X+9\ 620$	0.999 5	0.050 3~1.0060
Rb_2	$Y=1.32\times10^6X+1\ 460$	0.999 6	0.050 4~1.0080
Rb_3	$Y=1.12\times10^6X+3\ 040$	0.999 6	0.051 0~1.0200
Rd	$Y=1.46\times10^6X+1\ 290$	0.999 6	0.050 0~1.0000
F_2	$Y=1.71\times10^6X-2\ 760$	0.999 7	0.051 0~1.0200
20(S)-Rg_3	$Y=1.93\times10^6X-4\ 260$	0.999 7	0.050 5~1.0100
20(R)-Rg_3	$Y=1.35\times10^6X-4\ 080$	0.999 6	0.051 1~1.0220
20(S)-Rh_2	$Y=2.38\times10^6X+1\ 010$	0.999 8	0.056 0~1.1200
20(R)-Rh_2	$Y=2.87\times10^6X-9\ 460$	0.999 1	0.058 5~1.1700

42 批西洋参中单体皂苷含量见表 2-5 和图 2-2。山东地区西洋参中皂苷含量为（34.61 ± 8.21）mg/g，其中文登地区西洋参中皂苷的含量为（32.77 ± 7.18）mg/g、荣成地区西洋参中皂苷的含量为（41.28 ± 1.41）mg/g、乳山地区西洋参中皂苷的含量为（47.18 ± 9.13）mg/g。42 批西洋参中人参皂苷 Rf、20(R)-Rh_1、20(S)-Rg_3、20(R)-Rg_3 在各样品中均未检出。西洋参中不含有人参皂苷 Rf，其为人参的特有成分；人参皂苷 20(R)-Rh_1、20(S)-Rg_3 和 20(R)-Rg_3 未检出，可能是其本身在西洋参中含量较低。检出的 12 种皂苷类成分之间含量具有一定差异性，其中以 Rb_1 和 Re 含量最高，占皂苷总量的 70% 以上；Rb_1、Re、Rc、Rd 和 Rg_1 占皂苷总量的 90% 以上，其次为 20(R)-Rh_2、Rb_3、Rb_2、20(S)-Rh_1、F_1、F_2、20(S)-Rh_2。各成分之间的比例为 13.32∶10.21∶2.10∶1.50∶1.00∶0.91∶0.70∶0.46∶0.35∶0.16∶0.13∶0.04。2020 年版《中国药典》对西洋参中人参皂苷 Rg_1、Re 和 Rb_1 的含量进行了规定，要求人参

皂苷 Rg_1、Re 和 Rb_1 之和不得少于 2.0%。此批样品的不合格率为 16.67%，不合格样品分别为 S17、S18、S19、S21、S22、S23 和 S24。参考 GB/T 36397—2018《西洋参分等质量》中对 Rb_1 的含量要求不得少于 2.0%，Rg_1、Re 之和不得少于 0.6%。42 批样品 Rg_1、Re 之和均大于 0.6%，但只有 S28、S38、S40 和 S41 样品中 Rb_1 的含量大于 2.0%。虽然此批样品符合 2020 年版《中国药典》对人参皂苷含量的要求，但其人参皂苷 Rb_1 的含量偏低。

表 2-5　西洋参中 16 种皂苷含量测定结果　（单位：mg/g）

人参皂苷	含量	人参皂苷	含量
Rg_1	1.12 ± 0.35	Rb_2	0.51 ± 0.16
Re	11.44 ± 2.32	Rb_3	0.78 ± 0.51
Rf	—	Rd	1.68 ± 0.57
20(S)-Rh_1	0.4 ± 0.47	F_2	0.14 ± 0.12
20(R)-Rh_1	—	20(S)-Rg_3	—
Rb_1	14.94 ± 4.45	20(R)-Rg_3	—
Rc	2.35 ± 0.81	20(S)-Rh_2	0.04 ± 0.12
F_1	0.18 ± 0.12	20(R)-Rh_2	1.02 ± 0.23

注：“—”表示未检出。

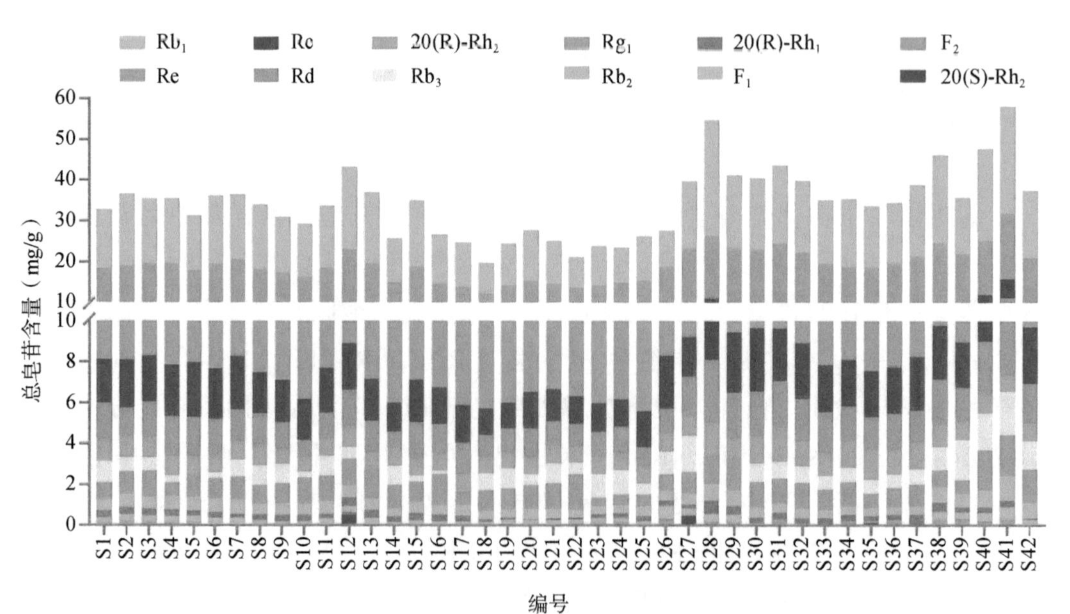

图 2-2　42 批西洋参的 12 种人参皂苷含量

2.2　西洋参中核苷类成分含量分析

8 种核苷标准品色谱图和西洋参样品色谱图见图 2-3。8 种核苷的线性范围、回归方程、相关系数见表 2-6。精密度实验结果表明，8 种核苷腺嘌呤、肌苷、鸟嘌呤、尿苷、鸟苷、腺苷、2′- 脱氧鸟苷、β- 胸苷峰面积的 RSD 分别为 0.25%、1.36%、0.83%、1.06%、0.92%、0.68%、1.47%、0.83%，说明仪器的精密度良好；重复性实验结果表明，8 种核苷的平均含量分别为 119.75 mg/kg、458.71 mg/kg、43.42 mg/kg、32.00 mg/kg、419.68 mg/kg、47.03 mg/kg、75.35 mg/kg、406.96 mg/kg，RSD 分别为 0.85%、3.70%、0.39%、1.48%、2.27%、1.29%、0.87%、0.21%，说明本实验重复性良好；稳定性实验结果表明，8 种核苷的 RSD 分别为 0.89%、0.39%、4.10%、0.63%、0.87%、1.33%、0.49%、1.16%，说明本实验在 24 h 内稳定性良好；加样回收实验结果表明，8 种核苷酸的平均回收率分别为 99.1%、99.6%、99.9%、98.3%、99.2%、99.2%、99.7%、98.1%，RSD 分别为 1.38%、2.24%、1.75%、1.75%、2.60%、1.20%、2.13%、1.42%，表明加样回收率良好。

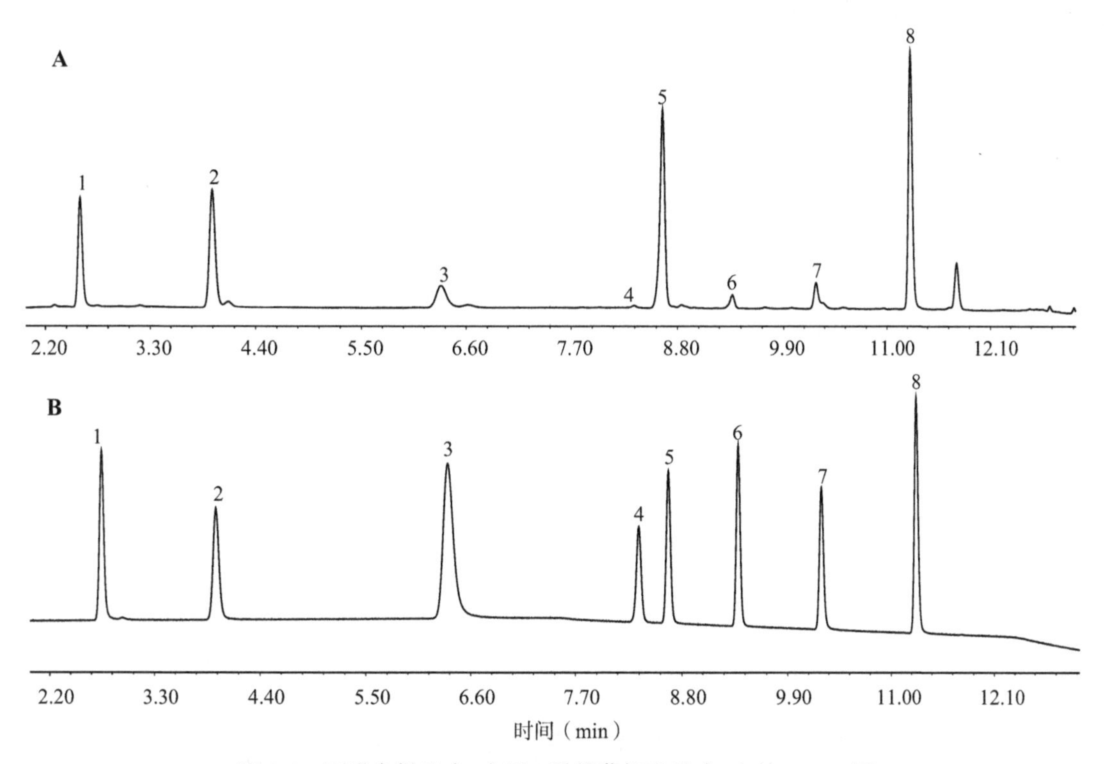

图 2-3　西洋参样品（A）及 8 种核苷标准品（B）的 UPLC 图

注：1. 鸟嘌呤；2. 尿苷；3. 腺嘌呤；4. 肌苷；5. 鸟苷；6. 2′- 脱氧鸟苷；7. β - 胸苷；8. 腺苷。

42 批西洋参中核苷含量见表 2-7 和图 2-4。山东地区西洋参中核苷的含量为（1.32 ± 0.17）mg/g，其中文登地区西洋参中核苷的含量为（1.30 ± 0.17）mg/g，荣成地区西洋参中核苷的含量为（1.49 ± 0.08）mg/g、乳山地区西洋参中核苷的含量为

表 2-6　8 种核苷类成分的线性回归方程、R^2 及线性范围

成分	线性回归方程	R^2	线性范围（μg/mL）
鸟嘌呤	Y=17 900X + 3 300	0.999 7	1.01~161.92
尿苷	Y=15 700X + 4 700	0.999 7	1.16~185.60
腺嘌呤	Y=38 900X + 3 560	0.999 9	1.16~186.24
肌苷	Y=10 600X + 2 540	0.999 8	1.08~172.80
鸟苷	Y=14 800X + 8 620	0.999 6	1.09~174.40
2′- 脱氧鸟苷	Y=16 400X + 6 780	0.999 8	1.18~188.16
β- 胸苷	Y=14 600X + 4 620	0.999 9	1.15~184.32
腺苷	Y=22 300X + 5 230	0.999 6	1.03~164.76

表 2-7　西洋参中 8 种核苷类成分含量测定结果　（单位：mg/kg）

成分	含量	成分	含量
鸟嘌呤	83.61 ± 2.10	鸟苷	352.46 ± 23.65
尿苷	369.59 ± 39.27	2′- 脱氧鸟苷	24.84 ± 0.86
腺嘌呤	46.84 ± 5.07	β- 胸苷	133.16 ± 17.31
肌苷	16.61 ± 3.75	腺苷	316.30 ± 22.71

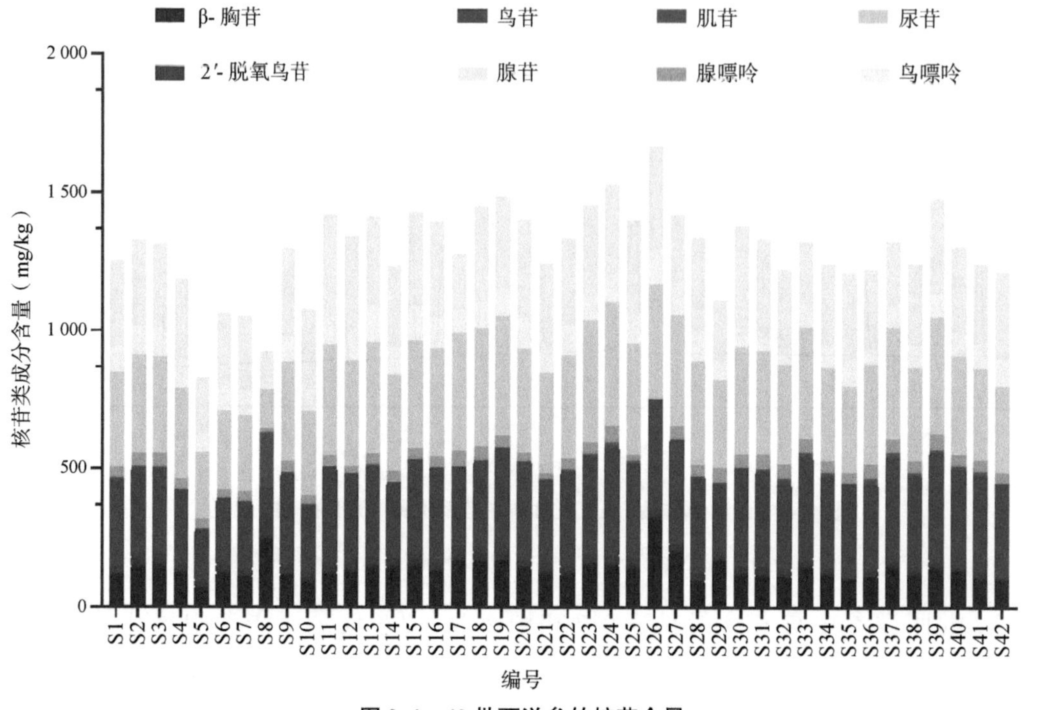

图 2-4　42 批西洋参的核苷含量

（1.34 ± 0.10）mg/g。8 种核苷类成分之间含量具有一定差异性，其中以尿苷、鸟苷、腺苷、β- 胸苷和鸟嘌呤含量较高，其次为腺嘌呤、2′- 脱氧鸟苷、肌苷。其中鸟苷、尿苷和腺苷占总量的 70% 以上，部分样品中未检出肌苷成分，可能是其本身在西洋参中的含量较低。鸟嘌呤：尿苷：腺嘌呤：肌苷：鸟苷：2′- 脱氧鸟苷：β- 胸苷：腺苷的含量比为 1.00：3.96：0.43：0.13：3.41：0.33：1.61：3.32。

2.3　西洋参中多糖含量分析

分光光度法测定西洋参中水溶性多糖含量，建立的葡萄糖浓度与吸光度之间的回归方程为 $Y = 2.314X + 0.0101$，$R^2 = 0.9969$。42 批西洋参中水溶性多糖含量见表 2-8。山东地区西洋参的多糖含量范围为 6.29%~15.50%，均值为 11.49% ± 2.13%。其中文登区西洋参的多糖含量为 11.46% ± 0.34%，荣成市西洋参的多糖含量为 11.98% ± 0.17%，乳山市西洋参的多糖含量为 11.20% ± 0.52%。山东各地区西洋参中水溶性多糖的含量无显著性差异。

表 2-8　42 批西洋参中水溶性多糖含量　（单位：%）

编号	含量	编号	含量	编号	含量
S1	8.741 ± 0.349	S15	7.987 ± 0.312	S29	9.501 ± 0.328
S2	13.220 ± 0.135	S16	11.167 ± 0.488	S30	11.031 ± 0.687
S3	12.375 ± 0.044	S17	9.953 ± 0.875	S31	15.397 ± 0.162
S4	8.165 ± 0.173	S18	9.521 ± 0.210	S32	11.815 ± 1.379
S5	7.517 ± 0.578	S19	11.748 ± 0.387	S33	10.257 ± 0.301
S6	9.942 ± 0.096	S20	14.165 ± 0.064	S34	10.515 ± 1.320
S7	11.505 ± 0.028	S21	14.034 ± 0.293	S35	13.768 ± 0.317
S8	13.434 ± 0.189	S22	13.013 ± 0.224	S36	10.177 ± 0.413
S9	11.459 ± 0.254	S23	14.117 ± 0.151	S37	14.006 ± 0.182
S10	11.608 ± 0.969	S24	13.692 ± 0.724	S38	13.317 ± 0.669
S11	10.411 ± 0.129	S25	13.496 ± 0.128	S39	11.779 ± 0.511
S12	6.290 ± 0.478	S26	13.538 ± 0.511	S40	10.515 ± 0.158
S13	10.004 ± 0.535	S27	12.560 ± 0.036	S41	11.316 ± 0.500
S14	15.501 ± 0.307	S28	9.732 ± 0.684	S42	10.421 ± 0.463

2.4　西洋参中矿物元素含量分析

9 种元素的线性范围、标准曲线及相关系数见表 2-9。42 批西洋参中常量元素与重金属元素含量见表 2-10。常量元素中 K 含量最高，为（15.34 ± 1.59）g/kg；其次是 Ca 元素含量，为（2.14 ± 0.28）g/kg；Mg 元素（1.49 ± 0.18）g/kg；Na 元素含量最低，为（1.00 ± 0.28）g/kg。42 个样品中重金属元素 Pb 和 Hg 均未检出，部分样品中检出 As 和 Cd，所有样品中 Cu 均有检出。Cu 的含量范围为 2.17~18.34 mg/kg；As 仅在 S29、S30、S31、S35、S36、S38、S39 和 S42 样品中有检出，含量范围为 0.03~1.45 mg/kg；Cd 在除 S15、S16、S17、S18、S20、S21、S23、S24、S27 和 S33 外的 31 个样品中有检出，含量范围为 0.02~0.53 mg/kg。2020 版《中国药典》关于西洋参中重金属元素含量限度要求为 Pb ≤ 5 mg/kg、Cd ≤ 1 mg/kg、As ≤ 2 mg/kg、Hg ≤ 0.2 mg/kg 和 Cu ≤ 20 mg/kg。本次测定的 42 批样品中 Pb、Hg 未检出，Cd ≤ 0.53 mg/kg，As ≤ 1.45 mg/kg，Cu ≤ 18.34 mg/kg，均低于《中国药典》2020 年版的限量要求。中药材中的重金属残留来源于灌溉水、土壤或者富含重金属的农药化肥等，土壤是农作物有机物质和营养物质的主要来源，2014 年发布的《全国土壤污染状况调查公报》显示，我国 16.1% 的土壤受到重金属污染，土壤受到重金属的污染加剧了中药材中的重金属残留。本次测定的 42 个采样点的重金属含量虽均未超出 2020 年版《中国药典》的限度要求，但 Cd、As、Cu 均有检出，尤其作为一级致癌物的 Cd、As 最大含量达到了 0.53 mg/kg 和 1.45 mg/kg，后续尚需加强管理，降低西洋参中的重金属残留，提高其安全性。

表 2-9　9 种元素的线性回归方程、相关系数 R^2、检出限及定量限

元素	波长（nm）	线性回归方程	R^2	LOD（mg/mL）	LOQ（mg/mL）
K	766.491	$Y = 132X + 313.0$	0.999 1	0.030	0.110
Ca	396.847	$Y = 5\,542X + 391.0$	0.999 2	0.020	0.100
Na	589.592	$Y = 132X + 313.4$	0.999 5	0.030	0.090
Mg	280.270	$Y = 275X + 437.0$	0.999 9	0.010	0.080
As	188.980	$Y = 132X + 313.4$	0.999 5	0.030	0.110
Cd	226.502	$Y = 275X + 437.0$	0.999 1	0.020	0.100
Cu	324.754	$Y = 339X + 346.5$	0.998 9	0.030	0.090
Hg	253.652	$Y = 176X + 254.8$	0.999 8	0.010	0.080
Pb	220.353	$Y = 167X + 762.4$	0.999 6	0.030	0.100

表 2-10　42 批西洋参中常量元素与重金属元素测定结果

编号	常量元素（g/kg）				重金属元素（mg/kg）				
	Ca	K	Mg	Na	Cu	Cd	As	Hg	Pb
S1	2.22 ± 0.15	15.48 ± 0.91	1.52 ± 0.03	1.10 ± 0.03	5.38 ± 2.26	0.36 ± 0.17	—	—	—
S2	2.33 ± 0.17	16.32 ± 0.84	1.37 ± 0.08	0.94 ± 0.09	3.83 ± 0.56	0.53 ± 0.05	—	—	—
S3	2.09 ± 0.16	16.42 ± 0.78	1.28 ± 0.06	0.93 ± 0.06	2.17 ± 0.99	0.35 ± 0.05	—	—	—
S4	2.44 ± 0.07	16.02 ± 0.59	1.57 ± 0.05	1.04 ± 0.01	4.54 ± 1.43	0.39 ± 0.08	—	—	—

（续表）

编号	常量元素（g/kg）				重金属元素（mg/kg）				
	Ca	K	Mg	Na	Cu	Cd	As	Hg	Pb
S5	2.29 ± 0.13	15.77 ± 0.63	1.45 ± 0.10	1.00 ± 0.03	13.40 ± 5.47	0.32 ± 0.01	—	—	—
S6	2.13 ± 0.08	15.01 ± 0.56	1.54 ± 0.06	1.06 ± 0.02	7.33 ± 3.48	0.28 ± 0.05	—	—	—
S7	1.97 ± 0.06	15.75 ± 0.62	1.49 ± 0.05	1.30 ± 0.04	8.52 ± 0.57	0.46 ± 0.01	—	—	—
S8	2.03 ± 0.19	16.02 ± 0.59	1.32 ± 0.18	1.14 ± 0.06	7.01 ± 1.23	0.27 ± 0.14	—	—	—
S9	2.07 ± 0.15	18.56 ± 0.70	1.64 ± 0.17	1.37 ± 0.03	8.09 ± 1.94	0.34 ± 0.10	—	—	—
S10	1.94 ± 0.08	17.06 ± 0.83	1.50 ± 0.14	1.30 ± 0.01	7.06 ± 1.06	0.41 ± 0.07	—	—	—
S11	2.22 ± 0.08	16.73 ± 0.80	1.56 ± 0.12	1.34 ± 0.01	7.67 ± 1.04	0.34 ± 0.13	—	—	—
S12	2.05 ± 0.11	16.35 ± 0.56	1.40 ± 0.04	1.31 ± 0.02	10.30 ± 3.09	0.18 ± 0.05	—	—	—
S13	2.46 ± 0.22	18.40 ± 0.64	1.57 ± 0.07	1.38 ± 0.02	11.30 ± 2.55	0.18 ± 0.10	—	—	—
S14	2.18 ± 0.23	16.42 ± 0.28	1.44 ± 0.08	1.37 ± 0.01	5.05 ± 0.66	0.13 ± 0.12	—	—	—
S15	2.24 ± 0.05	15.48 ± 0.28	1.63 ± 0.05	0.77 ± 0.03	5.71 ± 0.40	—	—	—	—
S16	2.12 ± 0.06	14.83 ± 0.87	1.48 ± 0.11	0.74 ± 0.04	6.45 ± 1.87	—	—	—	—
S17	2.04 ± 0.09	14.47 ± 0.79	1.57 ± 0.07	0.76 ± 0.06	4.82 ± 0.72	—	—	—	—
S18	1.71 ± 0.11	14.88 ± 0.72	1.42 ± 0.05	0.72 ± 0.06	5.81 ± 0.87	—	—	—	—
S19	2.22 ± 0.02	13.98 ± 0.71	1.39 ± 0.16	0.77 ± 0.09	6.83 ± 0.63	0.02 ± 0.01	—	—	—
S20	2.00 ± 0.12	13.01 ± 0.53	1.34 ± 0.18	1.41 ± 0.10	7.88 ± 3.13	—	—	—	—
S21	2.60 ± 0.26	15.87 ± 0.33	1.57 ± 0.17	1.26 ± 0.10	4.61 ± 1.12	—	—	—	—
S22	2.26 ± 0.26	14.29 ± 1.11	1.28 ± 0.06	1.28 ± 0.12	5.89 ± 1.69	0.07 ± 0.07	—	—	—
S23	2.04 ± 0.18	13.02 ± 2.14	1.26 ± 0.14	1.33 ± 0.26	11.08 ± 5.37	—	—	—	—
S24	2.20 ± 0.11	14.18 ± 2.18	1.29 ± 0.19	1.34 ± 0.26	10.90 ± 2.91	—	—	—	—
S25	2.05 ± 0.10	13.83 ± 0.85	1.43 ± 0.05	1.36 ± 0.16	6.72 ± 2.05	0.11 ± 0.02	—	—	—
S26	2.14 ± 0.15	15.39 ± 0.17	1.61 ± 0.09	1.41 ± 0.02	6.46 ± 2.88	0.08 ± 0.02	—	—	—
S27	1.98 ± 0.08	16.21 ± 0.22	1.40 ± 0.05	0.46 ± 0.02	10.36 ± 2.77	—	—	—	—
S28	1.92 ± 0.07	13.99 ± 1.20	1.25 ± 0.03	0.70 ± 0.06	8.09 ± 2.42	0.03 ± 0.01	—	—	—
S29	2.53 ± 0.04	15.72 ± 1.36	1.52 ± 0.09	0.74 ± 0.08	9.61 ± 3.56	0.11 ± 0.05	1.42 ± 0.21	—	—
S30	2.43 ± 0.24	14.95 ± 0.85	1.40 ± 0.16	0.68 ± 0.10	18.21 ± 1.57	0.06 ± 0.04	0.58 ± 0.13	—	—
S31	2.21 ± 0.23	15.86 ± 1.16	1.70 ± 0.17	0.88 ± 0.10	6.08 ± 0.51	0.39 ± 0.24	1.29 ± 0.17	—	—
S32	1.79 ± 0.18	15.49 ± 0.36	1.59 ± 0.17	0.76 ± 0.09	8.86 ± 0.49	0.10 ± 0.08	—	—	—
S33	1.95 ± 0.11	15.60 ± 1.26	1.61 ± 0.13	0.76 ± 0.10	4.66 ± 1.03	—	—	—	—
S34	2.14 ± 0.04	15.25 ± 0.98	1.53 ± 0.10	0.78 ± 0.12	11.57 ± 2.34	0.05 ± 0.01	—	—	—
S35	1.92 ± 0.15	14.32 ± 1.57	1.45 ± 0.09	0.74 ± 0.10	10.40 ± 2.63	0.27 ± 0.01	0.03 ± 0.01	—	—

（续表）

编号	常量元素（g/kg）				重金属元素（mg/kg）				
	Ca	K	Mg	Na	Cu	Cd	As	Hg	Pb
S36	1.77 ± 0.24	14.73 ± 0.99	1.38 ± 0.09	0.73 ± 0.12	16.84 ± 1.26	0.12 ± 0.01	1.11 ± 0.06	—	—
S37	2.08 ± 0.10	15.44 ± 0.34	1.66 ± 0.04	0.74 ± 0.10	17.34 ± 2.50	0.04 ± 0.02	—	—	—
S38	2.05 ± 0.22	14.18 ± 0.24	1.65 ± 0.09	0.71 ± 0.10	13.16 ± 2.09	0.09 ± 0.08	0.98 ± 0.09	—	—
S39	2.01 ± 0.15	16.78 ± 1.67	1.82 ± 0.15	0.80 ± 0.09	12.75 ± 1.29	0.06 ± 0.02	1.45 ± 0.32	—	—
S40	2.16 ± 0.13	14.78 ± 1.62	1.52 ± 0.15	0.77 ± 0.11	15.16 ± 0.89	0.39 ± 0.16	—	—	—
S41	2.54 ± 0.11	13.32 ± 0.49	1.39 ± 0.19	0.89 ± 0.32	14.96 ± 3.62	0.41 ± 0.13	—	—	—
S42	2.18 ± 0.10	14.02 ± 0.54	1.57 ± 0.05	0.93 ± 0.23	7.49 ± 0.05	0.31 ± 0.10	0.58 ± 0.10	—	—

注：“—” 表示未检出。

42批西洋参中微量元素的含量见表2-11。18种微量元素中Fe含量最高，为（275.72 ± 98.39）mg/kg；Al和Mn元素含量也较高，分别为（247.62 ± 106.29）mg/kg和（121.02 ± 36.41）mg/kg；然后含量高低顺序依次为Ba、Zn、Sr、Ti、Se、Cr、Ni、Sn、Sb、V、Mo、Ag、Co，Tl和Be仅有个别样品有检出。

表2-11　西洋参中微量元素测定结果　（单位：mg/kg）

微量元素	含量	微量元素	含量	微量元素	含量
Fe	275.72 ± 98.39	Ti	12.11 ± 4.59	V	1.88 ± 0.42
Al	245.24 ± 98.58	Se	8.28 ± 4.60	Mo	1.66 ± 1.85
Mn	121.02 ± 36.41	Cr	8.25 ± 4.59	Ag	0.88 ± 0.49
Ba	46.50 ± 14.78	Ni	7.62 ± 3.78	Co	0.31 ± 0.33
Zn	42.91 ± 13.24	Sn	4.94 ± 2.16	Tl	0.10 ± 0.40
Sr	20.74 ± 3.08	Sb	3.06 ± 2.23	Be	0.03 ± 0.13

2.5　西洋参中蛋白质和氨基酸含量分析

42批西洋参中蛋白质含量见表2-12。山东威海地区西洋参的粗蛋白含量范围为8.16%~17.39%，均值为（11.12 ± 0.23）%。其中文登区西洋参的粗蛋白含量为（11.37 ± 0.23）%、荣成市西洋参的粗蛋白含量为（10.15 ± 0.25）%、乳山市西洋参的粗蛋白含量为（9.52 ± 0.20）%。

表 2-12　42 批西洋参中粗蛋白含量　（单位：%）

编号	含量	编号	含量	编号	含量
S1	10.725 ± 0.369	S15	10.850 ± 0.233	S29	11.627 ± 0.432
S2	11.179 ± 0.294	S16	10.879 ± 0.371	S30	10.787 ± 0.222
S3	9.472 ± 0.289	S17	10.674 ± 0.489	S31	10.415 ± 0.277
S4	9.208 ± 0.315	S18	10.070 ± 0.447	S32	12.737 ± 0.044
S5	9.943 ± 0.045	S19	11.331 ± 0.180	S33	11.813 ± 0.078
S6	11.262 ± 0.312	S20	10.051 ± 0.218	S34	11.513 ± 0.289
S7	11.474 ± 0.132	S21	11.415 ± 0.415	S35	10.170 ± 0.037
S8	11.634 ± 0.267	S22	10.390 ± 0.265	S36	9.620 ± 0.365
S9	13.159 ± 0.140	S23	11.354 ± 0.052	S37	11.123 ± 0.102
S10	12.339 ± 0.182	S24	8.160 ± 0.035	S38	8.189 ± 0.416
S11	12.590 ± 0.091	S25	11.594 ± 0.510	S39	11.082 ± 0.333
S12	11.374 ± 0.082	S26	17.388 ± 0.091	S40	8.96 ± 0.104
S13	12.536 ± 0.097	S27	13.437 ± 0.09	S41	8.513 ± 0.177
S14	15.871 ± 0.326	S28	8.442 ± 0.422	S42	11.671 ± 0.122

18 种氨基酸标准品色谱图和西洋参样品色谱图见图 2-5。18 种氨基酸的线性范围、回归方程、相关系数见表 2-13。精密度实验结果的 RSD 均小于 2.25%，表明仪器的精密度良好，表明仪器精密度良好；重复性实验结果的 RSD 均小于 3.39%，表明本实验重复性良好；稳定性实验结果的 RSD 均小于 1.87%，表明本实验在 24 h 内稳定性良好；加样

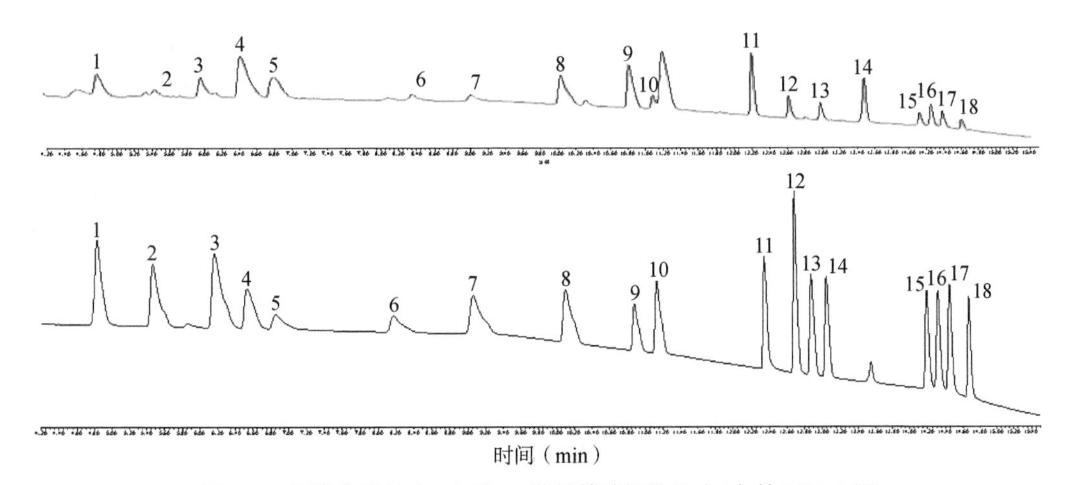

图 2-5　西洋参样品（A）及 18 种氨基酸标准品（B）的 UPLC 图

注：1. His; 2. Trp; 3. Gly; 4. Arg; 5. Asp; 6. Glu; 7. Thr; 8. Ala; 9. GABA; 10. Pro; 11. Lys; 12. Tyr; 13. Met; 14. Val; 15. Ile; 16. Leu; 17. Phe; 18. Trp。

回收实验结果的平均回收率均大于98.1%，RSD均小于2.34%，表明加样回收率良好。42批西洋参中游离氨基酸含量见表2-14和图2-6。山东地区西洋参中游离氨基酸总量（15.75 ± 6.43）mg/g，必需氨基酸总量为（4.15 ± 1.51）mg/g。其中文登地区游离氨基酸总量为（15.68 ± 15.45）mg/g、非必需氨基酸总量为（4.03 ± 3.98）mg/g；荣成地区游离氨基酸总量为（15.25 ± 5.09）mg/g、非必需氨基酸总量为（4.34 ± 1.30）mg/g；乳山地区游离氨基酸总量为（17.26 ± 3.46）mg/g、非必需氨基酸总量为（5.70 ± 1.31）mg/g。18种氨基酸类成分之间含量具有一定差异性，其中以Asp、Ala、His、GABA和Arg含量较高，Arg含量占到了24%以上。

表2-13　18种氨基酸成分的线性回归方程、R^2及线性范围

氨基酸	回归方程	R^2	线性范围（μg/mL）
组氨酸 His	$Y = 1\,840\,X + 153\,000$	0.995 2	0.99~493.50
丝氨酸 Trp	$Y = 2\,190\,X + 132\,000$	0.995 5	1.01~504.00
甘氨酸 Gly	$Y = 1\,920\,X + 104\,000$	0.995 7	0.99~492.50
精氨酸 Arg	$Y = 1\,880\,X + 279\,000$	0.994 1	1.02~509.00
天冬氨酸 Asp	$Y = 2\,160\,X + 125\,000$	0.991 2	0.99~496.50
谷氨酸 Glu	$Y = 2\,240\,X + 100\,000$	0.994 9	1.03~517.00
苏氨酸 Thr	$Y = 3\,390\,X + 141\,000$	0.995 6	1.01~503.50
丙氨酸 Ala	$Y = 2\,490\,X + 172\,000$	0.993 4	1.02~507.50
γ- 氨基丁酸 GABA	$Y = 3\,790\,X + 339\,000$	0.996 7	1.00~498.50
脯氨酸 Pro	$Y = 2\,100\,X + 190\,000$	0.993 4	0.97~483.50
赖氨酸 Lys	$Y = 4\,470\,X + 222\,000$	0.995 4	0.98~490.50
酪氨酸 Tyr	$Y = 3\,420\,X + 95\,400$	0.998 9	0.98~488.50
甲硫氨酸 Met	$Y = 1\,090\,X + 28\,000$	0.9953	1.00~500.00
缬氨酸 Val	$Y = 970\,X + 23\,400$	0.996 3	1.03~513.00
异亮氨酸 Ile	$Y = 1\,920\,X + 54\,000$	0.995 9	0.99~492.50
亮氨酸 Leu	$Y = 3\,780\,X + 105\,000$	0.996 0	1.01~503.00
苯丙氨酸 Phe	$Y = 2\,630X + 73\,500$	0.996 0	0.96~481.00
色氨酸 Trp	$Y = 3\,000\,X + 82\,000$	0.996 0	1.01~503.00
赖氨酸 Lys	$Y = 1\,840\,X + 153\,000$	0.995 2	0.99~493.50
酪氨酸 Tyr	$Y = 2\,190\,X + 132\,000$	0.995 5	1.01~504.00
甲硫氨酸 Met	$Y = 1\,920\,X + 104\,000$	0.995 7	0.99~492.50

表 2-14　西洋参中 18 种氨基酸含量测定结果　　（单位：mg/g）

氨基酸	含量	氨基酸	含量
组氨酸 His	1.07 ± 0.69	赖氨酸 Lys*	0.35 ± 0.34
丝氨酸 Trp	0.33 ± 0.14	酪氨酸 Tyr	0.37 ± 0.12
甘氨酸 Gly	0.76 ± 0.41	甲硫氨酸 Met*	0.16 ± 0.14
精氨酸 Arg	3.92 ± 1.85	缬氨酸 Val*	0.66 ± 0.23
天冬氨酸 Asp	1.40 ± 0.89	异亮氨酸 Ile*	0.72 ± 0.23
谷氨酸 Glu	0.02 ± 0.13	亮氨酸 Leu*	0.55 ± 0.13
苏氨酸 Thr*	0.57 ± 0.39	苯丙氨酸 Phe*	0.49 ± 0.12
丙氨酸 Ala	1.34 ± 0.49	色氨酸 Trp*	0.72 ± 0.23
γ- 氨基丁酸 GABA	2.18 ± 0.64	必需氨基酸总量 EAA	4.15 ± 1.51
脯氨酸 Pro	0.49 ± 0.92	氨基酸总量 AA	15.75 ± 6.43

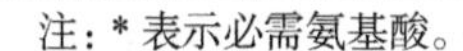
注：* 表示必需氨基酸。

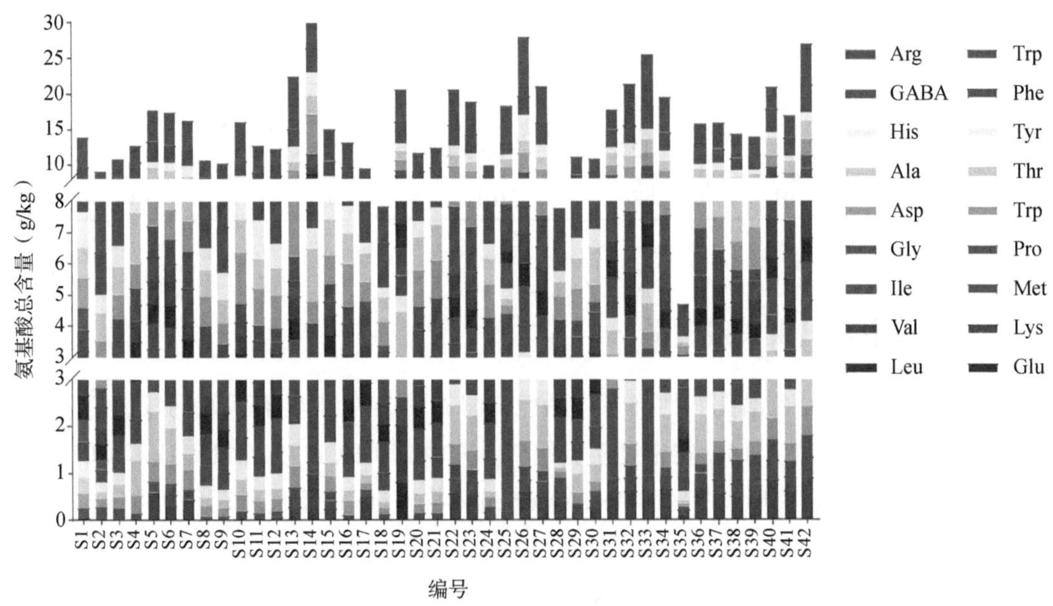

图 2-6　42 批西洋参的 18 种氨基酸含量

2.6　西洋参中总黄酮含量分析

分光光度法测定西洋参中总黄酮含量，建立的芦丁浓度与吸光度之间的回归方程为 Y =1.896 4X + 0.033 2，R^2 = 0.998 1。42 批西洋参中总黄酮含量见表 2-15。山东地区西洋参的总黄酮含量范围为 0.094%~0.218%，均值为（0.13 ± 0.03）%。其中文登区西洋参的总黄酮含量为（0.13 ± 0.03）%，荣成市西洋参的总黄酮含量为（0.12 ± 0.01）%，乳山市西洋参的总黄酮含量为（0.14 ± 0.01）%。

表 2-15　42 批西洋参中总黄酮含量　（单位：%）

编号	含量	编号	含量	编号	含量
S1	0.13 ± 0.01	S15	0.10 ± 0.01	S29	0.11 ± 0.01
S2	0.21 ± 0.01	S16	0.13 ± 0.01	S30	0.13 ± 0.01
S3	0.11 ± 0.01	S17	0.10 ± 0.01	S31	0.13 ± 0.01
S4	0.12 ± 0.01	S18	0.11 ± 0.01	S32	0.13 ± 0.01
S5	0.10 ± 0.01	S19	0.10 ± 0.01	S33	0.14 ± 0.01
S6	0.18 ± 0.01	S20	0.11 ± 0.01	S34	0.14 ± 0.01
S7	0.13 ± 0.01	S21	0.15 ± 0.01	S35	0.11 ± 0.01
S8	0.12 ± 0.01	S22	0.01 ± 0.01	S36	0.15 ± 0.01
S9	0.13 ± 0.01	S23	0.12 ± 0.03	S37	0.18 ± 0.01
S10	0.22 ± 0.01	S24	0.13 ± 0.01	S38	0.12 ± 0.01
S11	0.13 ± 0.01	S25	0.10 ± 0.01	S39	0.12 ± 0.01
S12	0.16 ± 0.01	S26	0.13 ± 0.01	S40	0.12 ± 0.01
S13	0.18 ± 0.01	S27	0.09 ± 0.01	S41	0.12 ± 0.01
S14	0.19 ± 0.01	S28	0.11 ± 0.01	S42	0.13 ± 0.01

2.7　西洋参中有机氯农残含量

8 种有机氯标准品色谱图和西洋参样品色谱图见图 2-7。8 种有机氯的线性范围、回归方程、相关系数见表 2-16。精密度实验结果，六氯苯（HCB）、五氯硝基苯（PCNB）、七氯（Heptachlor）、顺式环氧七氯（Heptachlor-endo-epoxide）、反式环氧七氯（Heptachlor-exo-epoxide）、氧化氯丹（oxy-Clordane）、反式氯丹（ trans-Clordane）和顺式氯丹（cis-Clordane）的 RSD 分别为 0.35%、1.80%、0.31%、1.10%、0.89%、1.16%、0.99% 和 0.95%，表明仪器精密度良好；重复性实验结果，HCB 和 PCNB 的 RSD 分别为 1.85% 和 1.70%，表明本实验重复性良好；稳定性实验结果，HCB 和 PCNB 的 RSD 分别为 1.45% 和 1.64%，表明本实验在 24 h 内稳定性良好；加样回收实验结果，HCB 和 PCNB 的回收率分别为 97.34% 和 99.25%，RSD 分别为 1.05% 和 2.03%，表明加样回收率良好。

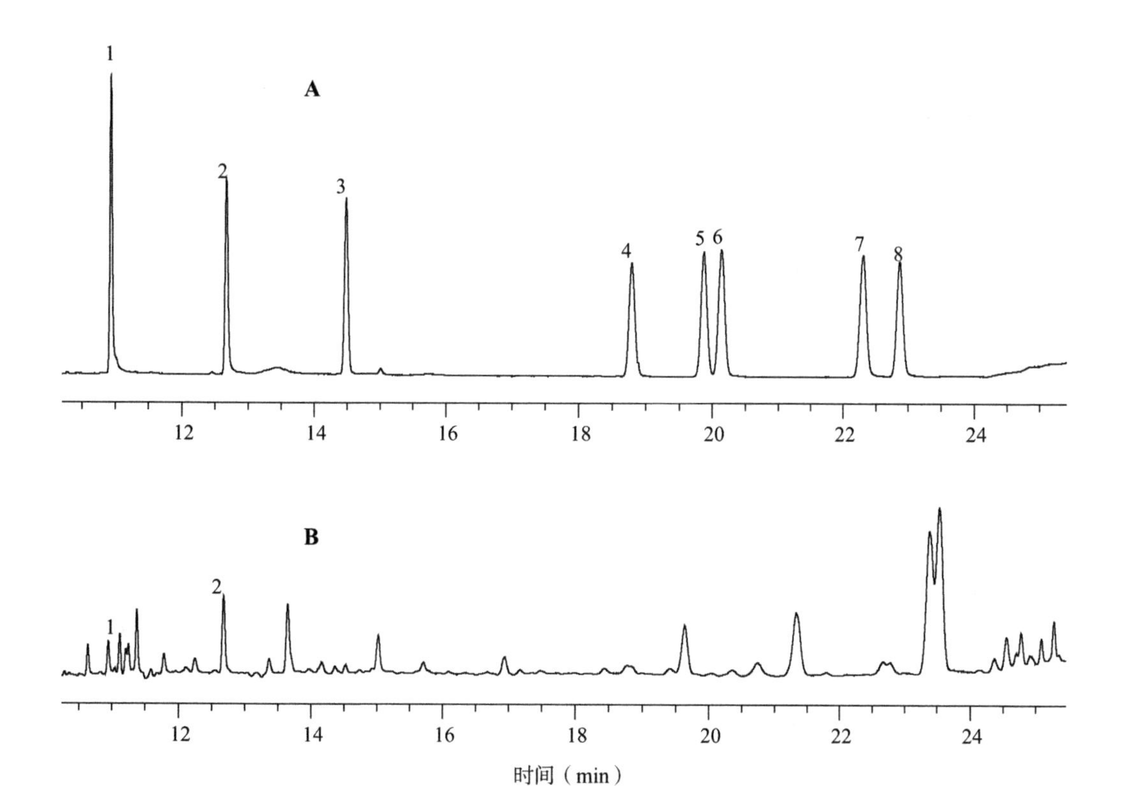

图 2-7　8 种有机氯标准品（A）及西洋参样品（B）的 UPLC 图

注：1. 六氯苯；2. 五氯硝基苯；3. 七氯；4. 氧化氯丹；5. 顺式环氧七氯；6. 反式环氧七氯；7. 反式氯丹；8. 顺式氯丹。

表 2-16　8 种有机氯的线性回归方程、相关系数 R^2、线性范围

农药	线性回归方程	R^2	线性范围（ng/mL）
六氯苯	$Y = 1\,883\,X + 824$	0.999 8	0.50~50.01
五氯硝基苯	$Y = 1\,539\,X + 358$	0.999 7	0.50~50.30
七氯	$Y = 1\,890\,X + 356$	0.999 3	0.50~50.00
氧化氯丹	$Y = 1\,491\,X + 254$	0.999 8	0.50~50.00
反式环氧七氯	$Y = 1\,488\,X + 862$	0.999 6	0.50~50.00
顺式环氧七氯	$Y = 1\,647\,X + 678$	0.999 2	0.50~50.30
反式氯丹	$Y = 1\,460\,X + 462$	0.999 1	0.50~50.00
顺式氯丹	$Y = 1\,236\,X + 523$	0.999 4	0.50~50.00

42 批西洋参中有机氯含量见表 2-17，42 批样品中只有 HCB 和 PCBN 有检出，其余有机氯均未检出，因此列表中只列出了 HCB 和 PCBN 含量。

表 2-17　42 批西洋参中有机氯测定结果　（单位：μg/kg）

编号	HCB	PCBN	编号	HCB	PCBN
S1	5.50 ± 0.37	24.00 ± 4.97	S22	5.17 ± 0.85	29.33 ± 6.24
S2	5.27 ± 1.27	31.00 ± 12.19	S23	5.70 ± 1.10	37.67 ± 9.74
S3	6.77 ± 0.69	49.33 ± 4.50	S24	7.60 ± 0.99	47.67 ± 9.46
S4	9.73 ± 1.88	61.00 ± 9.27	S25	5.10 ± 1.06	29.67 ± 7.41
S5	7.23 ± 0.65	52.67 ± 6.94	S26	7.27 ± 0.82	45.67 ± 6.65
S6	6.27 ± 0.62	39.33 ± 6.85	S27	5.70 ± 0.43	34.00 ± 2.83
S7	19.93 ± 15.63	50.33 ± 5.44	S28	7.27 ± 1.36	37.33 ± 12.26
S8	5.53 ± 0.76	34.00 ± 6.16	S29	6.60 ± 3.77	96.67 ± 60.73
S9	4.80 ± 0.99	29.67 ± 7.41	S30	7.37 ± 1.86	43.00 ± 16.27
S10	5.03 ± 1.32	34.67 ± 10.53	S31	26.33 ± 6.34	290.00 ± 94.16
S11	6.37 ± 2.22	30.00 ± 1.41	S32	13.33 ± 1.25	89.00 ± 8.29
S12	5.53 ± 2.11	25.67 ± 7.41	S33	12.27 ± 3.35	45.67 ± 6.13
S13	6.10 ± 0.29	43.33 ± 4.11	S34	4.93 ± 0.54	32.00 ± 4.32
S14	5.60 ± 1.20	39.00 ± 10.98	S35	5.57 ± 0.62	33.33 ± 6.60
S15	5.87 ± 0.42	38.33 ± 4.11	S36	7.27 ± 0.45	40.00 ± 2.94
S16	4.70 ± 0.36	26.67 ± 0.94	S37	5.47 ± 0.39	27.67 ± 3.3
S17	4.00 ± 0.37	22.33 ± 5.19	S38	12.33 ± 1.70	59.33 ± 7.85
S18	3.57 ± 0.41	17.33 ± 4.11	S39	4.13 ± 1.11	23.67 ± 7.76
S19	4.27 ± 1.05	27.00 ± 10.71	S40	5.87 ± 0.95	25.67 ± 8.81
S20	4.73 ± 0.75	29.33 ± 8.22	S41	6.23 ± 1.73	14.23 ± 12.62
S21	5.60 ± 0.29	34.00 ± 2.94	S42	5.00 ± 1.27	12.07 ± 7.04

七氯、顺式环氧七氯、反式环氧七氯、氧化氯丹、反式氯丹和顺式氯丹在 42 个样品中均未检出；六氯苯、五氯硝基苯在 42 个样品中均有检出，含量范围分别为 3.57~26.33 μg/kg 和 12.07~290.00 μg/kg。2020 版《中国药典》中西洋参有机氯含量限度的要求为：七氯与环氧七氯之和≤ 0.05 mg/kg，氧化氯丹、反式氯丹和顺式氯丹之和≤ 0.1 mg/kg，六氯苯≤ 0.1 mg/kg，五氯硝基苯≤ 0.1 mg/kg。42 批样品中七氯、顺式环氧七氯、反式环氧七氯、氧化氯丹、反式氯丹和顺式氯丹均未检出，六氯苯≤ 26.33 μg/kg；S29 样品的五氯硝基苯含量为（96.67 ± 60.73）μg/kg；S31 样品五氯硝基苯含量为（290.00 ± 94.16）μg/kg；其余样品五氯硝基苯≤ 89.00 μg/kg。除 S29 和 S31 样品外，40 批样品的有机氯残留均远低于《中国药典》2020 年版的限量要求。

参考文献

［1］陈丽雪，曲迪，华梅，等．不同年生和不同部位人参样品有效成分的比较［J］．食品科学，2019，40（8）：124-129.

［2］张燕停，任利鹏，魏晓明，等．UPLC 法测定西洋参不同部位中皂苷类成分及质量评价研究［J/OL］．特产研究，2024，46（2）：115-122+127.

［3］陈宝，王燕华，王玉方，等．UPLC 法同时测定不同产地桔梗中 13 种核苷类成分［J］．中药材，2018，41（2）：381-384.

［4］高坤，宫瑞泽，李珊珊，等．UPLC 法同时测定人参中 13 种核苷类成分［J］．食品工业，2019，40（9）：265-269.

［5］宫瑞泽，王燕华，祁玉丽，等．不同加工方式对鹿茸中水溶性多糖含量及单糖组成的影响［J］．色谱，2019，37（2）：194-200.

［6］任多多，邵紫君，刘松鑫，等．西洋参多糖对克林霉素磷酸酯诱导的抗生素相关性腹泻的改善作用［J］．食品工业科技，2021，42（12）：354-361.

［7］王泽帅，陆雨顺，李珊珊，等．不同地区梅花鹿茸中无机元素含量的对比分析［J］．特产研究，2021，43（2）：69-78.

［8］张燕停，陆雨顺，魏晓明，等．山东省威海地区西洋参重金属和有机氯农药残留分析［J］．特产研究，2023，45（6）：124-131.

［9］王燕华，张秀莲，赵卉，等．不同加工方式对鹿茸中粗蛋白与水解氨基酸量的影响研究［J］．中草药，2017，48（15）：3085-3091.

［10］张秀莲，赵卉，许世泉，等．人参芦、体、须中蛋白质含量对比分析［J］．特产研究，2016，38（4）：28-30.

［11］陆雨顺，张燕停，夏蕴实，等．不同形态鹿茸游离氨基酸的含量测定及质量评价应用研究［J］．中国中药杂志，2022，47（6）：1587-1594.

西洋参加工品质和免疫活性研究

第三章　不同加工方法对西洋参化学成分的影响

热加工作为目前常用的西洋参干燥方法，因其操作简单、成本低，对环境、设备等要求不高，得到广泛应用。皂苷类、多糖类、氨基酸类及核苷类成分在西洋参不同的热加工处理方法下会有不同程度的变化，本章通过对比三种加工方法西洋参中化学成分的种类和含量差异，旨在为阐明不同加工方法的西洋参营养差别提供参考。

1　材料与方法

1.1　实验材料

1.1.1　软支西洋参制作

将编号为S10的鲜西洋参样品洗去参根上的泥土，保持其他部位的完整，无损伤，随机挑选1 kg，洗净、晾干表面水分，25℃干燥48 h，按照每2 d升温2℃左右将温度升高到35℃，待西洋参主体变软后温度逐渐升高到40℃，干燥48 h，然后再将温度降到34℃直到完全干燥，即得软支西洋参（AGS）。

1.1.2　硬支西洋参制作

将编号为S10的鲜西洋参样品洗去参根上的泥土，保持其他部位的完整，无损伤，随机挑选1 kg，清洗后晾干水分放1~2 d，使外表皮干燥，在42℃条件下，经过4~7 d的持续干燥，即得硬支西洋参（AGH）。

1.1.3　西洋红参制作

将编号为S10的鲜西洋参样品洗去参根上的泥土，保持其他部位的完整，无损伤，随机挑选1 kg，水蒸气加热2 h，蒸熟后在干燥箱中60℃干燥24 h，即得西洋红参（AGR）。

1.2　实验试剂

同第一篇第二章1.2节。

1.3 实验仪器

同第一篇第二章 1.3 节。

1.4 不同加工方法西洋参中皂苷类成分含量测定方法

不同加工方法西洋参中皂苷分析方法同第一篇第二章 1.4 和 1.5 节。

1.5 不同加工方法西洋参中核苷含量测定方法

不同加工方法西洋参中核苷分析方法同第一篇第二章 1.6 节。

1.6 不同加工方法西洋参中多糖含量测定方法

不同加工方法西洋参中多糖分析方法同第一篇第二章 1.7 节。

1.7 不同加工方法西洋参中蛋白质、氨基酸含量测定方法

不同加工方法西洋参中蛋白质、氨基酸分析方法同第一篇第二章 1.9 节。

1.8 不同加工方法西洋参中总黄酮含量测定方法

不同加工方法西洋参中总黄酮分析方法同第一篇第二章 1.10 节。

1.9 统计分析

所有实验数据重复测定 3 次，所得结果以"平均值 ± 标准差"表示（$n = 3$），采用 SPSS 22.0 统计软件进行数据统计、分析和绘制图表，单因素方差分析结果以 $P<0.05$ 为差异显著，$P<0.01$ 为差异极显著。

2 结果与分析

2.1 不同加工方法对西洋参中皂苷类成分的影响

不同加工方法对西洋参总皂苷含量的影响见表 3-1，结果表明软支西洋参中总皂苷含量相对较高，其次为硬支西洋参、西洋红参，且软支西洋参和硬支西洋参中总皂苷含量无显著性差异。

表 3-1　不同加工方法对西洋参总皂苷含量的影响　（单位：%）

成分	软支西洋参	硬支西洋参	西洋红参
总皂苷	5.61 ± 0.37^{a}	5.22 ± 0.15^{a}	4.85 ± 0.25^{b}

注：同一行上标字母相同表示无显著差异（$P>0.05$），反之有显著差异（$P<0.05$）。

不同加工方法对西洋参中 16 种单体皂苷的影响见表 3-2，结果表明，不同加工方法西洋参中部分单体皂苷含量具有显著性差异。西洋红参中含量最高为（52.26 ± 0.69）mg/g，其次分别为硬支西洋参和软支西洋参，其中人参皂苷 Rg_1、Re、Rd、20(R)-Rh_2 在三种加工方法西洋参中含量具有显著性差异，人参皂苷 Rg_1、Re 的含量在硬支西洋参中显著高于软支西洋参和西洋红参，人参皂苷 20(R)-Rh_2 的含量在软支西洋参中显著高于硬支西洋参和西洋红参，人参皂苷 Rd 在西洋红参中显著高于硬支西洋参和软支西洋参。不同加工方法西洋参中部分单体皂苷种类具有显著性差异，软支西洋参中未检测到 20(R)-Rh_1、20(S)-Rg_3、20(S)-Rh_2，硬支西洋参中除上述三种单体皂苷以外，人参皂苷 20(S)-Rh_1 和 20(R)-Rg_3 也未检测到，西洋红参中仅人参皂苷 F_1 未检测到。西洋红参加工温度较高，干燥过程中分子量较大的人参皂苷 Rb_2、Rc、Rd、Re 和 Rg_1 含量显著降低。

表 3-2　不同加工方法对西洋参中单体皂苷成分的影响　（单位：mg/g）

成分	软支西洋参	硬支西洋参	西洋红参
Rg_1	1.26 ± 0.02^{b}	2.44 ± 0.03^{a}	0.62 ± 0.01^{c}
Re	10.72 ± 0.07^{b}	11.49 ± 0.01^{a}	7.30 ± 0.09^{c}
20(S)-Rh_1	0.06 ± 0.06^{b}	—	0.39 ± 0.02^{a}
20(R)-Rh_1	—	—	0.36 ± 0.01
Rb_1	16.90 ± 0.09^{b}	17.73 ± 0.04^{b}	31.30 ± 0.42^{a}
Rc	2.10 ± 0.03^{a}	2.17 ± 0.02^{a}	2.02 ± 0.047^{a}
F_1	0.13 ± 0.13^{a}	0.13 ± 0.13^{a}	—
Rb_2	0.41 ± 0.06^{a}	0.46 ± 0.02^{a}	0.40 ± 0.01^{a}
Rb_3	0.30 ± 0.30^{a}	0.28 ± 0.28^{a}	0.57 ± 0.01^{a}
Rd	2.99 ± 0.01^{c}	3.59 ± 0.01^{b}	4.24 ± 0.04^{a}
F_2	0.38 ± 0.02^{a}	0.22 ± 0.22^{a}	0.69 ± 0.02^{a}
20(S)-Rg_3	—	—	0.59 ± 0.01
20(R)-Rg_3	0.37 ± 0.05^{a}	—	0.46 ± 0.01^{a}
20(S)-Rh_2	—	—	0.09 ± 0.09
20(R)-Rh_2	5.63 ± 0.03^{a}	5.11 ± 0.12^{b}	3.20 ± 0.05^{c}
总量	41.22 ± 0.27^{a}	43.62 ± 0.08^{b}	52.26 ± 0.69^{c}

注：同一行上标字母相同表示无显著差异（$P>0.05$），反之有显著差异（$P<0.05$）；“—”表示未检出或不在检出限范围内。

2.2 不同加工方法西洋参中核苷类成分对比分析

不同加工方法对西洋参中 8 种核苷类成分的影响见表 3-3。不同加工方法西洋参中核苷含量具有显著性差异，从总量来看，软支西洋参含量最高为（1 059.42 ± 2.00）mg/kg，其次为西洋红参，软支西洋参含量最低。2′- 脱氧鸟苷在西洋红参中含量最高，其余 7 种核苷在软支西洋参中含量最高，硬支西洋参与西洋红参仅部分核苷含量具有显著性差异。从种类看，软支西洋参和硬支西洋参中均未检测出肌苷，可能是肌苷在西洋参中含量较低的缘故。西洋参干燥过程中在一定程度上有利于核苷类成分的积累，起始烘干温度 30~35℃，药材本身含有的分解代谢物的相关酶不易失活，植物仍能进行一些生理活动，有利于有效成分的保留，而红参的加工过程要经过高温蒸煮，温度过高反而会造成核苷类成分的部分分解，因此含量较生晒参有所减少。据此推测温度对核苷类成分具有一定的影响，但具体变化机制有待进一步研究。

表 3-3　不同加工方法对西洋参中核苷类成分的影响　（单位：mg/kg）

成分	软支西洋参	硬支西洋参	西洋红参
鸟嘌呤	118.79 ± 1.56[a]	45.32 ± 1.18[c]	56.72 ± 1.96[b]
尿苷	192.88 ± 0.22[a]	87.94 ± 5.19[b]	83.65 ± 0.99[b]
腺嘌呤	49.65 ± 5.68[a]	42.08 ± 2.42[ab]	30.09 ± 0.17[b]
肌苷	—	—	25.22 ± 0.21
鸟苷	290.82 ± 5.37[a]	91.10 ± 6.74[b]	92.72 ± 0.96[b]
2′- 脱氧鸟苷	20.13 ± 1.34[b]	17.07 ± 0.11[b]	68.67 ± 0.04[a]
β- 胸苷	50.86 ± 0.37[a]	29.30 ± 0.07[c]	48.30 ± 2.16[b]
腺苷	336.29 ± 2.52[a]	172.85 ± 9.91[b]	184.60 ± 5.31[b]
总量	1 059.42 ± 2.00[a]	485.65 ± 21.40[c]	589.98 ± 10.94[b]

注：同一行上标字母相同表示无显著差异（P>0.05），反之有显著差异（P<0.05）；“—” 表示未检出或不在检出限范围内。

2.3 不同加工方法西洋参中多糖含量对比分析

不同加工方法西洋参中多糖的含量结果见表 3-4。结果表明，西洋红参中多糖含量最高，其次为软支西洋参，硬支西洋参含量最低，因此，推测蒸制加工或较高温度有利于多糖成分的溶出。

表 3-4　不同加工方法对西洋参多糖含量的影响　（单位：%）

成分	软支西洋参	硬支西洋参	西洋红参
多糖	11.83 ± 0.39[a]	10.58 ± 0.15[b]	16.11 ± 0.44[c]

注：同一行上标字母相同表示无显著差异（P>0.05），反之有显著差异（P<0.05）。

2.4　不同加工方法西洋参中粗蛋白和游离氨基酸含量对比分析

不同加工方法西洋参中粗蛋白的含量结果见表 3-5。结果表明，西洋红参中粗蛋白含量最高，其次为软支西洋参和硬支西洋参，且软支西洋参和硬支西洋参中粗蛋白含量无显著性差异。

表 3-5　不同加工方法对西洋参粗蛋白含量的影响　　（单位：%）

成分	软支西洋参	硬支西洋参	西洋红参
粗蛋白	9.95 ± 0.43[a]	9.48 ± 0.17[a]	11.57 ± 0.46[b]

注：同一行上标字母相同表示无显著差异（$P>0.05$），反之有显著差异（$P<0.05$）。

不同加工方法对西洋参中 18 种游离氨基酸的影响见表 3-6。结果表明，不同加工方法西洋参游离氨基酸总量具有一定的差异，西洋红参中氨基酸总量最高为（21.85 ± 4.47）mg/g，其次为硬支西洋参和软支西洋参，分别为（14.57 ± 0.37）mg/g 和（12.26 ± 0.25）mg/g。其中 His、Gly、Lys、Met、Ile、Leu 和 Phe 在软支西洋参中含量较高，Glu、GABA、Val 和 Trp 在硬支西洋参中含量较高，Trp、Arg、Asp、Thr、Ala、Pro 和 Tyr 在西洋红参中含量较高。不同加工方法西洋参中必需氨基酸的总量无显著性差异，软支西洋参、硬支西洋参和西洋红参中必需氨基酸分别占氨基酸总量的 26%、24% 和 17%，非必需氨基酸分别占氨基酸总量的 74%、76% 和 83%。在西洋参蒸制过程中非必需氨基酸的含量有所增加。热加工过程中可能涉及到蛋白质变性、蛋白质分解、氨基酸氧化、氨基酸键之间的交换和新键的生成，适当的热加工条件对保持西洋参的营养价值至关重要。软支西洋参和硬支西洋参起始烘干温度为 30~35℃，对西洋参中粗蛋白的影响较小，或许变温处理只改变了部分游离氨基酸的相对含量。较高温度的蒸制处理，可能使得西洋红参中的蛋白质发生了变性和分解，增加了非必需氨基酸的含量，减少了较为活泼的赖氨酸的含量，但具体变化机制有待进一步明确。

表 3-6　不同加工方法对西洋参中氨基酸成分的影响　　（单位：mg/g）

成分	软支西洋参	硬支西洋参	西洋红参
His	0.83 ± 0.02[a]	0.77 ± 0.02[a]	0.71 ± 0.15[a]
Trp	0.25 ± 0.01[a]	0.42 ± 0.01[b]	0.50 ± 0.10[b]
Gly	0.57 ± 0.01[a]	0.39 ± 0.01[b]	0.17 ± 0.03[c]
Arg	3.03 ± 0.07[b]	1.12 ± 0.03[a]	4.00 ± 0.82[c]
Asp	1.09 ± 0.02[a]	1.43 ± 0.04[a]	6.84 ± 0.40[b]
Glu	0.02 ± 0.01[a]	1.29 ± 0.03[b]	—
Thr*	0.41 ± 0.01[a]	1.13 ± 0.03[b]	2.17 ± 0.44[c]

（续表）

成分	软支西洋参	硬支西洋参	西洋红参
Ala	0.98 ± 0.03[a]	1.73 ± 0.04[b]	2.38 ± 0.49[c]
GABA	1.63 ± 0.01[a]	2.59 ± 0.07[b]	2.08 ± 0.42[b]
Pro	0.41 ± 0.01[a]	0.89 ± 0.02[b]	0.79 ± 0.16[b]
Lys*	0.25 ± 0.02	—	—
Tyr	0.28 ± 0.01[a]	0.39 ± 0.01[a]	0.56 ± 0.11[b]
Met*	0.12 ± 0.01	—	—
Val*	0.48 ± 0.02[a]	0.85 ± 0.02[b]	0.62 ± 0.13[b]
Ile*	0.55 ± 0.01[a]	0.28 ± 0.01[b]	0.34 ± 0.07[b]
Leu*	0.42 ± 0.01[a]	0.27 ± 0.01[b]	0.33 ± 0.07[ab]
Phe*	0.38 ± 0.01[a]	0.25 ± 0.01[b]	0.14 ± 0.03[c]
Trp*	0.55 ± 0.01[a]	0.76 ± 0.02[b]	0.21 ± 0.04[c]
EAA	3.16 ± 0.08[a]	3.54 ± 0.01[a]	3.81 ± 0.78[a]
AA	12.26 ± 0.25[a]	14.57 ± 0.37[a]	21.85 ± 4.47[b]

注：* 表示必需氨基酸；同一行上标字母相同表示无显著差异（$P>0.05$），反之有显著差异（$P<0.05$）；“—”表示未检出或不在检出限范围内。

2.5 不同加工方法西洋参中总黄酮含量对比分析

不同加工方法西洋参总黄酮含量结果见表 3-7。结果表明，软支西洋参中总黄酮含量最高，其次为硬支西洋参和西洋红参，且硬支西洋参和西洋红参总黄酮含量无显著性差异。

表 3-7 不同加工方法对西洋参总黄酮含量的影响 （单位：%）

成分	软支西洋参	硬支西洋参	西洋红参
总黄酮	0.21 ± 0.01[a]	0.17 ± 0.02[b]	0.15 ± 0.01[b]

注：同一行上标字母相同表示无显著差异（$P>0.05$），反之有显著差异（$P<0.05$）。

3 结论

热加工和蒸制加工作为中药材重要的加工方法，对其性状、化学成分和药理活性都具有较大的影响，如黄精、三七、人参等多种中药材蒸制加工处理后其药效均会有一定程度的增加。文献报道蒸制加工后西洋参中极性较大的人参皂苷的含量明显下降，而极性较小的人参皂苷则相应增加，并生成了新的化合物[1-2]。Wang 等研究了西洋参在 120℃蒸煮 1 h 后人参皂苷成分的含量变化，结果表明人参皂苷 Rg_1、Re、Rc、Rb_2 和 Rb_3 的含量降低，人参皂苷 Rh_1、Rg_2、20(R)-Rg_2、Rg_3 和 Rh_2 的含量增加[3]。安琪等通过比较蒸制软支西洋参和蒸制硬支西洋参的化学成分差异，也证明了蒸制加工后软支西洋参中的人参皂苷和多糖的含量显著高于蒸制后硬支西洋参[4]。糖类含量的变化在蒸制加工过程中存在转化和降解两种形式[5]，随着蒸制温度的升高、蒸制时间的延长，糖类含量先增加后降低，王洁采用 HPLC 法分析三七生品、蒸制熟制品中多糖类成分，结果表明三七蒸制加工后多糖类成分含量显著增加[6]。我们的研究结果表明蒸制加工后西洋参中皂苷、多糖、粗蛋白和氨基酸含量具有显著增加，这与文献报道一致。由此可知，蒸制加工对西洋参的化学成分影响较大。

3 种加工方法西洋参营养成分比较，西洋红参中人参皂苷［(52.26 ± 0.69) mg/g］、多糖（16.11% ± 0.44%）、粗蛋白（11.57% ± 0.46%）和氨基酸［(21.85 ± 4.47) mg/g］含量显著高于软支西洋参［(41.22 ± 0.27) mg/g、11.83% ± 0.39%、9.95% ± 0.43%、(12.26 ± 0.25) mg/g］和硬支西洋参［(43.62 ± 0.08) mg/g、10.58% ± 0.15%、9.48% ± 0.17%、(14.57 ± 0.37) mg/g］，且软支西洋参和硬支西洋参中总皂苷和粗蛋白无显著性差异。软支西洋参中核苷成分［(1.06 ± 0.01) mg/g］和总黄酮（0.21% ± 0.01%）显著高于西洋红参［(0.59 ± 0.01) mg/g、0.15% ± 0.01%］和硬支西洋参［(0.49 ± 0.02) mg/g、0.17% ± 0.02%］，3 种加工方法西洋参中黄酮含量差异不大。

参考文献

［1］ SUN S, QI L, DU G, et al. Red notoginseng: Higher ginsenoside content and stronger anticancer potential than Asian and American ginseng［J］. Food Chemistry, 2010, 125(4): 1299-1305.

［2］ KANG S K, YAMABE N, KIM Y H, et al. Increase in the free radical scavenging activities of American ginseng by heat processing and its safety evaluation［J］. Journal of Ethnopharmacology, 2007, 113(2): 225-232.

［3］ WANG C Z, AUNG H H, NI M, et al. Red American ginseng: ginsenoside constituents and antiproliferative activities of heat-processed *Panax quinquefolius* roots［J］. Planta Medica, 2007, 73(7): 669-674.

［4］ 安琪，丁笑颖，李恒阳，等．基于人参皂苷和多糖含量的蒸制软支和硬支西洋参质量评价研究［J］．中国药学杂志，2022，57（13）：1068-1075.

［5］ 高亚珍，邹俊波，杨明，等．三七炮制的历史沿革及现代研究进展［J］．中国实验方剂学杂志，2023，29（4）：212-220.

［6］ 王洁．熟三七炮制工艺及炮制前后化学成分与活血补血药效差异研究［D］．武汉：湖北中医药大学，2020.

第四章　西洋红参和软支西洋参的免疫活性对比分析

免疫是传染病中宿主—病原体相互作用的基石，免疫系统通过识别“自己”和“非己”物质破坏和排斥进入人体的抗原物质，是维持人体健康的一种主要的防御实体[1]。非特异性免疫和特异性免疫作为人体免疫的两道防线，防止病原体或异物对机体的侵袭，维持机体的免疫平衡具有至关重要的作用。从西洋参中制备的不同提取物和单体物质均显示出显著的免疫调节活性，西洋参提取物可以显著增加小鼠巨噬细胞中的 NO、TNF-α 和 IL-6 释放，显著提高小鼠腹腔巨噬细胞的吞噬作用[2-5]，巨噬细胞通过吞噬作用或通过产生细胞因子（例如 TNF-α）杀死病原体，其介导的先天免疫是抵御微生物病原体的第一道防线。西洋参提取物（CVT-E002）可促进脾脏 B 淋巴细胞的增殖、血清免疫球蛋白的产生以及细胞因子 IL-1、TNF-α 和 IL-6 的分泌，进而杀死病原体[6]。西洋参皂苷类成分可以通过增加斑马鱼中性粒细胞数量、改善巨噬细胞吞噬功能及促进体内 IFN-γ 的分泌进而提高机体免疫力[7]。西洋参中性多糖促进了 RAW 264.7 小鼠巨噬细胞中 IL-6、TNF-α、MCP-1 和 GM-CSF 等细胞因子的表达，并能够在原代鼠脾细胞中充当免疫刺激剂[8]。西洋参多糖和皂苷联合处理可以通过逆转脾脏和外周血中的淋巴细胞亚群比例，刺激小肠中的 CD4 细胞和 IgA 分泌细胞来缓解肠道免疫紊乱[9]。作为植物源性的免疫调节剂，西洋参更稳定，不良反应更少，许多工业化国家作为合成药物的原料和中间体发挥着重要作用。

中国最早的医方著作《五十二病方》中就有记载，通过加工炮制以减轻或消除中草药的毒性并增强疗效，方便制剂和贮藏。为改善西洋参的寒凉药性，人们最早于清乾隆年间开始将蒸制处理用于西洋参炮制。过去市场上的西洋参产品以生晒参为主，近年来，大量蒸制加工后的西洋参涌入市场，但关于蒸制处理是否改变了西洋参的免疫活性，有待研究证明。本章采用 BALB/c 小鼠建立了环磷酰胺（CTX）诱导的免疫抑制模型，评价蒸制处理的西洋红参（AGR）和未蒸制处理的软支西洋参（AGS）的免疫调节活性差异，分析蒸制处理对西洋参免疫活性的影响，并揭示其作用机制，为全面评价西洋参品质提供数据支撑和理论依据。

1　材料与方法

1.1　实验动物

选择 SPF 级健康雄性 BALB/c 小鼠，鼠龄 8 周，体重 20~22 g，购于辽宁长生生物技术股份有限公司，动物生产许可证号 SCXK（辽）2020-0001。该研究得到了中国农业科学院特产研究所实验动物伦理委员会的批准。

1.2　实验材料

样品来源于本篇第一章 1.1.3 节蒸制处理的西洋参（西洋红参，AGR）和未蒸制处理的软支西洋参（西洋参生晒参，AGS），分别取 1 kg 粉碎，与水回流提取 2 h，重复 3 次，合并提取液，浓缩，冷冻干燥，然后保存在阴凉、干燥的环境中，备用。准确称取一定量的 AGR、AGS 粉末，用生理盐水配制成相应浓度的溶液，充分溶解，混匀。

1.3　实验试剂

小鼠肿瘤坏死因子 α（TNF-α）试剂盒（YJ002095）、小鼠白细胞介素 2（IL-2）试剂盒（YJ037868）、小鼠白介素 1β（IL-1β）试剂盒（YJ301814）、小鼠干扰素 γ（IFN-γ）试剂盒（YJ002277）、小鼠免疫球蛋白 G（IgG）试剂盒（ml037601）、小鼠免疫球蛋白 A（IgA）试剂盒（ml037606）和小鼠免疫球蛋白 M（IgM）试剂盒（ml063597）购于上海酶联生物技术有限公司。p38α/β（sc-7972）、p-p38（sc-7973）、ERK（sc-7383）、p-ERK（sc-7383）、JNK（sc-7345）和 p-JNK（sc-6254）购买于 Santa Cruz Biotechnology, Int。GAPDH（ab8245）获得于美国 Abcam 公司。RPMI-1640 培养基（C11875500BT）、胎牛血清（FBS）（164210）、青霉素和链霉素（15070063）购于 Gibco 公司。CTX（H32020857）购于盛迪药业有限公司。盐酸左旋咪唑片（H37020819）购于仁和堂药业有限公司。ConA（C8110）购于 Solarbio。10% 中性福尔马林（SL1560）购于北京酷来搏科技有限公司。

1.4　实验仪器

Alpha1-4 LD 冷冻加工机，德国 CHRIST 公司；371 型 CO_2 培养箱，赛默飞世尔科技有限公司；SW-CJ-2FD 洁净工作台，苏州安泰空气技术有限公司；ChemiDocTM MP 全能成像仪，美国伯乐 Bio-rad 有限公司；ProFlex PCR 仪，赛默飞世尔科技有限公司；BioTek 酶标仪，美国博腾仪器有限公司。

1.5 动物饲养与给药

SPF级健康雄性BALB/c小鼠饲养在温度为（23 ± 1）℃，相对湿度45%~55%环境中，自由饮水、进食，适应性喂养一周后，随机分为7组，每组10只，即对照组、环磷酰胺组（剂量含量，CTX）、盐酸左旋咪唑（40 mg/kg，LHT组）、西洋红参低剂量组（0.50 g/kg，AGRL）、西洋红参高剂量组（1.00 g/kg，AGRH）、软支西洋参低剂量组（0.50 g/kg，AGSL）、软支西洋参高剂量组（1.00 g/kg，AGSH），实验期间称重并记录。连续30 d，对照组和CTX组分别灌胃生理盐水，LHT组和西洋参组每天按体重10 mL/kg分别灌胃LHT和西洋参。在第26~29 d，除对照组外其余8组腹腔注射CTX诱导免疫抑制，剂量为50 mg/kg。第31 d，处死小鼠后收集眼静脉丛的血样并分离脾脏和胸腺，称重，并计算脏器指数。

1.6 组织病理学检查

脾脏组织以10%中性福尔马林固定后，冲洗、脱水、浸蜡包埋，以4 μm厚度连续切片，脱蜡至水，用苏木精和伊红染色，然后在奥林巴斯BH22显微镜下观察小鼠脾脏组织病理学变化。

1.7 ConA诱导的脾淋巴细胞转化实验

第31 d，在无菌条件下从处死的小鼠中收集脾脏，然后轻轻将脾脏磨碎并裂解红细胞，制成脾细胞悬液。用PBS洗涤3次，调整细胞浓度为3×10^6个/mL。将脾细胞悬液分两孔加入24孔培养板中，一孔加75 μL ConA液，另一孔作为对照，然后在37℃，5% CO_2条件下孵育68 h，孵育结束后，加入MTT（5 mg/mL），在37℃，5% CO_2条件下孵育4 h。孵育结束后，每个孔中加入1 mL酸性异丙醇溶液溶解紫色沉淀。然后分装至96孔培养板中，使用酶标仪在570 nm下测量OD值。用添加ConA孔的光密度值减去不添加ConA孔的光密度值代表淋巴细胞的增殖能力。

1.8 绵羊红细胞（SRBC）诱导迟发型变态反应（DTH）

最后一次注射CTX后1 h，在小鼠腹膜内注射0.2 mL 2%去纤维化的SRBC（1×10^8 cell/mL）刺激T淋巴细胞增殖成致敏淋巴细胞。在第30 d，测量小鼠的左后足跖部厚度，再次以去纤维化的SRBC攻击小鼠左后足跖部，24 h后测量左后足跖部厚度。反应前后小鼠左后足跖部厚度变化值，代表DTH反应程度。

1.9 碳廓清实验

第31 d，通过尾静脉向小鼠注射预热的碳溶液（0.1 mL/10 g）。分别在注射后2 min、

10 min 从小鼠眼静脉丛收集 20 μL 血液样本，并与 2 mL Na_2CO_3 溶液（0.1%）混合，然后在 600 nm 处测量 OD 值。血液收集后，对小鼠实施安乐死，取脾和肝脏，并称重，以吞噬指数表示小鼠碳廓清的能力，按下式计算吞噬指数 a。

$$K=\frac{\log OD_1-\log OD_2}{t_2-t_1}$$

$$a=\frac{体重}{肝脏重量+脾脏重}\times\sqrt[3]{K}$$

式中，OD 为血液样本在特定波长下的光密度值；K 为吞噬速度。

1.10　脾脏 T 淋巴细胞亚群和白细胞数测定

第 31 d，从小鼠眼静脉丛中采集 20 μL 血样，用血细胞计数仪对白细胞计数。制作脾细胞悬液。调整细胞浓度至 1×10^6 个 /mL，用异硫氰酸荧光素（FITC）偶联的抗小鼠 CD4、APC 偶联的抗小鼠 CD8a 和 PerCP-Cy5 偶联的抗小鼠 CD3 标记脾细胞表面标志物。将细胞在室温下暴露于光下 40 min，洗涤 2 次，加入 5mL PBS 以重新悬浮细胞，并使用 FACSCalibur 和 CellQuest 软件进行分析。

1.11　细胞因子和免疫球蛋白测定

第 31 d，从小鼠眼静脉丛获取血样，4℃离心 10 min，将血清保存在 −80℃下。采用 ELISA 试剂盒进行测定。

1.12　蛋白免疫印迹分析

利用组织匀浆的方法从脾脏中提取总蛋白质，采用 BCA 法测定蛋白浓度，10%~15% SDS-PAGE 凝胶用于分离等量的蛋白质，恒压 70 V 转膜，5% 脱脂奶粉孵育 1 h，PBST 洗膜 30 min，然后加特异性一抗，包括 p-ERK、p-JNK、p-p38、ERK、p38、JNK 和 GAPDH 抗体 4℃过夜，PBST 洗去一抗后加 HRP 偶联的二抗，室温摇床上孵育 1 h，洗去二抗后使用 BeyoECL Plus 试剂盒可视化目标蛋白质，采用 Image G 图像分析测定条带净灰度值，并与内参照 GAPDH 的测定比较，计算其比值，比较各组差异。

1.13　统计分析

所有数据均以平均值 ± 标准差表示，并用 Graphpad Prism 9.0 进行分析。采用单因素方差分析（One-way ANOVA 检验）检验组间差异，$P<0.05$ 具有显著差异。

2 结果与分析

2.1 AGR 和 AGS 对 CTX 胺诱导免疫力低下小鼠的影响

实验期间各组小鼠在造模前体重均持续增长（图 4-1A），与对照组相比无显著性差异。与对照组相比，CTX 组小鼠体重、胸腺指数、脾脏指数显著降低（图 4-1A、B）；与 CTX 组相比，LHT 组和 AGRL 组小鼠体重显著升高，LHT 组、AGR 组和 ARS 组小鼠胸腺指数和脾脏指数显著升高；与 AGS 组相比，AGR 组小鼠脾脏指数显著升高，说明蒸制加工处理后的西洋参提高了免疫抑制小鼠免疫器官指数。H&E 染色结果显示，对照组脾脏红白髓分界清晰，脾小体清晰可见（图 4-1C），CTX 组脾脏红白髓分界不明显，中央小动脉周围淋巴鞘变薄，表明 CTX 可能损伤脾脏免疫细胞。给予 AGR 和 AGS 后，可见小鼠脾脏红髓白髓分界清晰，且白髓边缘区增宽，表明 AGR、AGS 均可恢复 CTX 引起的脾脏损伤。

2.2 AGR 和 AGS 对单核 – 巨噬细胞功能和细胞免疫的影响

碳廓清实验是以碳廓清清除速率来反映机体巨噬细胞的吞噬功能，以此评价非特异

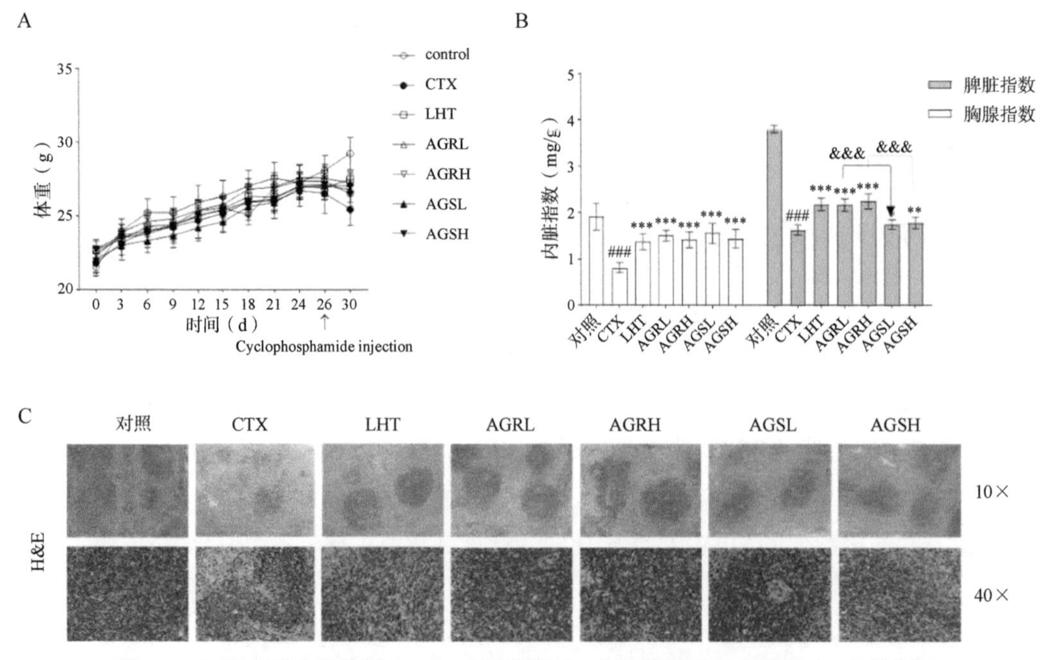

图 4-1 西洋参对小鼠体重（A）、内脏指数（B）和脾脏组织病理学（C）的影响
（比例尺：200 μm，物镜：10×；比例尺：50 μm，物镜：40×）

注：与对照组相比，$^{\#}P<0.05$，$^{\#\#}P<0.01$，$^{\#\#\#}P<0.001$；与 CTX 组相比，$^{*}P<0.05$，$^{**}P<0.01$，$^{***}P<0.001$；与 AGR 组相比，$^{\&}P<0.05$，$^{\&\&}P<0.01$，$^{\&\&\&}P<0.01$。

性免疫的免疫功能。结果表明，与对照组相比，CTX 组小鼠碳颗粒清除率显著下降，与 CTX 组相比，LHT、AGR 和 AGS 组小鼠碳颗粒清除率均显著升高（图 4-2A）。DTH 是由 T 淋巴细胞介导的一种超敏反应，以此评价细胞免疫的免疫功能。结果表明，与对照组相比，CTX 组小鼠的左后足跖部厚度显著降低，与 CTX 组相比，LHT、AGR 和 AGS 组小鼠左后足跖部厚度均有升高趋势，其中 AGRL、AGRH 和 AGSL 组显著升高（图 4-2B）。ConA 是 T 淋巴细胞的有丝分裂原，它们特异性刺激淋巴细胞的增殖，采用 ConA 诱导脾淋巴细胞增殖实验，通过淋巴细胞转化率的高低反映机体的细胞免疫水平。结果表明，与对照组相比，CTX 组小鼠得脾细胞增殖显著降低，与 CTX 相比，AGR 和 AGS 组小鼠的脾淋巴细胞增殖显著升高（图 4-2C）。小鼠白细胞个数结果表明，与对照组相比，CTX 组小鼠的白细胞数显著降低，与 CTX 相比，LHT、AGR 和 AGS 组小鼠的白细胞个数显著升高（图 4-2D）。AGR 和 AGS 可能通过增加白细胞个数、巨噬细胞吞噬功能、T 淋巴细胞增殖能力改善 CTX 诱导的小鼠机体免疫抑制。

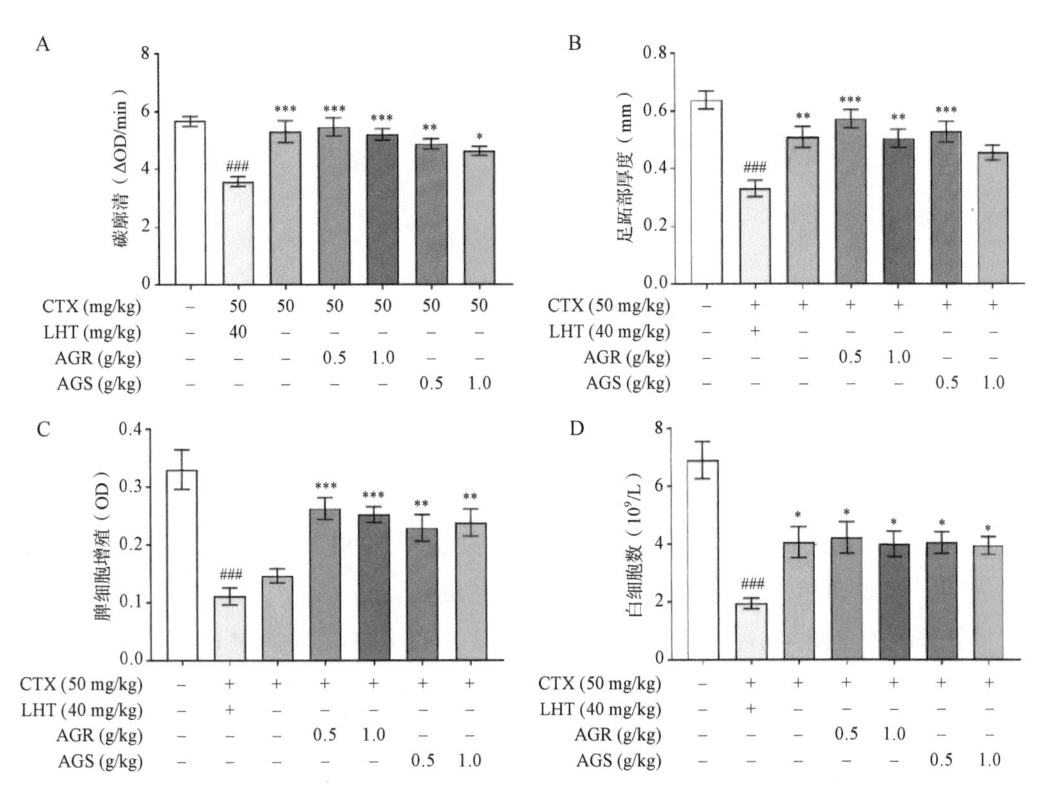

图 4-2　西洋参对碳廓清（A）、迟发型变态反应（B）、ConA 诱导的脾细胞增殖（C）和白细胞个数（D）的影响

2.3 AGR 和 AGS 对 T 淋巴细胞亚群的影响

T 细胞的增殖对于激活特异性免疫至关重要，我们对总 T 细胞和 T 细胞亚群进行了表型分析（图 4-3）。与对照组相比，CTX 组小鼠脾脏淋巴细胞中 $CD4^{+}CD8^{-}$ T 淋巴细胞含量显著降低、$CD4^{-}CD8^{+}$ T 淋巴细胞含量显著升高、$CD4^{+}CD8^{-}/CD4^{-}CD8^{+}$ 比值显著降低。与 CTX 组相比，LHT、AGRL、AGRH 和 AGSL 组小鼠脾脏淋巴细胞中 $CD4^{+}CD8^{-}$T 淋巴细胞含量显著升高，LHT、AGRL 和 AGRH 组小鼠脾脏淋巴细胞中 $CD4^{-}CD8^{+}$ T 淋巴细胞含量显著降低，LHT 和 AGRH 组小鼠脾脏淋巴细胞中 $CD4^{+}CD8^{-}/CD4^{-}CD8^{+}$ 比值显著升高。与 AGS 相比，AGR 组小鼠脾脏淋巴细胞中 $CD4^{+}CD8^{-}$ T 淋巴细胞含量显著升高、$CD4^{-}CD8^{+}$ T 淋巴细胞含量显著降低、$CD4^{+}CD8^{-}/CD4^{-}CD8^{+}$ 比值显著升高，蒸制加工处理后的西洋参恢复了小鼠机体 T 淋巴细胞亚群的失衡。

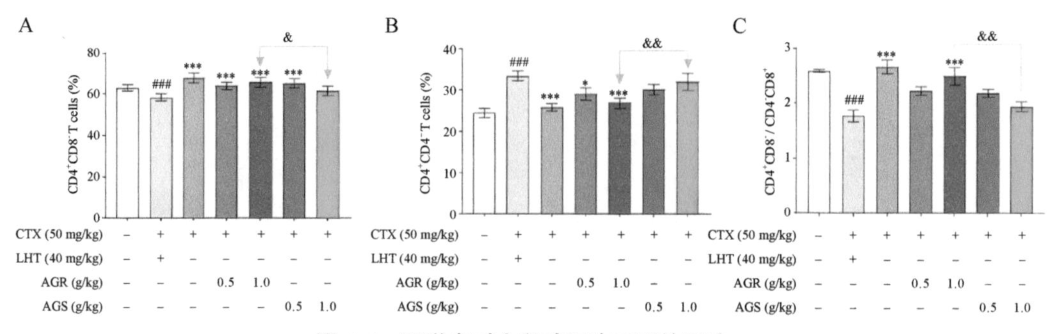

图 4-3　西洋参对小鼠脾细胞亚群的影响

2.4 AGR 和 AGS 对血清免疫球蛋白和细胞因子的影响

为了探讨 AGR 和 AGS 对 CTX 诱导的免疫抑制的影响，我们使用 ELISA 试剂盒检测了血清中免疫球蛋白（IgA、IgG 和 IgM）和细胞因子（TNF-α、IFN-γ 和 IL-2）的水平。结果表明，与对照组相比，CTX 组小鼠血清中 IgA、IgG、IgM、TNF-α、IFN-γ 和 IL-2 的水平显著减少（图 4-4A~F）。与 CTX 组相比，LHT 组小鼠血清中 IgA、IgM、TNF-α、IFN-γ 和 IL-2 水平显著升高、AGR 组小鼠血清中 IgA、IgG、IgM、TNF-α、IFN-γ 和 IL-2 水平显著升高、AGS 组小鼠血清中 IgA、IgG、IgM、TNF-α、和 IL-2 水平显著升高。与 AGS 相比，AGR 组小鼠血清中 IgA、IgG、TNF-α 和 IFN-γ 水平显著升高。蒸制加工处理后西洋参通过诱导小鼠体内免疫球蛋白及相关细胞因子的分泌，改善免疫抑制小鼠的免疫系统，增强机体免疫力。

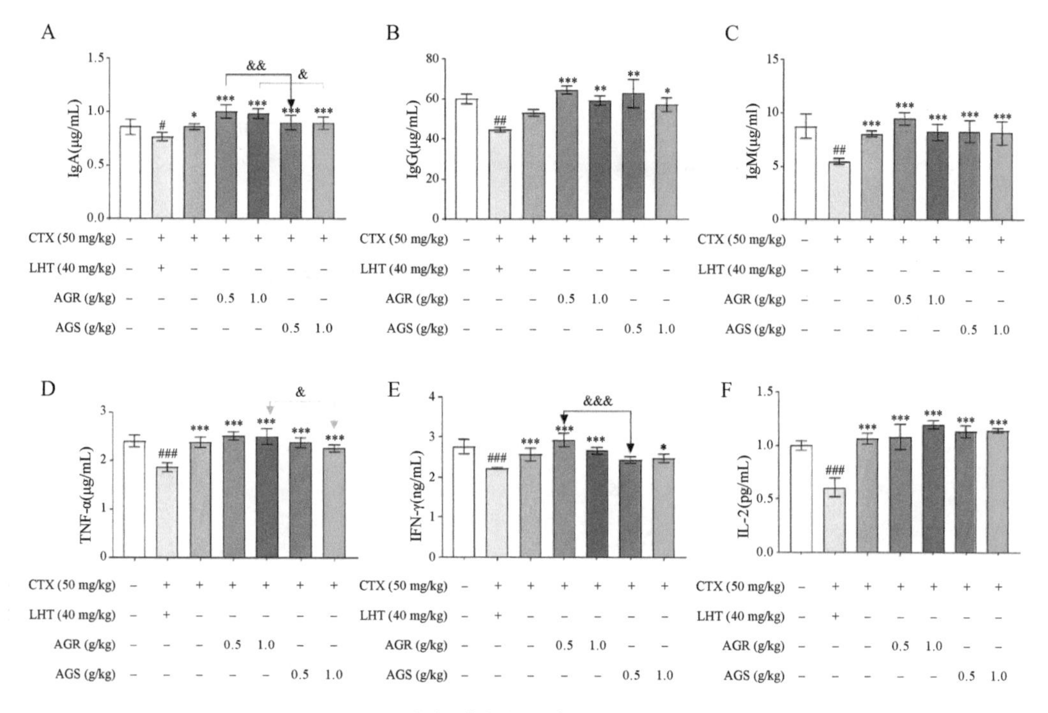

图 4-4　西洋参对小鼠血清中细胞因子的影响

2.5　AGR 和 AGS 对细胞凋亡的影响

图 4-5 表明，与对照组相比，CTX 组小鼠脾脏组织中 Bax 蛋白表达显著升高，Bcl-2 蛋白表达显著降低，说明 CTX 引起了小鼠脾脏细胞凋亡。与 CTX 组相比，AGR 和 AGS 组小鼠脾脏组织 Bax 蛋白的表达显著下降，Bcl-2 蛋白的表达显著增加。与 AGS 相比，AGR 显著抑制了小鼠脾脏组织 Bax 蛋白的表达，促进了 Bcl-2 蛋白的表达。蒸制加工处理后西洋参可以显著抑制小鼠体内脾脏细胞的凋亡，且加工处理后效果更好。

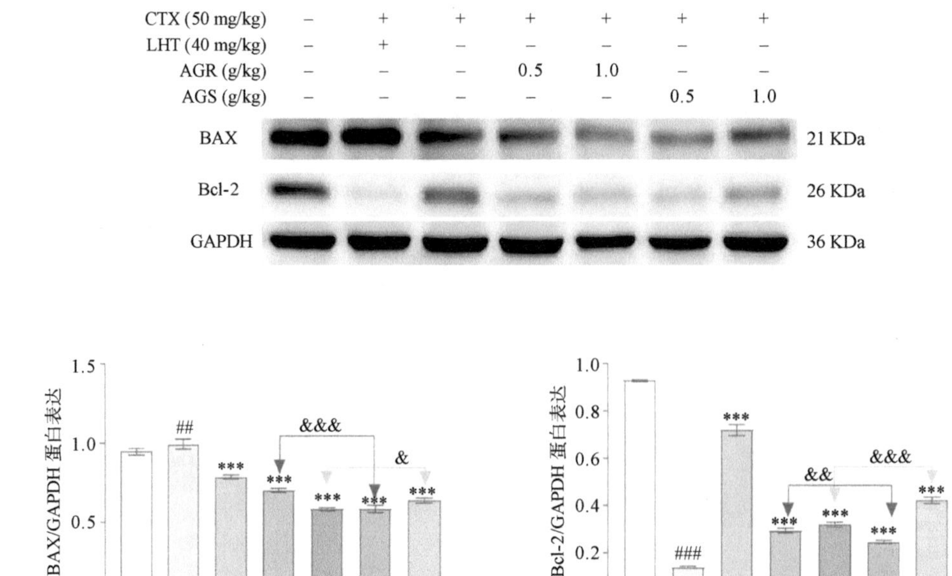

图 4-5　西洋参对小鼠脾脏中 BAX 和 Bcl-2 蛋白表达的影响

2.6　AGR 和 AGS 基于 MAPK 通路改善小鼠免疫功能

为了评估西洋参水提物介导的调控免疫相关蛋白的分子机制，我们测定了 MAPKs 信号通路的蛋白表达水平。MAPK 家族中包括 3 个主要亚组，即 p-ERK、p-JNK 和 p-p38。如图 4-6 所示，与对照组相比，CTX 组小鼠体内中 p-JNK、p-ERK、p-p38 蛋白的表达水平明显降低。与 CTX 组相比，AGR 和 AGSL 组小鼠体内 p-JNK、p-ERK、p-p38 蛋白的表达水平显著升高、AGSH 组小鼠体内 p-p38 蛋白的表达水平显著升高。与 AGS 相比，AGR 组小鼠体内 p-JNK、p-ERK、p-p38 蛋白的表达水平显著升高。AGR 和 AGSL 可以通过激活细胞内 MAPK 信号通路改善小鼠免疫活性，且蒸制加工处理后效果更好。

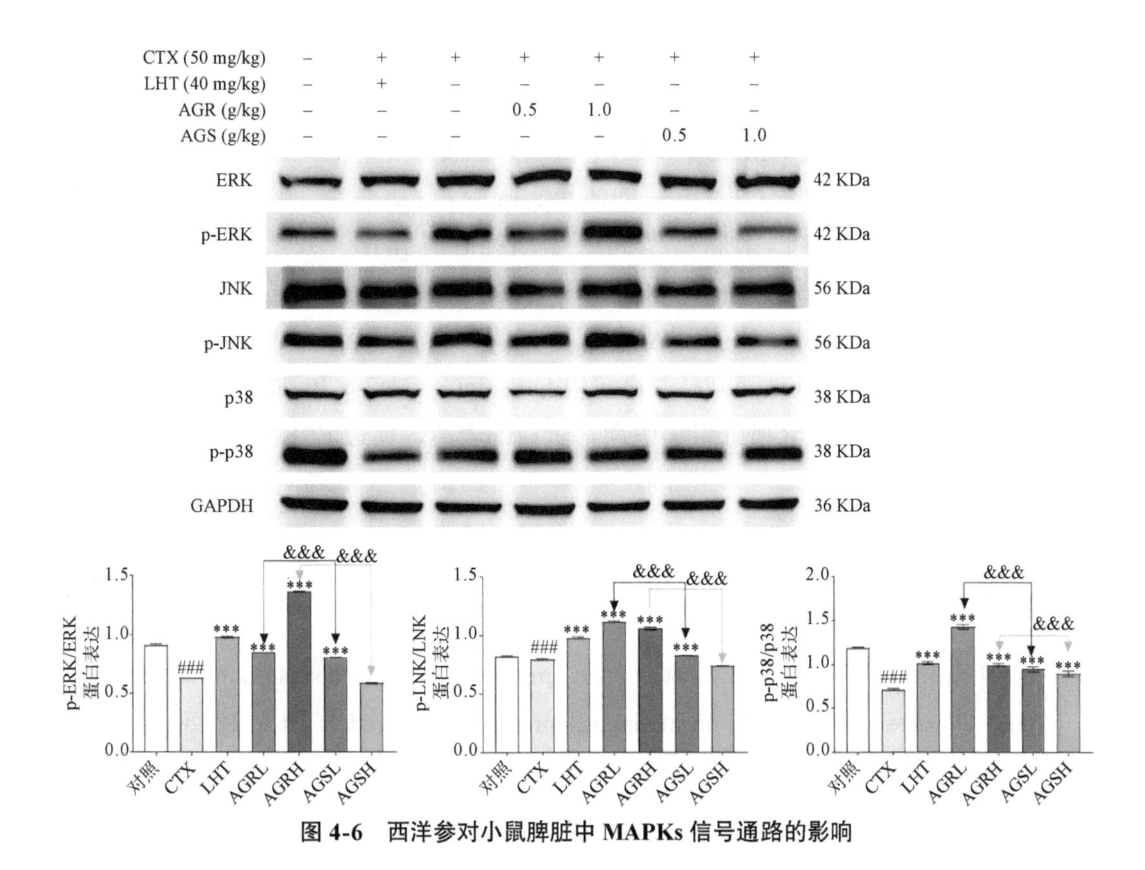

图 4-6　西洋参对小鼠脾脏中 MAPKs 信号通路的影响

3　结论

从西洋参中提取分离得到的不同提取物和单体物质均显示出一定的免疫增强活性[8]。例如，Yu 等从西洋参水提物中提取的 alkali-extractable polysaccharide 可以显著增加巨噬细胞的 NO、TNF-α 和 IL-6 释放[10]。Wang 等提取的 North American ginseng extract（CVT-E002）可增加脾脏 B 淋巴细胞增殖和血清免疫球蛋白的产生，显著增加细胞因子 IL-1、TNF-α 和 IL-6 的分泌，证明了西洋参提取物具有显著的免疫调节活性[5]。采用环磷酰胺诱导的 BALB/c 小鼠免疫抑制研究西洋参对免疫系统的调节和刺激作用，结果表明西洋参可以保护小鼠的免疫器官，促进细胞因子的产生，并且增加免疫细胞和免疫器官的免疫作用，此外更具有降低小鼠脾脏细胞的凋亡，并激活 MAPK 相关信号通路的作用。对比两种加工方法对西洋参的免疫刺激作用，蒸制加工处理后的西洋红参更好地增加免疫细胞和免疫器官的免疫作用，并且能更好地改善小鼠的免疫器官和免疫细胞的损伤。有文献研究表明，蒸制处理西洋参可能增加西洋参的抗癌活性。Wang 等和 Sun 等证实了蒸制西洋参比未蒸制西洋参对结直肠癌细胞的抗增殖作用显著增加[11-12]。Park 等研究发现，相比于未经热处理的西洋参，较低浓度的热处理西洋参对人胃癌 AGS 细胞具有显著的抑制作用[13]；其次，蒸制处理西洋参可能增加西洋参的抗氧化活性[14-15]。另外，还有研究表明蒸制处理可能会显著增加西洋参对糖尿病下蛋白糖化反应引起的氧化损伤的抑制活性[16]。因此，蒸制加工可能是提高或改变西洋参免疫活性的一种合理的加工方式。

AGR 和 AGS 均可逆转 CTX 诱导的体重、胸腺 / 脾脏指数下降趋势，同时 AGR 和 AGS 可显著提高 T 淋巴细胞增殖和巨噬细胞吞噬作用，并上调 TNF-α、IFN-γ、IL-2、IgG、IgA 和 IgM 细胞因子的水平，下调 Bax 蛋白，上调 Bcl-2、p-p38、p-JNK、p-ERK 蛋白的表达。与 AGS 相比，AGR 组小鼠脾脏指数显著升高，脾脏淋巴细胞中 $CD4^{+}CD8^{-}$T 淋巴细胞含量显著升高，血清中 IgA、IgG、TNF-α 和 IFN-γ 水平显著升高，并且 AGR 显著抑制了小鼠脾脏组织中凋亡蛋白的表达，促进 ERK/MAPK 通路蛋白的表达。

参考文献

[1] HAN L, LEI H N, TIAN Z W, et al. The immunomodulatory activity and mechanism of docosahexenoic acid (DHA) on immunosuppressive mice models [J]. Food & Function, 2018, 9(6): 3254-3263.

[2] WOOD J P. The immune system: recognition of infectious agents [J]. Anaesthesia & Intensive Care Medicine, 2006, 7(6): 179-180.

[3] GODWIN C A, Abrahams P C, Jirui H, et al. The Yin and Yang actions of North American ginseng root in modulating the immune function of macrophages [J]. Chinese Medicine, 2011, 6(1): 21.

[4] YU X H, LIU Y, WU X L, et al. Isolation, purification, characterization and immunostimulatory activity of polysaccharides derived from American ginseng [J]. Carbohydrate Polymers, 2017, 156: 9-18.

[5] WANG M, GUILBERT J L, LI J, et al. A proprietary extract from North American ginseng (*Panax quinquefolium*) enhances IL-2 and IFN-γ productions in murine spleen cells induced by Con-A [J]. International Immunopharmacology, 2003, 4(2): 311-315.

[6] WANG Y, QI Q, LI A, et al. Immuno-enhancement effects of Yifei Tongluo Granules on cyclophosphamide-induced immunosuppression in Balb/c mice [J]. Journal of Ethnopharmacology, 2016, 194: 72-82.

[7] 吕婧，高燕，李晨，等. 基于斑马鱼模式生物的西洋参皂苷类成分增强免疫作用研究 [J]. 中草药，2020，51（14）：3728-3733.

[8] GHOSH R, SMITH A S, NWANGWA E E, et al. *Panax quinquefolius* (North American ginseng) cell suspension culture as a source of bioactive polysaccharides: Immunostimulatory

activity and characterization of a neutral polysaccharide AGC1［J］. International Journal of Biological Macromolecules, 2019, 139: 221-232.

［9］ RONGRONG Z, DAN H, JING X, et al. The Synergistic effects of polysaccharides and ginsenosides from American Ginseng (*Panax quinquefolius* L.) ameliorating cyclophosphamide-induced intestinal immune disorders and gut barrier dysfunctions based on microbiome-metabolomics analysis［J］. Frontiers in Immunology, 2021, 12: 665901-665912.

［10］ YU X, YANG X, CUI B, et al. Antioxidant and immunoregulatory activity of alkali-extractable polysaccharides from North American ginseng［J］. International Journal of Biological Macromolecules, 2014, 65: 357-361.

［11］ WANG C Z, ZHANG B, SONG W X, et al. Steamed American ginseng berry: ginsenoside analyses and anticancer activities［J］. Journal of Agricultural and Food Chemistry, 2006, 54(26): 9936-9942.

［12］ SUN S, QI L, DU G, et al. Red notoginseng: Higher ginsenoside content and stronger anticancer potential than Asian and American ginseng［J］. Food Chemistry, 2010, 125(4): 1299-1305.

［13］ PARK E, KIM Y, YAMABE N, et al. Stereospecific anticancer effects of ginsenoside Rg_3 epimers isolated from heat-processed American ginseng on human gastric cancer cell［J］. Journal of Ginseng Research, 2014, 38(1): 22-27.

［14］ KIM H M, LEE J, JUNG S, et al. The involvement of ginseng berry extract in blood flow via regulation of blood coagulation in rats fed a high-fat diet［J］. Journal of Ginseng Research, 2016, 41(2): 120-126.

［15］ KANG S K, YAMABE N, KIM Y H, et al. Increase in the free radical scavenging activities of American ginseng by heat processing and its safety evaluation［J］. Journal of Ethnopharmacology, 2007, 113(2): 225-232.

［16］ KIM T K, YOO M K, LEE W J, et al. Protective effect of steamed American ginseng (*Panax quinquefolius* L.) on V79-4 cells induced by oxidative stress［J］. Journal of Ethnopharmacology, 2007, 111(3): 443-450.

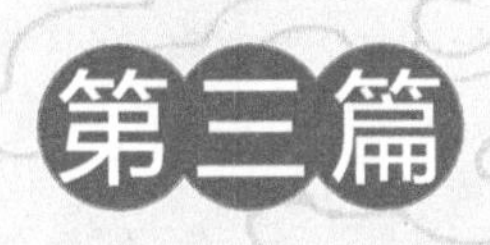

西洋参产品开发

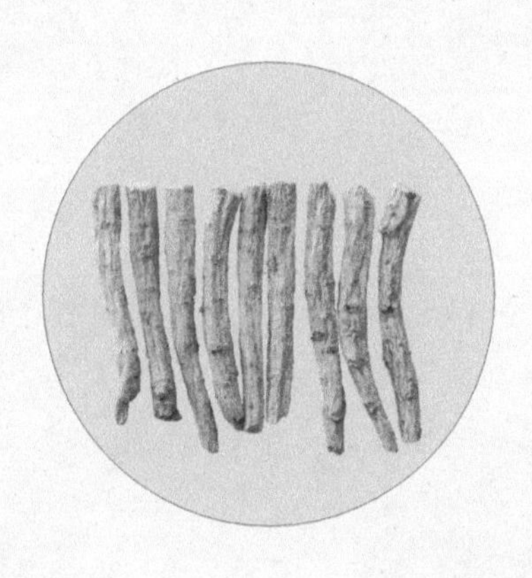

第五章 西洋参药理作用的研究进展

西洋参是临床常用的补益类名贵中药。在中医临床治疗上，具有补气生血、生精养神之功效，用于主治“气血阴亏，虚热烦倦，咳喘痰血，内热消渴，口燥咽干”等。西洋参中含有人参皂苷、多糖、氨基酸等多种有效成分，其中人参皂苷和多糖是西洋参的主要活性成分，随着现代药理研究的不断深入，西洋参广泛的药理活性及作用机制被逐步揭示，展现了西洋参在医药领域的广阔前景。

1 抗肿瘤作用

西洋参提取物具有显著的抗肿瘤作用，Hwang 等研究表明西洋参提取物可以通过激活肿瘤抑制因子和抑制 NF-κB 的核转位减弱肺癌细胞的增殖和诱导其凋亡，显示出较高的抑制作用[1]。西洋参提取物作为抗肿瘤辅助治疗剂减弱化疗药物的毒副作用，并可增强化疗药物的治疗功效。Duda 等研究表明西洋参提取物协同乳腺治疗剂协同抑制癌细胞生长[2]。Wang 等研究表明西洋参提取物可协同提高 5-FU 和伊立替康对 SW-480、HCT-116 和 HT-29 等结直肠癌细胞系的抗肿瘤功效，以浓度依赖性地抑制癌细胞生长繁殖[3]。

西洋参中的人参皂苷在抗癌药物中发挥着重要作用。研究表明，从西洋参中提取的人参皂苷 Rg_3 是公认的抗癌化合物，具有较强的抗增殖活性。经高温处理后西洋参中低极性人参皂苷含量显著增加，如人参皂苷 Rg_3，显著增强了西洋参对多种癌细胞的抗增殖作用[4]。人参皂苷 Rh_2 可显著抑制癌细胞增殖，并通过糖皮质激素受体诱导癌细胞凋亡，使耐药性乳腺癌细胞株对紫杉醇更敏感，有可能用于治疗多重耐药癌症[5]。Kim 等评价了 11 种人参皂苷对前列腺癌细胞的抑制作用，结果发现人参皂苷 Rg_3 和 Rh_2 通过介导 MAPK 信号通路抑制前列腺癌细胞的增殖[6]。西洋参的给药途径主要为口服，人参皂苷 Rb_1 是西洋参提取物中含量最高的人参皂苷，在肠道菌作用下，人参皂苷 Rb_1 首先被转化为人参皂苷 F_2，进一步转化为 compound K，compound K 在人结直肠癌细胞中显示出显著的抗增殖和促进凋亡作用，这说明一些特定肠道菌种具有代谢转化人参皂苷的能力，然而肠道菌群在西洋参对大肠癌的化学预防中所起的作用还有待深入研究[7]。

西洋参中多糖类物质是一类具有特殊生物活性的物质，西洋参多糖通过调节机体免疫活性细胞，增强机体免疫功能抑制肿瘤生长[8]。King 等研究表明西洋参提取物中多糖和人参皂苷可以通过增加 p53 和 p21 蛋白的表达和减少 Bax 和 caspase-3 蛋白的表达，抑制 HCT116 人结肠癌细胞的增殖和细胞周期的循环[9]。马秀俐等对西洋参多糖进行了分离，并研究了所提取的多糖对体外肝癌细胞生长的影响，证实所提取的多糖能够抑制 7721 肝癌细胞的生长[10]。

2 抗氧化作用

活性氧经常在代谢过程中自发地在活细胞中产生，例如超氧阴离子，过氧化氢和羟基自由基，导致许多组织和器官的组织损伤和功能丧失[11]。抗氧化剂可以通过将活性氧分子转化为无毒的化合物，来保护其免受氧化应激和组织损伤，是抵抗活性氧引起的脂质、蛋白质和 DNA 损伤的主要防御手段。

西洋参中人参皂苷具有较强的抗氧化活性，吴华彰等研究表明人参皂苷通过提高抗氧化酶的表达水平及清除自由基来增强机体抗氧化防卫系统的功能，提高抗氧化损伤能力和抗诱变能力，保护细胞免受自由基侵害[12]。西洋参茎叶皂苷能明显降低阿霉素诱导的大鼠全血和心肌组织中丙二醛含量，保护超氧化物歧化酶及谷胱甘肽过氧化物酶活性，增强内源性氧自由基清除功能，表明西洋参茎叶皂苷有抗氧化作用[13]。张婷婷等通过探究西洋参茎叶皂苷对 PC12 细胞在氧糖剥夺损伤的作用，证实了其保护作用与皂苷稳定细胞膜、抗氧化损伤及清除自由基的作用有关[14]。西洋参茎叶部位可提取出人参皂苷 F11，Qi 等研究表明人参皂苷 F11 显著抑制了过氧化氢诱导的人肺癌 A549 细胞的氧化应激[15]。人参皂苷 Rd 可以通过抑制自由基介导的脂质过氧化反应，使细胞膜免受氧自由基的影响，保护肾近端小管[16]。

西洋参加热后产生的酚类化合物麦芽糖醇能有效清除自由基，且活性最强，表现出较强的抗氧化能力。郑朝华等研究了西洋参总黄酮的提取及其对羟基自由基清除的作用，结果显示西洋参的提取物中含有对羟基自由基具有清除能力的有效成分，并且有一定的清除效果[17]。陈锐等研究表明西洋参多糖肽可以降低血清中丙二醛（MDA）含量，提高超氧化物歧化酶（SOD）和谷胱甘肽过氧化物酶（GSH-Px）活性，从而起到抗氧化的作用[18]。Yu 等用稀碱法从西洋参残渣中分离纯化出的多糖 AEP-2，具有增加 NO、TNF-α 和 IL-6 的产生，清除自由基，抑制过氧化等抗氧化作用[19]。

3 抗炎作用

西洋参通过减少 NO、TNF-α 和 IL-10 等细胞因子的分泌发挥抗炎作用，炎症反应是造成脑缺血再灌注损伤的重要原因之一，多种细胞因子和炎症细胞均参与了炎症反应。赵莹等研究发现，西洋参皂苷降低缺血脑组织中 IL-1β、IL-6 和 TNF-α mRNA 表达水平并抑制 NF-κB 活化，从而抑制炎症反应对脑缺血再灌注损伤产生保护作用[20]。刘松等研究发现，西洋参茎叶皂苷可以降低脑缺血再灌注模型大鼠血清中 TNF-α 水平，升高 IL-10 水平，推断西洋参茎叶皂苷可减缓炎症反应，从而有效减弱脑缺血再灌注导致的损伤[21]。

西洋参与左归丸联合使用可以治疗干扰素 α-2a 所致中性粒细胞减少，显著提高中性粒细胞含量[22]，龙华晴等研究表明西洋参提取物作为组方药物可以通过下调胃黏膜 PCNA、Bcl-2 蛋白的高表达治疗亚硝基胍（MNNG）诱发的大鼠慢性萎缩性胃炎（CAG），阻止向癌前病变进一步发展，促使病变胃黏膜恢复正常[23]。

4　免疫调节作用

免疫是传染病中宿主 – 病原体相互作用的基石，免疫系统通过识别“自己”和“非己”物质破坏和排斥进入人体的抗原物质，是维持人体健康的一种主要的防御实体。非特异性免疫和特异性免疫作为人体免疫的两道防线，防止病原体或异物对机体的侵袭，维持机体的免疫平衡具有至关重要的作用。

李冀等研究西洋参对迟发型超敏反应强度、单核吞噬细胞功能的影响，结果表明西洋参可显著提高迟发型超敏反应的强度和小鼠单核吞噬细胞的能力，具有提高机体免疫力的作用[24]。从西洋参中制备的不同提取物和单体物质均显示出显著的免疫调节活性，西洋参提取物可以显著增加小鼠巨噬细胞中的 NO、TNF-α 和 IL-6 释放，显著提高小鼠腹腔巨噬细胞的吞噬作用，巨噬细胞通过吞噬作用或通过产生细胞因子（如 TNF-α）杀死病原体，其介导的先天免疫是抵御微生物病原体的第一道防线。西洋参提取物（CVT-E002）可增加脾脏 B 淋巴细胞增殖、血清免疫球蛋白的产生和细胞因子 IL-1，TNF-α 和 IL-6 的分泌，进而杀死病原体。

西洋参皂苷类成分可以通过增加斑马鱼中性粒细胞数量、改善巨噬细胞吞噬功能及促进体内 IFN-γ 的分泌进而提高机体免疫力。丁涛等研究表明西洋参茎叶总皂苷可显著促进小鼠腹腔巨噬细胞活性、诱导小鼠腹腔细胞产生 NO，说明西洋参茎叶总皂苷可活化巨噬细胞，增强巨噬细胞的吞噬能力，并产生生物活性物质，从而增强机体的免疫功能[25]。西洋参中性多糖促进了 IL-6、TNF-α、MCP-1 和 GM-CSF 等促炎介质在 RAW 264.7 小鼠巨噬细胞中的表达，并能够在原代鼠脾细胞中充当免疫刺激剂。西洋参多糖和皂苷联合处理可以通过逆转脾脏和外周血中的淋巴细胞亚群比例以及刺激小肠中的 CD4 细胞和 IgA 分泌细胞来缓解肠道免疫。作为植物源性的免疫调节剂，西洋参更稳定，不良反应更少，在许多工业化国家作为合成药物的原料和中间体发挥着重要作用。

5 对代谢的作用

代谢性疾病是以肥胖、高血压、糖尿病、高血脂、脂肪肝等疾病为主的临床病症，随着人们生活水平的不断提高，代谢性疾病的发生率也在逐年上升。殷惠军等研究西洋参总皂苷对四氧嘧啶高血糖大鼠血糖、血脂和血清胰岛素水平的影响，结果表明西洋参总皂苷能明显降低高血糖大鼠血糖、血清总胆固醇和甘油三酯的水平，且提高血清高密度脂蛋白和胰岛素含量[26]。张春凤等研究表明多次灌胃给予小鼠西洋参皂苷可显著降低葡萄糖和肾上腺素所致的高血糖小鼠的血糖含量，提示西洋参皂苷可能具有促进动物损伤的胰岛β细胞恢复作用[27]。张颖等研究了西洋参茎叶总皂苷对脂肪细胞糖脂代谢及胰岛素抵抗信号转导的影响，结果表明西洋参茎叶总皂苷能够促进脂肪细胞利用葡萄糖、抑制 TNF-α 的促脂解作用，从而调节糖脂代谢[28]。刘凯新等采用超高液相色谱质谱联用法研究西洋参在大鼠体内药代动力学特征，结果表明，人参皂苷 Rb_1 能够改善血糖水平，在体内吸收与代谢相对缓慢，能够维持较高的血药浓度，具有降血脂的作用[29]。

采用四氧嘧啶诱导糖尿病模型小鼠，以不同剂量的西洋参多糖肽对小鼠进行灌胃，观察各实验小鼠体质量、空腹血糖浓度、糖耐量的变化、血脂水平以及血清抗氧化能力情况，结果表明，西洋参多糖肽具有降低血糖、调节脂代谢和抗脂质过氧化作用[30]。Liu 等从西洋参叶中分离的人参皂苷类原花青素（PDG）对胰腺脂肪酶活性有抑制作用，并通过实验证实 PDG 对高脂饮食小鼠的肥胖、脂肪肝和高甘油三酯血症有明显的预防和治疗作用[31]。

6 对心血管系统的作用

服用西洋参可预防心律不齐、心肌缺血和心肌氧化，对心血管系统具有良好的防护作用。王晓坤等以特异性心肌缺氧模型为基础，给予一定剂量的西洋参总皂苷后，特异性心肌缺氧小鼠的存活时间明显延长，提示了西洋参总皂苷能提高特异性心肌缺氧模型的耐缺氧能力[32]。鲁美君等研究了西洋参茎叶皂苷对脑缺血大鼠血清中 S-100 β 蛋白的影响，结果表明，茎叶皂苷能改善神经功能缺损的症状，降低血液中 S-100 β 蛋白的含量，对大鼠脑缺血具有保护作用[33]。西洋参茎叶总皂苷可通过抑制内质网应激相关凋亡，减轻离体大鼠心肌细胞缺氧 / 复氧损伤及大鼠缺血再灌注损伤，西洋参叶二醇组皂苷通过钙通道阻滞作用和减少自由基对心肌的氧化损伤以及抑制急性心肌梗塞时，减少血管紧张素Ⅱ生成等作用保护实验性心肌缺血[34]。其中，人参皂苷 Rb_1 和 Re 对心肌缺血症状具备保护及降糖作用，对治疗心肌梗塞、血管氧化损伤等心血管系统的疾病，西洋参能够发挥辅助治疗作用[35]。

7 总结与展望

西洋参拥有丰富的化学成分和广泛的生物活性而具有较高的药用价值，本文通过对近年来发表的文献进行整理和回顾，对西洋参的药理作用进行了提炼和总结。由于西洋参化学成分的多样性和复杂性，使其具有广泛的生物活性和独特的药理作用。随着成分的开发和药理作用的研究发展，西洋参在中医临床及方剂中被有效利用。我们希望本章内容能够突出西洋参的重要性，并为研究人员提供新的参考。

参考文献

[1] HWANG J W, OH J H, YOO H S, et al. Mountain ginseng extract exhibits anti-lung cancer activity by inhibiting the nuclear translocation of NF-κB [J]. The American Journal of Chinese Medicine, 2012, 40(1): 187-202.

[2] DUDA R B, ZHONG Y, NAVAS V, et al. American ginseng and breast cancer therapeutic agents synergistically inhibit MCF-7 breast cancer cell growth [J]. Journal of Surgical Oncology, 1999, 72(4): 230-239.

[3] WANG C Z, DU G J, ZHANG Z, et al. Ginsenoside compound K, not Rb1, possesses potential chemopreventive activities in human colorectal cancer [J]. International Journal of Oncology, 2012, 40(6): 1970-1976.

[4] WANG C Z, AUNG H H, ZHANG B, et al. Chemopreventive effects of heat-processed *Panax quinquefolius* root on human breast cancer cells [J]. Anticancer Research, 2008, 28(5A): 2545-2551.

[5] JIA W W, BU X, PHILIPS D, et al. Rh_2, a compound extracted from ginseng, hypersensitizes multidrug-resistant tumor cells to chemotherapy [J]. Canadian Journal of Physiology and Pharmacology, 2004, 82(7): 431-437.

[6] KIM H S, LEE E H, KO S R, et al. Effects of ginsenosides Rg_3 and Rh_2 on the proliferation of prostate cancer cells [J]. Archives of Pharmacal Research, 2004, 27(4): 429-435.

[7] WANG C Z, XIE J T, ZHANG B, et al. Chemopreventive effects of *Panax notoginseng* and its major constituents on SW480 human colorectal cancer cells [J]. International Journal of Oncology, 2007, 31(5): 1149-1156.

[8] 曲绍春，徐彩云，李岩，等．西洋参根多糖对 S_{180} 荷瘤鼠的抑制作用［J］．长春中医学院学报，1998，(1)：54.

[9] KING M L, MURPHY L L. Role of cyclin inhibitor protein p21 in the inhibition of HCT116

human colon cancer cell proliferation by American ginseng (*Panax quinquefolius*) and its constituents［J］. Phytomedicine, 2010, 17(3-4): 261-268.

［10］马秀俐，赵德超，孙允秀，等．活性西洋参多糖的研究［J］．人参研究，1996,（3）：37-39.

［11］SIMIC M G, BERGTOLD D S, KARAM L R. Generation of oxy radicals in biosystems［J］. Mutation Research/Fundamental and Molecular Mechanisms of Mutagenesis, 1989, 214(1): 3-12.

［12］吴华彰，赵云利，费鸿君，等．西洋参皂甙的抗氧化功能及其对小鼠遗传损伤的保护作用［J］．中国生物制品学杂志，2012，25（1）：61-64.

［13］马春力，吕忠智，姜永冲．西洋参茎叶皂甙在阿霉素诱导大鼠心肌损伤中的抗氧化作用［J］．中国药理学与毒理学杂志，1993，（4）：267-269.

［14］张婷婷，任鹏宇，刘嘉祺，等．西洋参茎叶皂苷对 PC12 细胞氧糖剥夺损伤的保护作用［J］．牡丹江医学院学报，2017，38（1）：28-30，80.

［15］QI Z, WANG Z, ZHOU B, et al. A new ocotillol-type ginsenoside from stems and leaves of *Panax quinquefolium* L. and its anti-oxidative effect on hydrogen peroxide exposed A549 cells［J］. Natural Product Research, 2020, 34(17): 2474-2481.

［16］YOKOZAWA T, LIU Z W, DONG E. A study of ginsenoside-Rd in a renal ischemia-reperfusion model［J］. Nephron, 1998, 78(2): 201-206.

［17］郑朝华，陈建秋．西洋参总黄酮的提取及其对羟基自由基清除的作用［J］．安徽农业科学，2012，40（32）：15903-15904，15907.

［18］陈锐，陈德经，张建新．西洋参多糖肽对糖尿病小鼠降血糖血脂及抗氧化作用研究［J］．西北农业学报，2013，22（11）：195-201.

［19］YU X, YANG X, CUI B, et al. Antioxidant and immunoregulatory activity of alkali-extractable polysaccharides from North American ginseng［J］. International Journal of Biological Macromolecules, 2014, 65: 357-361.

［20］赵莹，宋岐，金芳，等．西洋参叶 20S- 原人参三醇组皂苷对大鼠脑缺血再灌注损伤炎症反应的影响［J］．中国药师，2018，21（1）：28-32.

［21］刘松，金梅香，谭兴文．西洋参茎叶皂苷保护大鼠脑缺血再灌注损伤的作用［J］．中成药，2016，38（2）：418-421.

［22］赵雅丽．左归丸加西洋参防治疗干扰素 α-2a 所致中性粒细胞减少 30 例［J］．中国药业，2014，23（8）：76-77.

［23］龙华晴，吴人照，马津真，等．铁皮枫斗颗粒组方药物对 CAG 大鼠胃黏膜萎缩的逆转作用及 PCNA、Bcl-2 表达的影响［J］．中国中医药科技，2018，25（4）：498-501.

［24］李冀，柴剑波，赵伟国．西洋参抗疲劳作用及对迟发型超敏反应单核吞噬细胞功能影响

的实验研究［J］. 中华中医药学刊，2007，（10）：2002-2004.
［25］丁涛，尚智，温富春，等. 西洋参茎叶总皂甙对小鼠腹腔巨噬细胞免疫功能作用的研究［J］. 长春中医药大学学报，2007，（6）：14-15.
［26］殷惠军，张颖，蒋跃绒，等. 西洋参叶总皂苷对四氧嘧啶性高血糖大鼠血糖及血清胰岛素水平的影响［J］. 天津中医药，2004，（5）：365-367.
［27］张春凤，于敏，欧阳雪琴，等. 西洋参及其提取物降血糖作用的实验研究［J］. 中国中医药科技，2005，（6）：354.
［28］张颖，陈可冀，杨领海，等. 西洋参茎叶总皂苷对脂肪细胞糖脂代谢及胰岛素抵抗信号转导的影响［J］. 中国中西医结合杂志，2010，30（7）：748-751.
［29］刘凯新，韩东卫，朱蕾，等. 西洋参与花旗泽仁在大鼠血浆中人参皂苷 Rb_1 的药代动力学比较研究［J］. 中医药学报，2018，46（4）：36-40.
［30］陈锐，陈德经，张建新. 西洋参多糖肽对糖尿病小鼠降血糖血脂及抗氧化作用研究［J］. 西北农业学报，2013，22（11）：195-201.
［31］LIU R, ZHANG J, LIU W, et al. Anti-Obesity effects of protopanaxdiol types of Ginsenosides isolated from the leaves of American ginseng (*Panax quinquefolius* L.) in mice fed with a high-fat diet［J］. Fitoterapia, 2010, 81(8): 1079-1087.
［32］王晓坤，李梦，王誉蓉，等. 西洋参总皂苷抗小鼠心肌缺氧作用的研究［J］. 西北民族大学学报（自然科学版），2018，39（1）：33-35，86.
［33］鲁美君，关利新，赵鑫，等. 西洋参茎叶皂苷对局灶性脑缺血大鼠血清中 S-100β 含量的影响［J］. 中医药信息，2011，28（5）：21-22.
［34］王蕾，于晓风，王耀振，等. 西洋参总皂苷对心肌缺血再灌注损伤大鼠血液流变学的影响［J］. 人参研究，2017，29（2）：22-24.
［35］WANG C Z, AUNG H H, ZHANG B, et al. Chemopreventive effects of heat-processed *Panax quinquefolius* root on human breast cancer cells［J］. Anticancer Research, 2008, 28(5A): 2545-2551.

第六章 西洋参抗癌产品开发

在我国，山东、吉林和黑龙江是西洋参的主产地[1]。人参皂苷是西洋参的主要活性成分，按结构可分为达玛烷型和齐墩果酸型。在达玛烷人参皂苷中，四环三萜又可进一步划分为：原人参二醇型（PPD），如 Rb_1、Rb_2、Rc、Rd；原人参三醇型（PPT），如 Re、Rg_1[2-3]。此外，西洋参中还有一些次级人参皂苷，它们在原料中含量很低，如 20(S)-Rg_3、20(R)-Rg_3、Rk_1、Rg_5 等。天然人参皂苷具有极性高、分子量大的特点，不易通过肠道黏膜吸收，而是在肠道特定菌群分泌的酶作用下转化为稀有人参皂苷，被机体吸收利用，发挥药效。因此，通过天然人参皂苷在体外生物转化获得活性较好的稀有人参皂苷也是业内研究人员追求的方向之一。

有研究表明，稀有人参皂苷 Rk_1、Rg_5 对治疗抑郁症[4]、糖尿病[5]、败血症[6]等疾病有显著作用，对肝癌、肺癌、胃癌等癌细胞有明显的促进凋亡的作用[7-10]。随着稀有人参皂苷 Rk_1 和 Rg_5 抗癌作用研究不断深入，研究人员对 Rk_1 和 Rg_5 的药用价值越发关注，从而开展了探索高效富集方法研究。在一些报道中，稀有人参皂苷 Rk_1 和 Rg_5 已被证明可通过蒸煮和干燥过程富集[11-13]。然而，这些方法既复杂又耗时。此外，稀有人参皂苷 Rk_1 和 Rg_5 也可以通过酸水解、微生物降解、金属离子催化等途径提高富集量[14-16]。但这些方法对特异性和反应条件要求高，并且会造成环境污染。因此，筛选环保、安全、高效的催化剂是十分重要的。据报道，天门冬氨酸可以通过蒸煮纯化原人参二醇总皂苷，得到稀有人参皂苷 20(S)-Rg_3、20(R)-Rg_3、Rk_1 和 Rg_5[17]。但对于西洋参原药材与氨基酸的反应未见报道。氨基酸作为一种生物活性大分子可以用来构建和修复组织，也为身体和大脑提供能量。因此，选择合适的氨基酸作为催化剂，对实现稀有人参皂苷的安全、高效转化具有重要意义。本研究首次报道了将西洋参天然人参皂苷转化为稀有人参皂苷 Rk_1 和 Rg_5 的制备方法，旨在开发一种低污染、简单、低成本的转化途径，并验证转化后西洋参总皂苷的抗癌机制。这对开发以人参皂苷为基础的高效制剂具有潜在的价值，对人参皂苷的大规模工业化生产具有重要意义。

环磷酰胺（CTX）是一种有效的抗癌烷化剂，对正常细胞也有广泛的细胞毒性。其代谢产物如磷脂芥子气（PM）和丙烯醛（Acr）可与 DNA 相互作用，诱导 DNA 外合物的形成，导致 DNA 氧化损伤[18]。许多研究表明，中草药在降低化疗毒性方面具有巨大的潜力。西洋参是著名的滋补中药，含有皂苷、多糖、多肽等生物活性成分。在这项研究中，基于人参皂苷在免疫调节、抗肿瘤活性和抗炎的药理作用，探究西洋参总皂苷

（AGS-Q）或西洋参转化后总皂苷（AGS-H）协同 CTX 和减半剂量 CTX 对 S180 荷瘤小鼠提高免疫及抗肿瘤的作用。

1　材料与方法

1.1　试剂

西洋参，产自山东省威海市文登区，干燥根茎（4 年生）；对照品精氨酸（Arg，批号 1008J033）、组氨酸（His，批号 816L031）、天冬氨酸（Asp，批号 1784M052）、谷氨酸（Glu，批号 1005L047）和赖氨酸（Lys，批号 2395H145），北京索莱宝科技有限公司；对照品人参皂苷 20(S)-Rg_3（批号 Z15D8X50607）、20(R)-Rg_3（批号 YA0417YA14）、Rk_1（批号 P20N6F6254）、Rg_5（批号 P26N7F25707）、Rg_1（批号 Z13O8L45576）、Re（批号 H15M6X1）、Rb_1（批号 Z16J9X52719)、Rb_2（批号 P25D8F51140）、Rc（批号 Z10J6B1）、Rd（批号 Z13O8L45576）、LPS（批号 S18A9168132），质量分数均≥ 98%，上海源叶生物科技有限公司；乙腈和甲醇，色谱纯，美国 Fisher 公司；环磷酰胺，江苏盛迪医药有限公司；S180 细胞，武汉普诺赛试剂公司；1640 培养基（C11875500BT）、胎牛血清（A31608）、双抗（15140122），Gibco 公司；小鼠 IL-2（88-7024）、IL-10（88-7105）ELISA 试剂盒，赛默飞世尔科技有限公司；APC anti-mouse CD8a 抗体（100711）、FITC anti-mouse CD4 抗体（100509）、PE anti-mouse CD25 抗体（101903）、PE/Cyanine7 anti-mouse CD3 抗体（100217），Biolegend 公司；鼠抗 GAPDH 单克隆抗体（ab8245）、兔抗 Bcl-2 单克隆抗体（ab182858）、兔抗 Bax 单克隆抗体（ab32503）、HRP 标记山羊抗兔二抗（ab97051）、HRP 标记兔抗小鼠二抗（ab6728），Abcam（上海）贸易有限公司；鼠抗 Caspase-3 多克隆抗体（sc-56052），Senta Cruz 生物技术公司；BCA 蛋白浓度测定试剂盒（P0011），碧云天生物技术有限公司；RIPA 裂解液，Bioworld 公司。

1.2　实验动物

SPF 级 ICR 雄性小鼠 56 只，体重 20~22 g，购自辽宁长生生物有限公司，生产许可证 SCXK（辽）2015—0001，饲养在温度在 22~25℃，相对湿度 50%~60%，12 h/12 h 昼夜交替的环境中，适应饲养 1 周后进行实验。动物实验经中国农业科学院特产研究所动物伦理委员会批准（批准号第 2021–039 号，No. ISAPSAEC–2021–39）。

1.3　仪器

Acquity UPLC H-Class 超高效液相色谱仪，PDA 检测器，英国 Waters 公司；C18 Sep-Pak®SPE 液相色谱柱，爱尔兰赛分科技公司；Milli-Q Advantage A1 超纯水机，美国密理博公司；Alpha1-4LDplus 冻干机，德国 Christ 公司；ChemiDoc MP 全能型成像，美国 Bio-rad 公司；URIT-2900 Vet Plus 全自动血液分析仪，桂林优利特；BD FACSCalibur 流式细胞仪，美国 BD 公司；电泳仪，美国 Bio-rad 公司；371 型 CO_2 的培养箱，赛默飞世尔科技中国有限公司；Epoch2 型酶标仪，美国博腾仪器有限公司；Heraeus Megafuge 8R 型超低温离心机，赛默飞世尔科技中国有限公司；TP-24 型快速细胞组织破碎仪，杰灵仪器制造天津有限公司。

1.4 氨基酸筛选

选择 5 种氨基酸分别与西洋参原料进行反应，包括 2 种酸性氨基酸天冬氨酸（Asp）和谷氨酸（Glu），3 种碱性氨基酸精氨酸（Arg）、组氨酸（His）和赖氨酸（Lys）。反应条件为：氨基酸浓度为 5%，反应时间为 1 h，液固比为 20 mL/g，反应温度为 120℃。使用 UPLC 测定稀有人参皂苷 Rk_1 和 Rg_5 的含量，所有样品重复 3 次。

1.5 反应条件的优化

考察了 4 种影响因素：反应温度（70~120℃）、氨基酸浓度（1%~20%）、液固比（5~50 mL/g）和反应时间（0.5~3 h）对稀有人参皂苷 Rk_1 和 Rg_5 转化含量的影响。根据上述单因素实验的结果，设计了正交实验来优化转化参数（因子）。正交设计由 9 个独立实验组成。进行实验的顺序是随机的，以确保测试结果在本研究中有效。所有样品重复 3 次。

1.6 提取方法的优化

对 4 种提取方法［回流提取（RE）、加热提取（HE）、浸泡提取（ME）、超声提取（USA）］进行优化，RE 法[19]准确秤取 2 g 西洋参粉末与 5% 的氨基酸，在 100 mL、70% 的乙醇溶液中反应 1.5 h。过滤收集上清液，滤渣重复提取一次。合并上清液，经 0.22 μmol/L 过滤，待 UPLC 分析，重复 3 次；HE 法[16]准确秤取 2 g 西洋参粉末，在 40 mL 蒸馏水中加入 5% 氨基酸，并在 110℃反应 2 h。收集上清液，经 0.22 μmol/L 过滤，待 UPLC 分析，重复 3 次；ME 法准确秤取 2 g 西洋参粉末，量取 5% 的氨基酸，在 40 mL 蒸馏水中萃取 3 次，每次 6 h，过滤收集上清液。合并上清，经 0.22 μmol/L 过滤，待 UPLC 分析，重复 3 次；USA 法[20]准确秤取 2 g 西洋参粉末，量取 5% 的氨基酸，共 3 份，加入 100 mL 50% 的乙醇溶液，250 W 超声波中反应 1 h，收集上清液，经 0.22 μmol/L 过滤，待 UPLC 分析，重复 3 次。

1.7 转化途径的验证

选择 8 种人参皂苷单体，包括 2 种常见的人参三醇型皂苷（PPT 型）Re 和 Rg_1，4 种常见的人参二醇型皂苷（PPD 型）Rb_1、Rb_2、Rc、Rd，2 种稀有人参皂苷 20(S)-Rg_3 和 20(R)-Rg_3。运用经优化后的稀有人参皂苷 Rk_1 和 Rg_5 的反应条件模拟和验证它们的转化途径。

1.8　人参皂苷的测定

1.8.1　对照品溶液的制备

准确称取稀有人参皂苷 Rk_1、Rg_5 各 5 mg 于 5 mL 量瓶中，甲醇溶解并定容；配制成混合对照品母液。准确吸取 0.1 mL、0.2 mL、0.4 mL、0.8 mL、1.6 mL 于 5 mL 量瓶中，定容，–20℃条件下储存。

1.8.2　供试品溶液的制备

取各反应后的上清液，用 0.22 μmol/L 微孔滤膜滤过，收集滤液，作为供试品溶液，待上机分析。

1.8.3　色谱条件

色谱柱为 Acquity UPLC® BEH C_{18} 柱（50 mm × 2.1 mm，1.7 μm）；流动相为水 – 乙腈，梯度洗脱程序：0~5.80 min，13%~22% 乙腈；5.80~18.75 min，22%~38% 乙腈；18.75~22.05 min，38%~40% 乙腈；22.05~23.55 min，40%~45% 乙腈；23.55~24.25 min，45%~58% 乙腈；24.25~30.00 min，58%~62% 乙腈；30.00~30.75 min，62%~80% 乙腈；30.75~37.75 min，80%~100% 乙腈；37.75~40.00 min，0%~87% 水；柱温 35℃；体积流量 0.4 mL/min；进样量 3 μL；检测波长 203 nm。

1.9　西洋参总皂苷的制备

根据氨基酸转化西洋参中稀有人参皂苷的方法，选择了最佳转化条件。再通过大孔树脂去除亲水性杂质后，通过动态阴离子—阳离子交换有效纯化总皂苷溶液，将其浓缩并冷冻干燥，获得干燥转化前后西洋参总皂苷粉末。

1.10　抗肿瘤实验

1.10.1　动物模型建立与分组

选取 20~22 g 体重小鼠，将 0.2 mL 浓度为 1×10^7 个 /mL 的 S180 细胞悬液注射到小鼠腹腔内，培养腹水瘤细胞 7~9 d 量。取 0.2 mL 浓度为 1.5×10^7 个 /mL 的 S180 细胞混悬液，在每只小鼠在腋下注射，建立小鼠 S180 肉瘤模型。将荷瘤小鼠随机分为 9 组（$n = 8$）：正常组、模型组、CTX（25 mg/kg）、CTX+AGS-QL（25 mg/kg+100 mg/kg）、CTX+AGS-QL（25 mg/kg+200 mg/kg）、CTX+AGS-QH（25 mg/kg+400 mg/kg）、CTX+AGS-HL（25 mg/kg+100 mg/kg）、CTX+AGS-HL（25 mg/kg+200 mg/kg）、CTX+AGS-HH（25 mg/kg+400 mg/kg）。

第2个体内实验分组为模型组，CTX组（25 mg/kg），AGS-HL、AGS-HH（200 mg/kg、400 mg/kg）、CTX/2 + AGS-HL（12.5 mg/kg + 200 mg/kg），CTX/2 + AGS-HH（12.5 mg/kg + 400 mg/kg）。每天灌胃给药后，腹腔注射CTX和灌胃相应药物，模型组灌胃等量生理盐水，连续给药14 d。在末次给药后，禁食不禁水12 h，麻醉，取血后处死，剥去实体瘤、脾脏，称重。用10%福尔马林固定，-80℃中保存。

1.10.2 白细胞数与脾脏指数的测定

取血后，取20 μL全血与抗凝剂混匀，利用全自动血液分析仪检测外周血中白细胞（WBC）数量。计算脾脏指数，公式为：脾脏指数 = 脾脏重（mg）/ 体重（g）×100。

1.10.3 血清中免疫细胞因子的测定

将血液室温静止0.5 h后，用低温离心机在4℃，3 000 r/min的转速离心10 min，分离得到血清，根据Elisa试剂盒说明书检测血清中IL-2、IL-10的含量。

1.10.4 脾脏T淋巴细胞亚群的测定

无菌条件研磨脾脏后，将细胞悬液调整至1×10^6个/mL，加入CD_3、CD_4、CD_{8a}和CD_{25}抗体，4℃条件下，标记脾细胞表面20 min，洗涤两次后，将标记的细胞重悬于细胞缓冲液中，采用流式细胞仪进行淋巴细胞亚群的测定。

1.10.5 肿瘤组织Bax、Bcl-2、Caspase-3蛋白表达

取20 mg肿瘤组织，加入0.5 mL RIPA裂解液，组织研磨机中匀浆3 min，充分混匀孵育40 min，在4℃，5 000 r/min条件下离心10 min，上清液即为总蛋白。利用BCA法测定总蛋白，取40 μg总蛋白，在金属浴中100℃变性后，于100 V恒压电泳90 min，200 mA转膜，利用脱脂牛奶封闭，加入一抗Bax、Bcl-2、Caspase-3、GAPDH在4℃环境中过夜孵育，使用HRP缀合的二抗孵育1 h。ECL发光液在全能型成像系统中发光成像。

1.11 统计分析

实验结果以平均值 ± 标准差表示，用Graphpad Prism 6（Graphpad software, Inc, san Diego, USA）软件进行数据分析，利用单因素方差分析（One-way ANOVA）和Turkey's多因素t检验进行数据间对比，$P<0.05$为差异显著。

2 结果与分析

2.1 氨基酸对稀有人参皂苷Rk_1和Rg_5转化含率的影响

不同氨基酸对稀有人参皂苷Rk_1和Rg_5含量转化影响如图6-1所示，5种氨基酸对稀有人参皂苷Rk_1和Rg_5转化率差异显著（$P<0.05$），Asp、Glu、His、Lys和Arg对稀有人参皂苷Rk_1和Rg_5转化效果依次减弱；其中，酸性氨基酸对稀有人参皂苷Rk_1和Rg_5的转

化显著高于碱性氨基酸（$P<0.05$）。Asp 和 Glu 对稀有人参皂苷 Rk_1 和 Rg_5 的转化率分别为（3.08 ± 0.03）mg/g、（4.30 ± 0.04）mg/g 和（2.728 ± 0.060）mg/g、（3.777 ± 0.070）mg/g。Asp 对稀有人参皂苷的转化能力最佳，与夏娟[21]的研究结果一致，与常见的强酸转化稀有人参皂苷转化率相比可提高 1.28 倍，因此最终选定 Asp 作为最佳催化剂[22]。

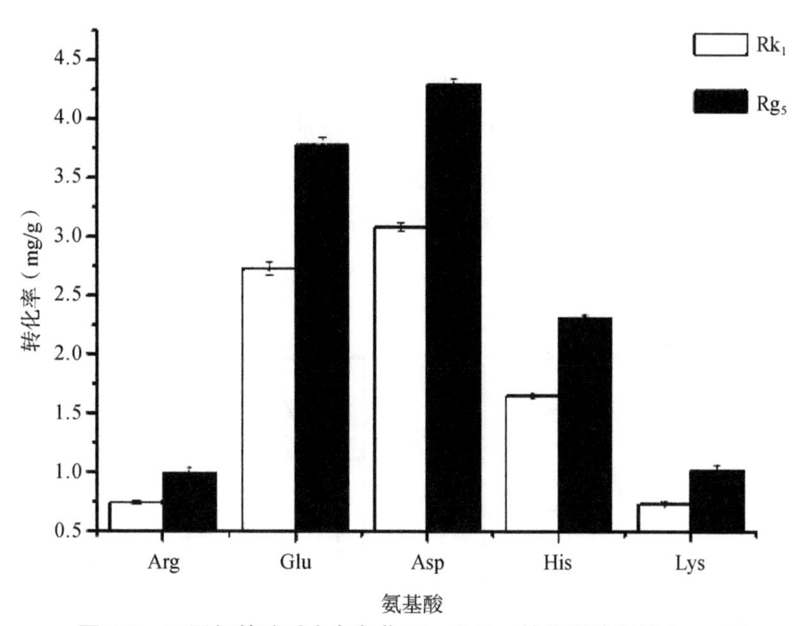

图 6-1　不同氨基酸对人参皂苷 Rk_1 和 Rg_5 转化率的影响（$n = 3$）

2.2　温度、Asp 浓度、液固比、时间对稀有人参皂苷 Rk_1 和 Rg_5 转化率的影响

温度是影响稀有人参皂苷形成的重要因素。图 6-2A 结果显示，随着温度的升高，稀有人参皂苷 Rk_1 和 Rg_5 的转化率呈现逐渐升高并趋于平稳的趋势。在 110℃时，稀有人参皂苷 Rk_1 和 Rg_5 的转化率最高，分别为（4.65 ± 0.10）mg/g 和（2.52 ± 0.05）mg/g，与前 4 组有显著性差异（$P<0.05$）。虽然高于第 5 组 120℃，但无显著性差异。考虑到未来的规模化生产，110℃更容易实现且耗能少转化率高。因此，最终选定 110℃作为反应温度。

氨基酸的浓度对人参皂苷转化率有直接影响，图 6-2B 结果表明，随着氨基酸浓度的增加，稀有人参皂苷 Rk_1 和 Rg_5 转化率随 Asp 浓度（1%~5%）增加而增加。在 5% 时稀有人参皂苷 Rk_1 和 Rg_5 转化率达到最高，分别为（4.84 ± 0.09）mg/g 和（2.62 ± 0.05）mg/g，并与其他组有显著性差异（$P<0.05$）。当氨基酸浓度超过 5% 时，稀有人参皂苷转化率逐渐减少。因此，最终选定 Asp 最适宜的浓度为 5%。

液固比对稀有人参皂苷 Rk_1 和 Rg_5 转化率的影响如图 6-2C 所示，随着液固比的增加，稀有人参皂苷 Rk_1 和 Rg_5 呈现先增加后降低的趋势，在 20 mL/g 时转化率达到最高，分别为（5.08 ± 0.11）mg/g、（2.74 ± 0.05）mg/g，且显著高于其他五组的转化率（$P<0.05$）。最终选定最适宜的液固比为 20 mL/g。

反应时间对稀有人参皂苷 Rk_1 和 Rg_5 转化率的影响如图 6-2D 所示。稀有人参皂苷 Rk_1 和 Rg_5 随反应时间的增加而逐渐增加。当反应时间为 2 h 时，稀有人参皂苷 Rk_1 和 Rg_5 转化率达到最高，分别为（6.27 ± 0.39）mg/g、（3.42 ± 0.19）mg/g，显著高于前 3 组（$P<0.05$）。当反应时间超过 2 h 后，稀有人参皂苷 Rk_1 和 Rg_5 转化率没有继续增长，与 2 h 的转化率没有显著性差异（$P<0.05$）。这可能是因为随着反应时间的增加，底物被不断消耗，并且有效成分在达到最大值后有效碰撞减少，含量变化趋于平坦。考虑未来规模化生产，低能耗高产率的原则，最终选定 2 h 为最佳反应时间。

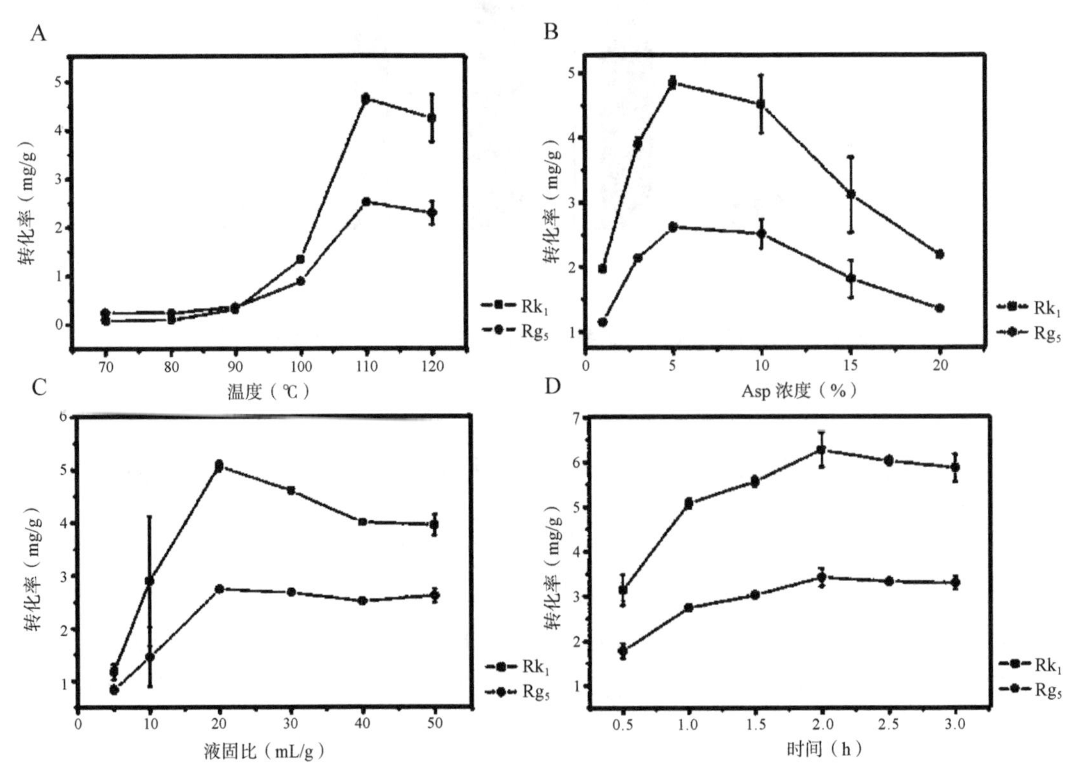

图 6-2　反应温度（A）、Asp 浓度（B）、液固比（C）和反应时间（D）对稀有人参皂苷 Rk_1 和 Rg_5 转化率的影响

2.3　提取方法对稀有人参皂苷 Rk_1 和 Rg_5 转化率的影响

提取方法的选择主要取决于每种提取技术的优缺点及其对提取率的影响。本文中比较了 4 种常见的提取方法，结果见表 6-1，添加氨基酸后，HE 对稀有人参皂苷 Rk_1

和 Rg_5 的转化率最高，分别为（6.27 ± 0.39）mg/g、（3.42 ± 0.19）mg/g，其次是 RE，UAE 的转化含量并不理想。HE 对稀有人参皂苷 Rk_1 和 Rg_5 的转化率是 RE 的 2 倍，UAE 的 4 倍。这可能是因为温度是氨基酸转化稀有人参皂苷方法中的重要因素[23-25]。因此，HE 更适合稀有人参皂苷 Rk_1 和 Rg_5 的转化，并且加热提取简单易行，易于大规模生产。

表 6-1　不同提取方法人参皂苷含量的比较　（单位：mg/g）

提取方法	Rk_1	Rg_5	Rk_1 和 Rg_5
RE	2.89 ± 1.22	1.45 ± 0.57	4.35 ± 1.79
HE	6.27 ± 0.39	3.42 ± 0.19	9.69 ± 0.58
ME	0.10 ± 0.02	0.24 ± 0.01	0.34 ± 0.03
UAE	1.35 ± 0.02	0.88 ± 0.01	2.23 ± 0.03

2.4　正交实验结果

由于多个因素对人参皂苷转化都存在一定的影响，优化提取工艺是稀有人参皂苷转化的重要步骤。通过前期单因素实验结果，最终选择以反应温度（℃）、反应时间（h）、氨基酸浓度（%）、液固比（mL/g）为考察因素，每个因素设置 3 个水平，并采用 $L_9(3^4)$ 正交实验设计表，进行 9 次实验。方差分析结果表明，Asp 的浓度和反应温度对稀有人参皂苷 Rk_1 和 Rg_5 的转化有显著性影响（$P<0.05$），液固比和反应时间对其影响不显著；通过极差分析可以得到，4 个因素对稀有人参皂苷 Rk_1 和 Rg_5 影响程度为：Asp 含量 > 反应温度 > 固液比 > 时间，F 值结果和方差分析一致。最终确定氨基酸水解西洋参转化稀有人参皂苷 Rk_1 和 Rg_5 的最佳转化条件为：反应温度 110℃，Asp5%，固液比 30 mL/g，反应时间 2.5 h。验证了最佳转化工艺，最终稀有人参皂苷 Rk_1 和 Rg_5 总量为（10.25 ± 0.32）mg/g。反应前后西洋参中 UPLC 对比图如图 6-3 所示。正交实验结果见表 6-2，正交实验方差分析见表 6-3。

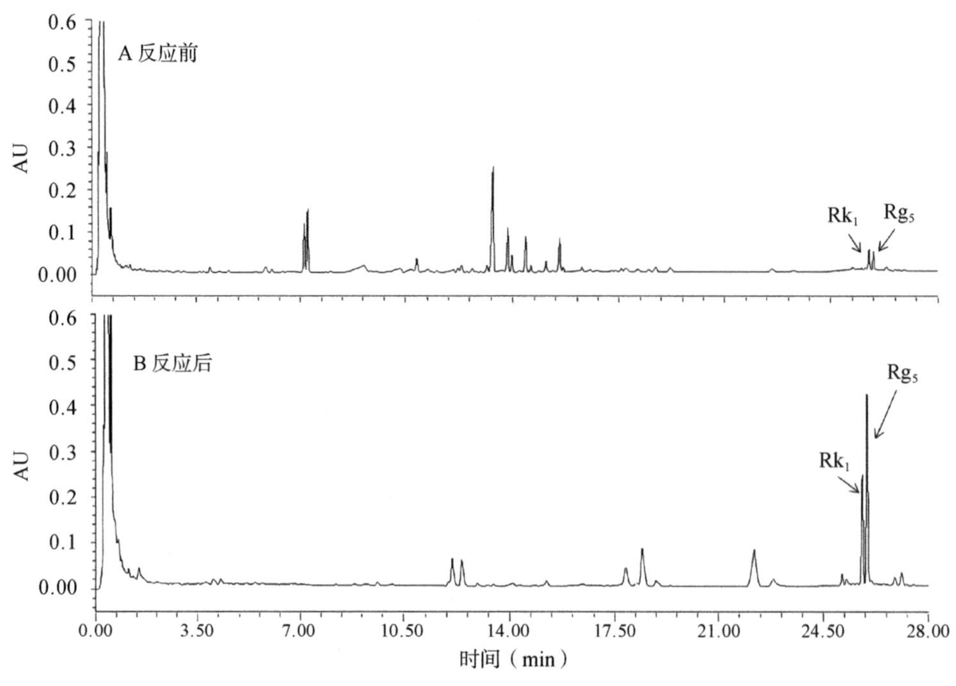

图 6-3 西洋参反应前后 UPLC（$n = 3$）

表 6-2 正交实验结果

编号	因素				人参皂苷含量（mg/g）		
	A 温度（℃）	B 天冬氨酸添加量（%）	C 液固比（mL/g）	D 时间（h）	Rk_1	Rg_5	Rk_1 和 Rg_5
1	A_1=100	B_1=3	C_1=10	D_1=2	2.37	1.65	4.03
2	A_1=100	B_2=5	C_2=20	D_2=2.5	3.94	2.88	6.82
3	A_1=100	B_3=10	C_3=30	D_3=3	3.22	2.49	5.71
4	A_2=110	B_1=3	C_2=20	D_3=3	4.35	2.85	7.23
5	A_2=110	B_2=5	C_3=30	D_1=2	5.84	4.08	9.91
6	A_2=110	B_3=10	C_1=10	D_2=2.5	4.83	3.07	7.89
7	A_3=120	B_1=3	C_3=30	D_2=2.5	4.07	2.79	6.86
8	A_3=120	B_2=5	C_1=10	D_3=3	5.14	3.45	8.59
9	A_3=120	B_3=10	C_2=20	D_1=2	2.85	2.37	5.22
K_1	5.52	6.04	6.84	6.39			
K_2	8.34	8.44	6.42	7.19			
K_3	6.89	6.27	7.49	7.18			
R	2.82	2.40	1.07	0.80			

表 6-3　正交实验方差分析

误差来源	平方和	自由度	F 值	显著性
A	11.960	2	7.928	$P<0.05$
B	10.509	2	6.967	$P<0.05$
C	1.747	2	1.158	
D	1.270	2	0.842	

2.5　转化途径的确认

参考刘志的实验结果[16, 23-24]，我们选择了 8 种单体皂苷对稀有人参皂苷 Rk_1 和 Rg_5 的转化路径进行确认。单体皂苷转化前后 UPLC 对比如图 6-4 所示，人参二醇组皂苷 Rc、Rd、Rb_1 和 Rb_2，在本实验最佳条件催化下，可完全转化为稀有人参皂苷 20(S)-Rg_3、20(R)-Rg_3、Rk_1 和 Rg_5；人参皂苷 20(S)-Rg_3、20(R)-Rg_3 在此条件下，部分转化为稀有人参皂苷 Rk_1 和 Rg_5；人参三醇组皂苷 Rg_1、Re 在此条件下，不生成稀有人参皂苷 Rk_1 和 Rg_5。这与人参热裂解研究中所阐释的人参皂苷可能产生的反应途径一致[20]，反应途径如图 6-4 所示，人参二醇组皂苷在 C-20 位的糖苷键断裂生成中间产物 20(S)-Rg_3、20(R)-Rg_3，再进一步脱水水解成稀有人参皂苷 Rk_1 和 Rg_5。在本研究中，添加 Asp 增加了稀有人参皂苷的得率，这可能是因为 Asp 是酸性氨基酸，其中的 H^+ 促进了水解反应的发生[24-25]。且西洋参中二醇组皂苷含量较高，为稀有人参皂苷的转化提供了必要的条件。

2.6　西洋参转化前后总皂苷协同 CTX 对荷瘤小鼠 S180 抗肿瘤及免疫指标的作用

CTX 是一种对恶性肿瘤有良好抑制作用的广谱抗癌药物，但也有白细胞下降、食欲不振、恶心、体重降低等明显的毒副作用[25]。IL-2 和 IL-10 是免疫系统中的一类细胞生长因子，可调节免疫系统中白细胞的细胞活性，促进 Th0 细胞和 CTL 的增殖，并参与抗体应答、造血和肿瘤监视[26]。与模型组相比，CTX、西洋参总皂苷（AGS-Q）或转化后的西洋参总皂苷（AGS-H）协同 CTX 可显著降低肿瘤重量。与正常组比较，CTX 显著降低白细胞计数、脾脏指数及 IL-2、IL-10 含量（$P<0.05$，$P<0.001$），表现出明显的免疫抑制副作用。与 CTX 组相比，AGS-Q 协同 CTX 组脾脏指数、白细胞计数和 IL-10 含量显著升高（$P<0.05$，$P<0.001$）；AGS-H 协同 CTX 组脾脏指数、白细胞计数、IL-2 和 IL-10 含量均有明显提高（$P<0.05$，$P<0.001$）。AGS-H 协同 CTX 组改善免疫指标的作用高于 AGS-Q 协同给药组，见图 6-5（$P<0.001$）。

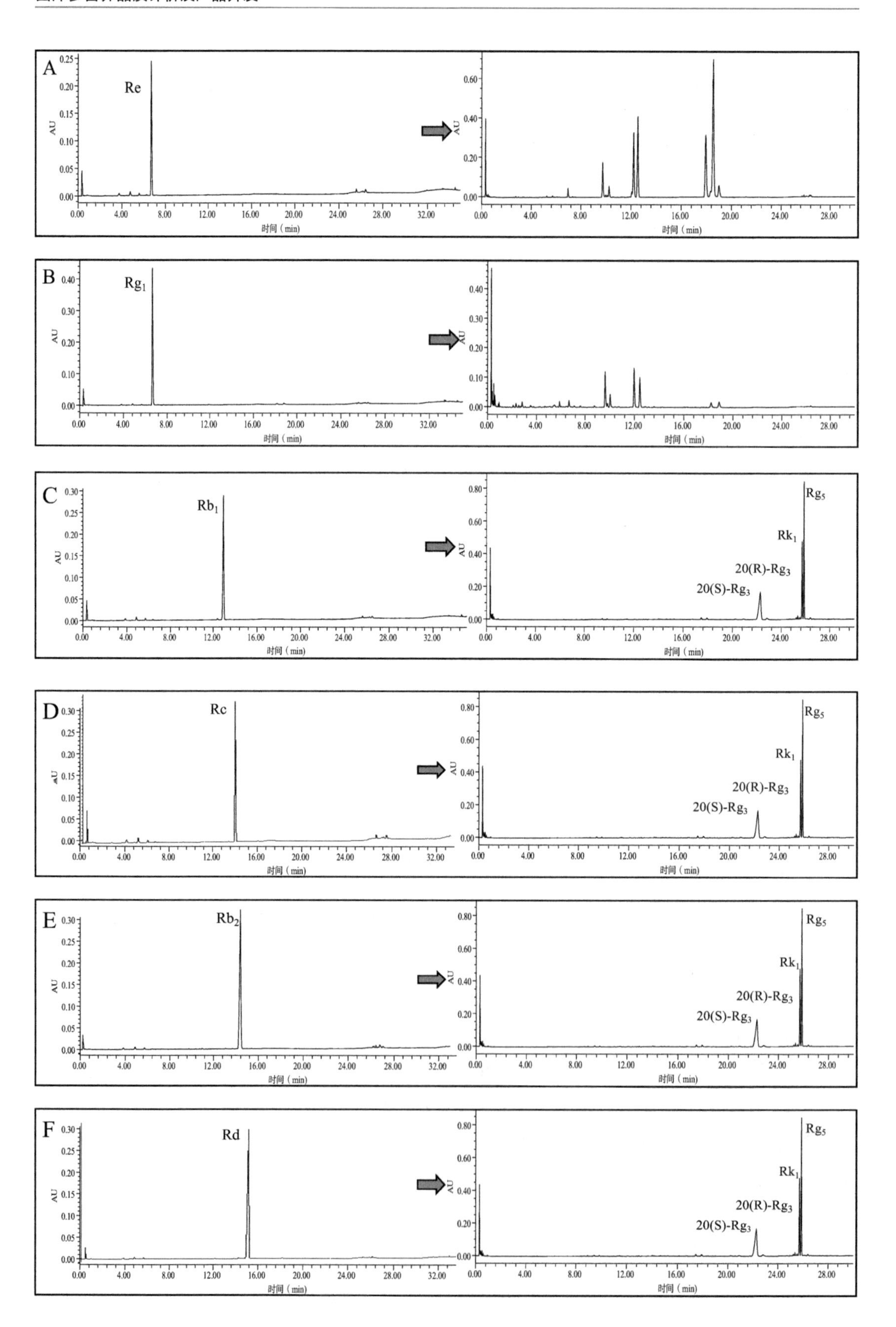
A
Re
B
Rg1
C
Rb1
Rg5
Rk1
20(R)-Rg3
20(S)-Rg3
D
Rc
E
Rb2
F
Rd
AU
时间（min）

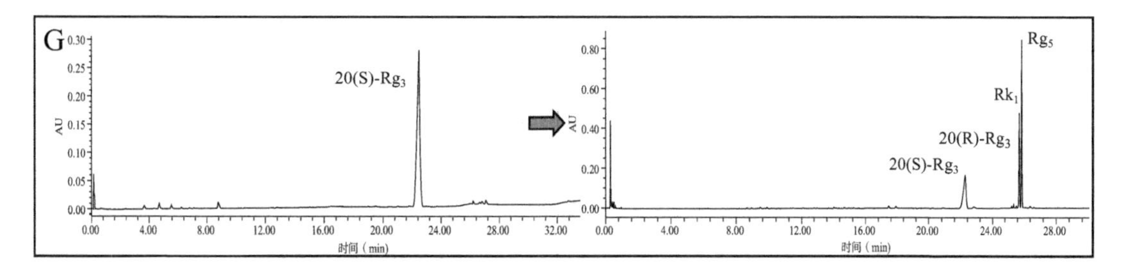

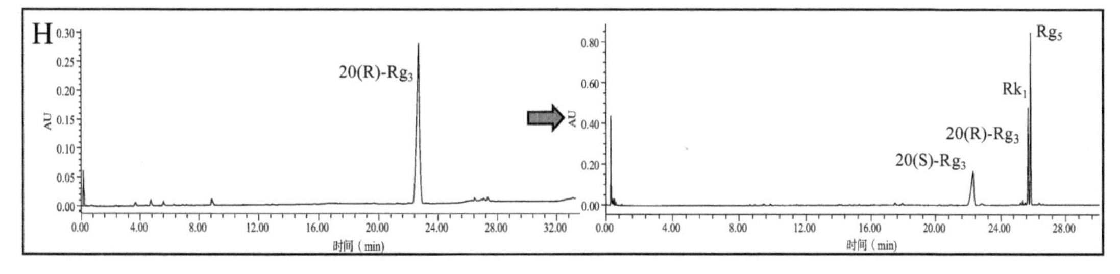

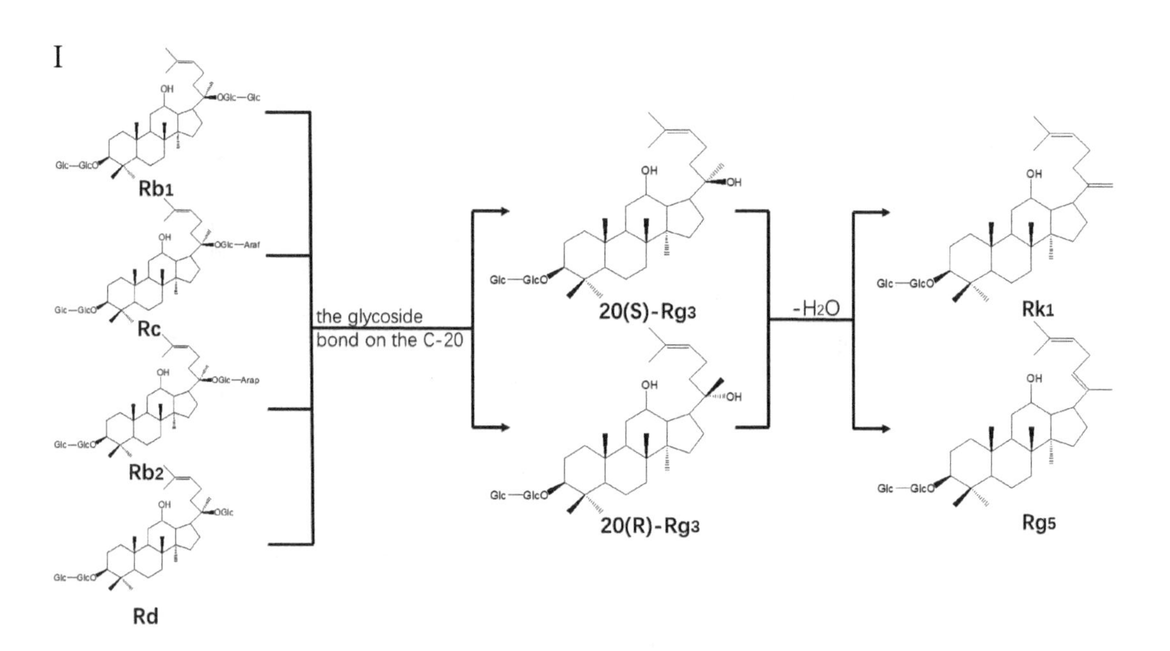

图 6-4　单体皂苷转化前后 UPLC 对比图（*n*=3）

A~H. 人参皂苷 Re、人参皂苷 Rg_1、人参皂苷 Rb_1、人参皂苷 Rc、人参皂苷 Rb_2、人参皂苷 Rd、人参皂苷 20(S)-Rg_3、人参皂苷 20(R)-Rg_3 转化前后 UPLC 对比图；I. 稀有人参皂苷 Rk_1、Rg_5 的转化途径。

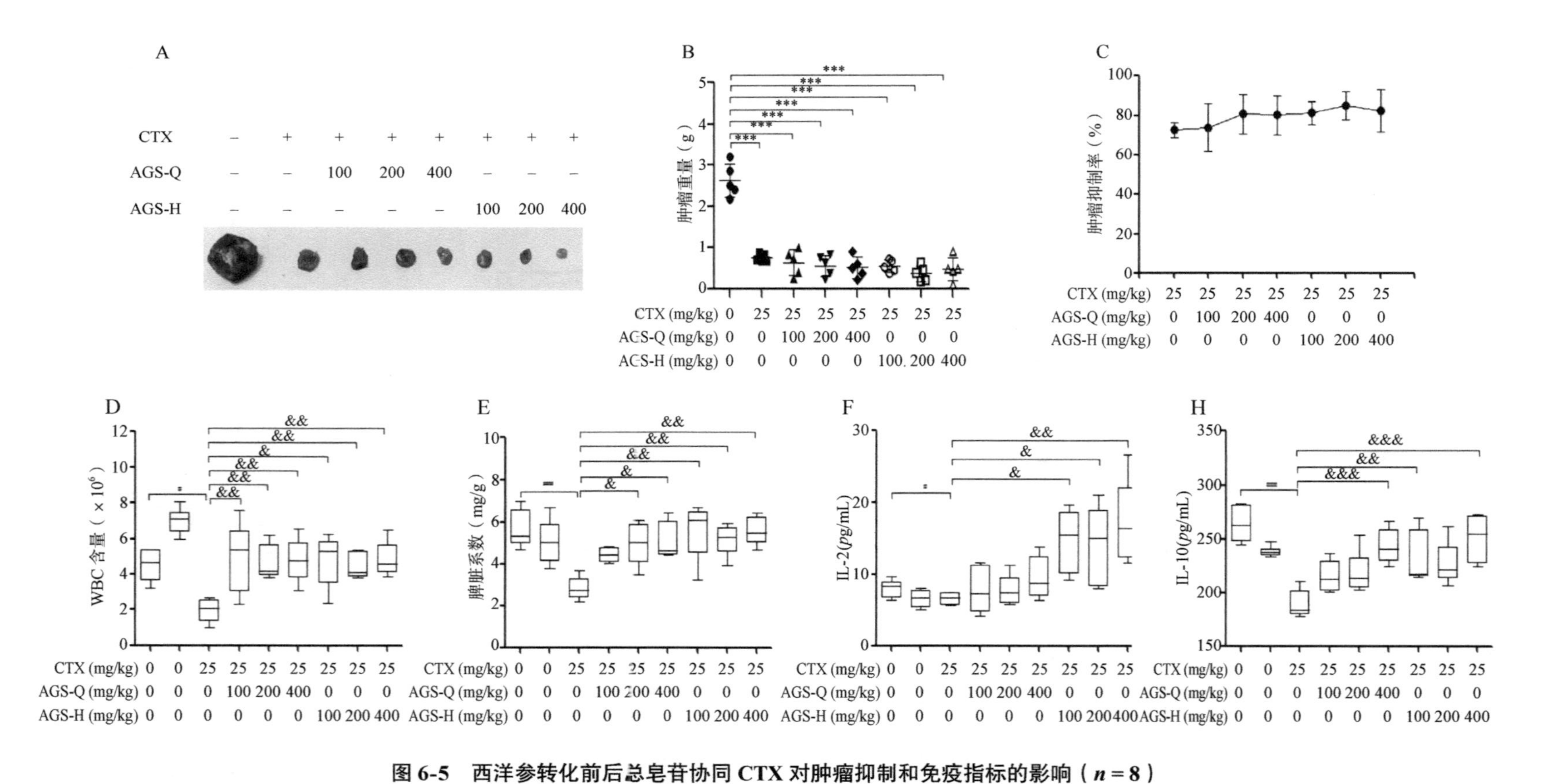

图 6-5　西洋参转化前后总皂苷协同 CTX 对肿瘤抑制和免疫指标的影响（$n=8$）

注：与正常组比较，#$P<0.05$ 为差异显著，##$P<0.01$、###$P<0.01$ 为差异极显著；与模型组相比，*$P<0.05$ 为显著差异，**$P<0.01$、***$P<0.001$ 为差异极显著；与 CTX 组相比，&$P<0.05$ 为差异显著，&&$P<0.01$，&&&$P<0.01$ 为差异极显著。

2.7　西洋参转化前后总皂苷协同 CTX 对脾脏 T 淋巴细胞亚群的影响

脾细胞由多种免疫细胞组成，包括 T 或 B 淋巴细胞、巨噬细胞和树突状细胞。T 细胞亚群在 T 细胞稳态和免疫调节中具有重要作用，T 淋巴细胞表型主要分为 $CD3^+$、$CD4^+$ 和 $CD8^+$ T 细胞[27]。与正常组比较，CTX 显著降低了 $CD4^+/CD8^+$ 比值，提高了 $CD4^+CD25^+$ 含量（$P<0.001$）。与模型组比较，AGS-Q 协同 CTX 能显著恢复小鼠 $CD4^+/CD8^+$ 细胞比例，显著抑制 $CD4^+CD25^+$ T 淋巴细胞水平（$P<0.001$）。AGS-H 协同 CTX 能显著恢复小鼠 $CD4^+/CD8^+$ 细胞比例，显著抑制 $CD4^+CD25^+$ 细胞水平（$P<0.001$）（图 6-6）。结果表明，AGS 可恢复受损的脾脏 T 淋巴细胞亚群。

2.8　西洋参转化前后总皂苷协同 CTX 对荷瘤 S180 小鼠肿瘤凋亡的影响

分析了 AGS-Q 和 AGS-H 协同 CTX 对肿瘤组织中 Bax、Bcl-2 和 cleaved-Caspase-3 蛋白的影响。与模型组相比，CTX 显著上调 Bax 和 cleaved-Caspase-3 蛋白的表达，抑制抗凋亡蛋白 Bcl-2 的表达（$P<0.05$，$P<0.001$）。AGS-Q 或 AGS-H 协同 CTX 显著上调 Bax 和 cleaved-Caspase-3 的表达，并以剂量依赖性方式抑制抗凋亡蛋白 Bcl-2 的表达（$P<0.001$）。与 CTX 相比，AGS-Q 协同 CTX 可提高 Bax 的表达。AGS-H 协同 CTX 显著抑制肿瘤组织中 Bcl-2 的表达，促进 Bax 和 cleaved-Caspase-3 的表达（$P<0.05$，$P<0.001$）（图 6-7）。与 AGS-Q 协同 CTX 组相比，AGS-H 协同 CTX 组具有更高水平的促进肿瘤凋亡蛋白表达。

2.9　西洋参转化后总皂苷协同减半 CTX 对 S180 荷瘤小鼠抑瘤率的影响

模型组肿瘤重量大于 1 g，说明接种 S180 荷瘤小鼠成功。与模型组比较，CTX、AGS-L、AGS-H 组均显著降低肿瘤重量，抑制肿瘤生长（$P<0.05$，$P<0.001$）。CTX/2+AGS-HL 或 AGS-HH 显著降低肿瘤重量（图 6-8）。脾脏和白细胞是免疫系统的重要组成部分，保护身体免受感染性疾病和病原体的侵袭。与正常组比较，模型组大鼠白细胞数显著增加，免疫因子 IL-2、IL-10 水平显著降低（$P<0.05$，$P<0.01$，$P<0.001$）。CTX 显著降低小鼠白细胞计数、脾脏指数和 IL-10 水平（$P<0.01$）。与 CTX 组相比，AGS-HL、AGS-HH 和 CTX/2+AGS-HL 或 HH 组白细胞计数和血清 IL-10 含量显著升高（$P<0.05$，$P<0.01$，$P<0.001$）。AGS-HL、AGS-HH 和 CTX/2+AGS-HH 使脾脏指数升高（$P<0.05$，$P<0.001$）。AGS-HH 显著升高 IL-2 水平（$P<0.001$）。以上结果提示，AGS-H 可促进荷瘤小鼠免疫器官发育，上调白细胞数量以增强细胞免疫功能，调节免疫因子 IL-2 和 IL-10 的免疫作用。

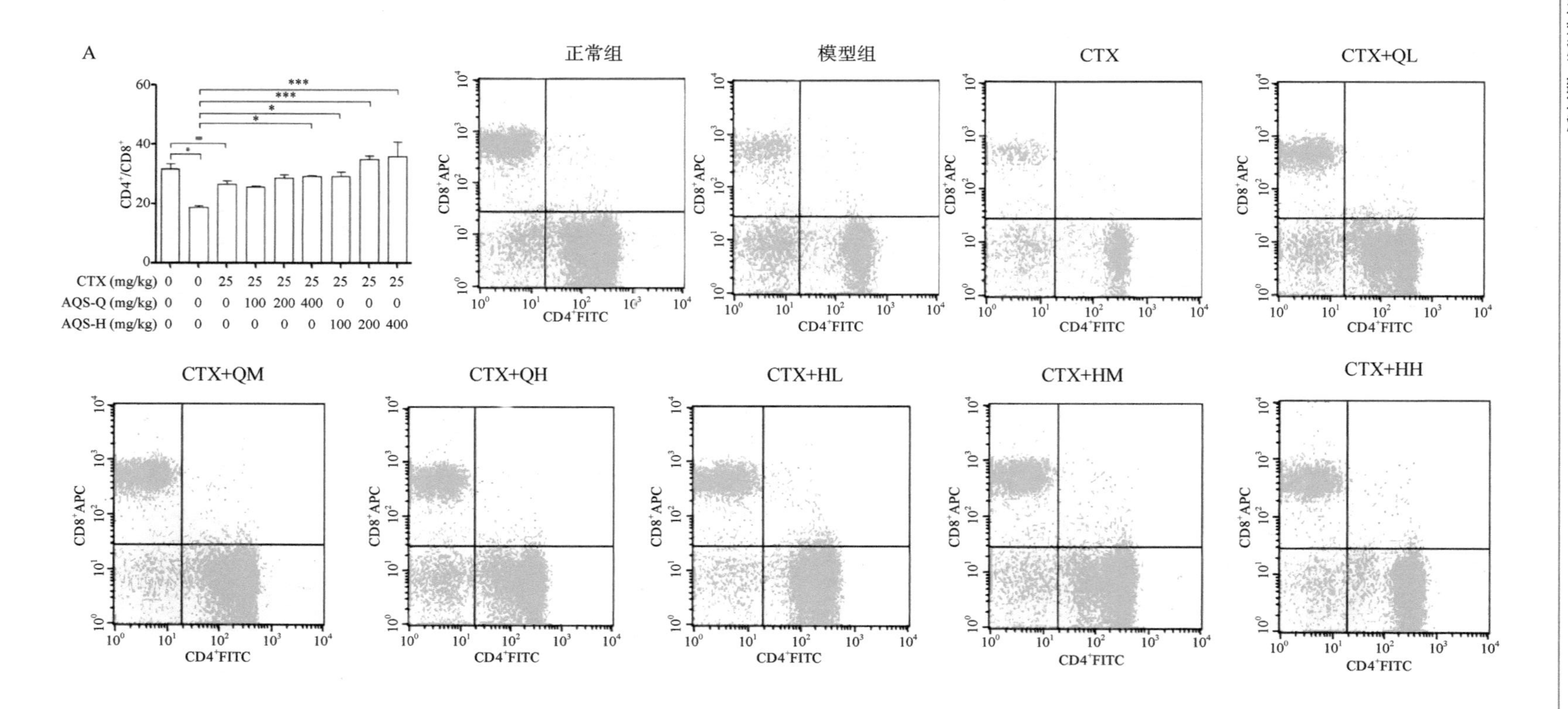
A
CD4+/CD8+
CTX (mg/kg) 0 0 25 25 25 25 25 25 25
AQS-Q (mg/kg) 0 0 0 100 200 400 0 0 0
AQS-H (mg/kg) 0 0 0 0 0 0 100 200 400
正常组
模型组
CTX
CTX+QL
CTX+QM
CTX+QH
CTX+HL
CTX+HM
CTX+HH
CD8+APC
CD4+FITC

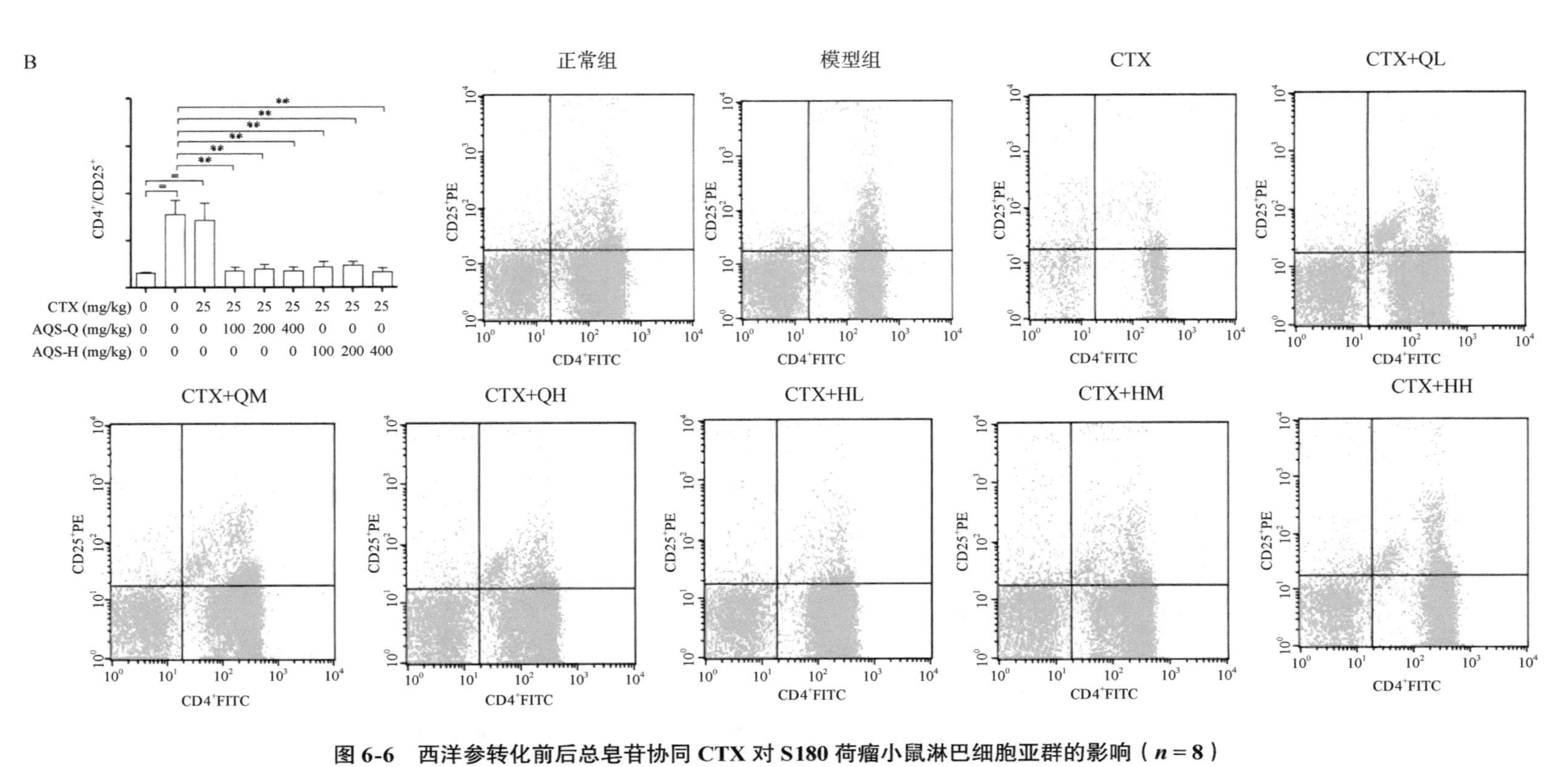

图 6-6　西洋参转化前后总皂苷协同 CTX 对 S180 荷瘤小鼠淋巴细胞亚群的影响（$n=8$）

注：与正常组比较，#$P<0.05$ 为差异显著，##$P<0.01$、###$P<0.01$ 为差异极显著；与模型组相比，*$P<0.05$ 为显著差异，**$P<0.01$、***$P<0.001$ 为差异极显著。

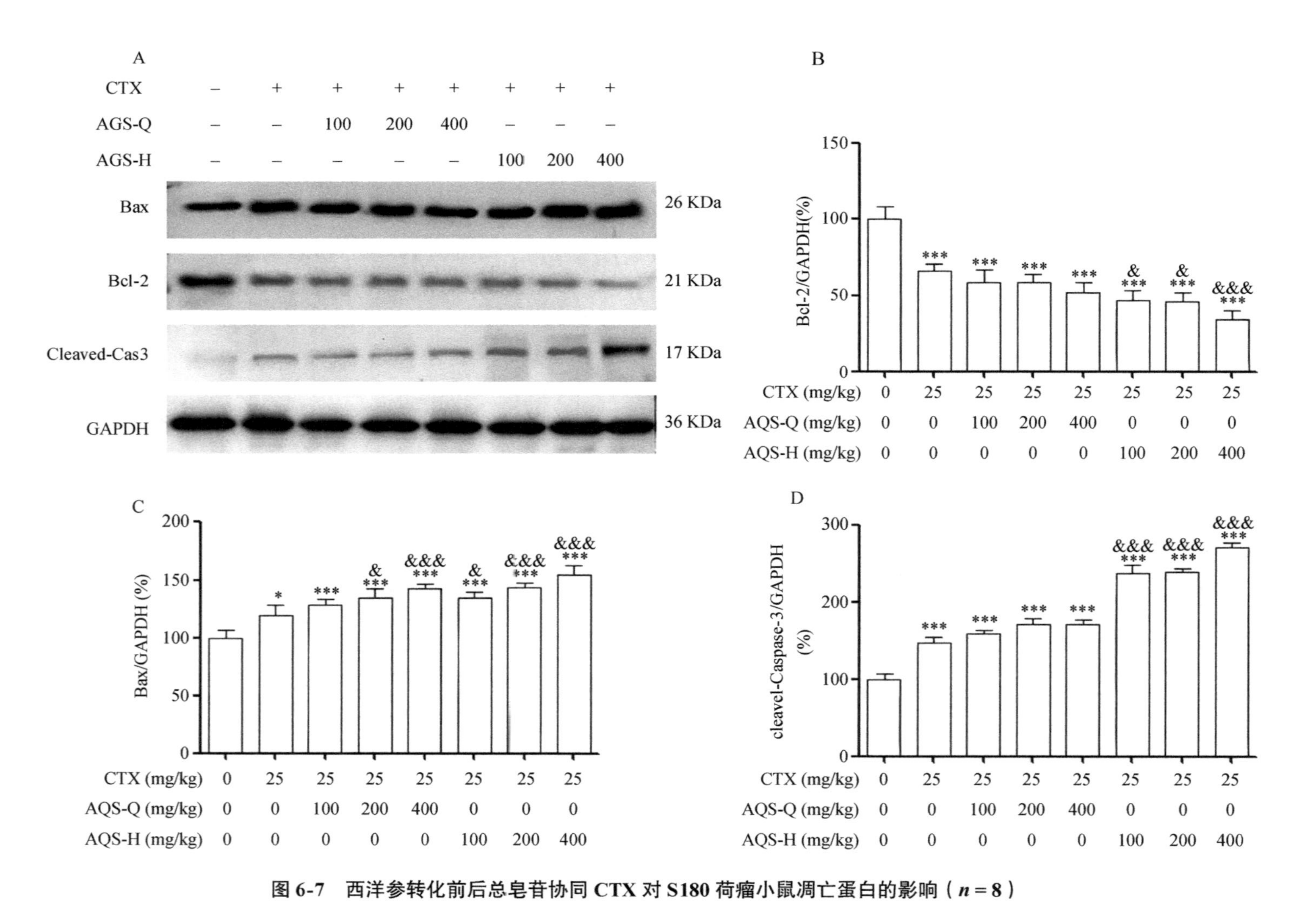

图 6-7　西洋参转化前后总皂苷协同 CTX 对 S180 荷瘤小鼠凋亡蛋白的影响（$n=8$）

注：与模型组相比，$^{*}P<0.05$ 为显著差异，$^{***}P<0.001$ 为差异极显著；与 CTX 组相比，$^{\&}P<0.05$ 为差异显著，$^{\&\&\&}P<0.01$ 为差异极显著。

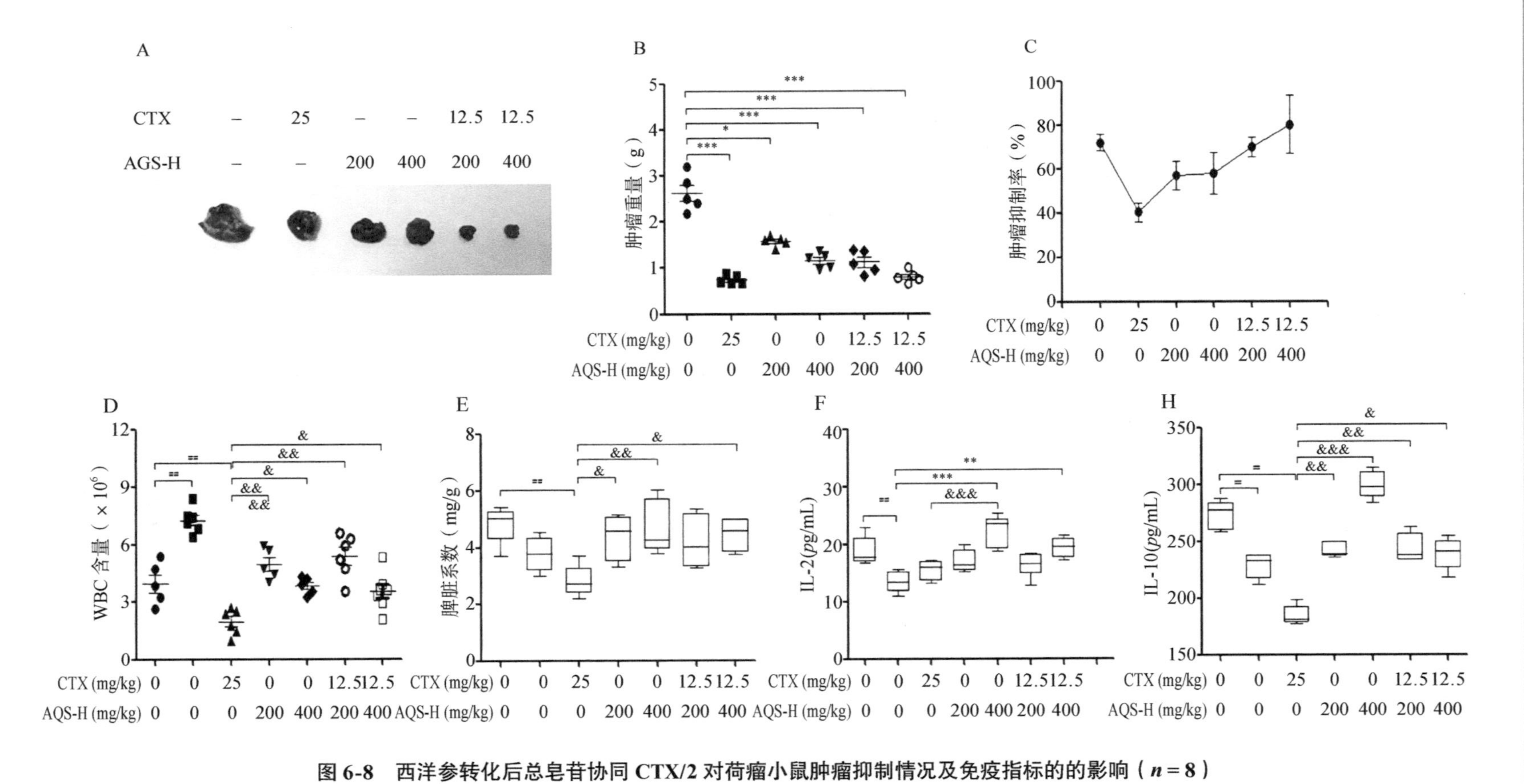

图 6-8　西洋参转化后总皂苷协同 CTX/2 对荷瘤小鼠肿瘤抑制情况及免疫指标的的影响（$n=8$）

注：与正常组比较，##$P<0.01$ 为差异极显著；与模型组相比，*$P<0.05$ 为显著差异，**$P<0.01$、***$P<0.001$ 为差异极显著；与 CTX 组相比，&$P<0.05$ 为差异显著，&&$P<0.01$、&&&$P<0.01$ 为差异极显著。

2.10 西洋参转化后总皂苷协同减半 CTX 对 S180 荷瘤小鼠淋巴细胞亚群影响

与正常组相比，模型组和 CTX 组中小鼠脾淋巴细胞中 $CD4^+/CD8^+$T 细胞比值显著降低，$CD4^+CD25^+$T 细胞含量显著升高（$P<0.05$，$P<0.001$）；与模型组相比，西洋参总皂苷低、高剂量组和 CTX/2+ 西洋参总皂苷低、高剂量组可显著恢复 $CD4^+/CD8^+$ T 淋巴细胞比值（$P<0.05$），显著抑制 $CD4^+CD25^+$ T 淋巴细胞水平（$P<0.01$，$P<0.001$）。说明西洋参转化后总皂苷和协同给药组可使受损的脾脏 T 淋巴细胞亚群恢复。见图 6-9。

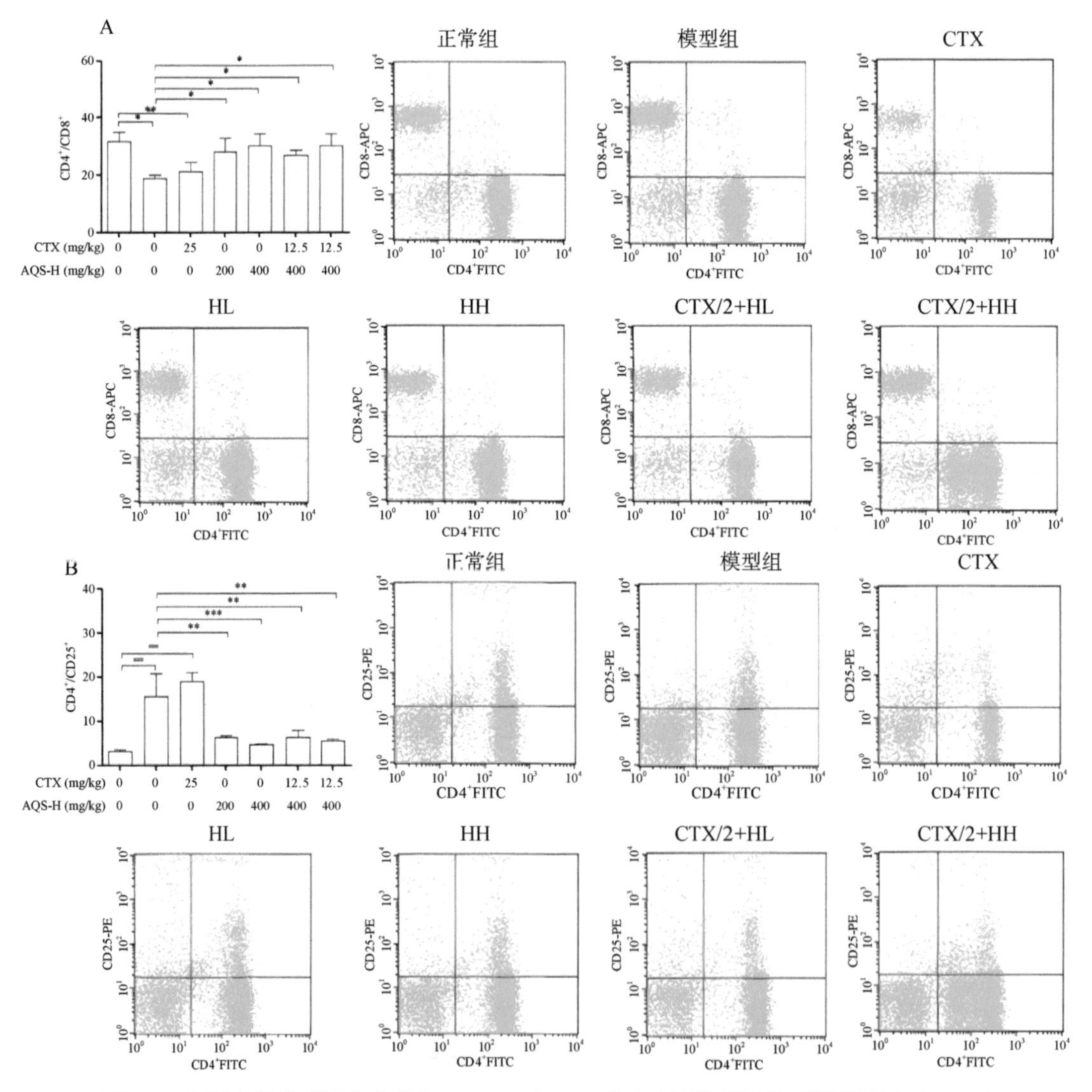

图 6-9 西洋参转化后总皂苷协同 CTX/2 对 S180 荷瘤小鼠淋巴细胞亚群的影响（$n=8$）

注：与正常组比较，$^{\#}P<0.05$ 为差异显著，$^{\#\#}P<0.01$，$^{\#\#\#}P<0.01$ 为差异极显著；与模型组相比，$^{*}P<0.05$ 为显著差异，$^{**}P<0.01$、$^{***}P<0.001$ 为差异极显著；与 CTX 组相比，$^{\&}P<0.05$ 为差异显著，$^{\&\&}P<0.01$、$^{\&\&\&}P<0.01$ 为差异极显著。

2.11 西洋参转化后总皂苷协同减半 CTX 对 S180 荷瘤小鼠凋亡蛋白的影响

采用蛋白印记方法检测总皂苷对 S180 荷瘤中凋亡相关蛋白（Bax、Bcl-2、cleaved-Caspase-3）表达水平的影响。如图 6-10 所示，与模型组比较，西洋参总皂苷组和协同给药组中抗凋亡因子 Bcl-2 的表达呈剂量依赖性降低（$P<0.05$，$P<0.001$），促进细胞凋亡因子 Bax 和 cleaved-Caspase-3 的表达明显增加（$P<0.05$，$P<0.001$），且呈剂量依赖性。与 CTX 组比较，西洋参总皂苷低、高剂量和 CTX/2+ 西洋参总皂苷低、高皂苷组显著抑制肿瘤组织中 Bcl-2 水平，CTX/2+ 西洋参总皂苷低剂量组显著提高了 Bax 的表达，CTX/2+ 西洋参总皂苷高剂量组提高了 cleaved-Caspase-3 的表达（$P<0.05$，$P<0.01$，$P<0.001$），结果说明西洋参转化后总皂苷协同 CTX/2 给药组能起到诱导 S180 肿瘤组织中细胞凋亡的作用。

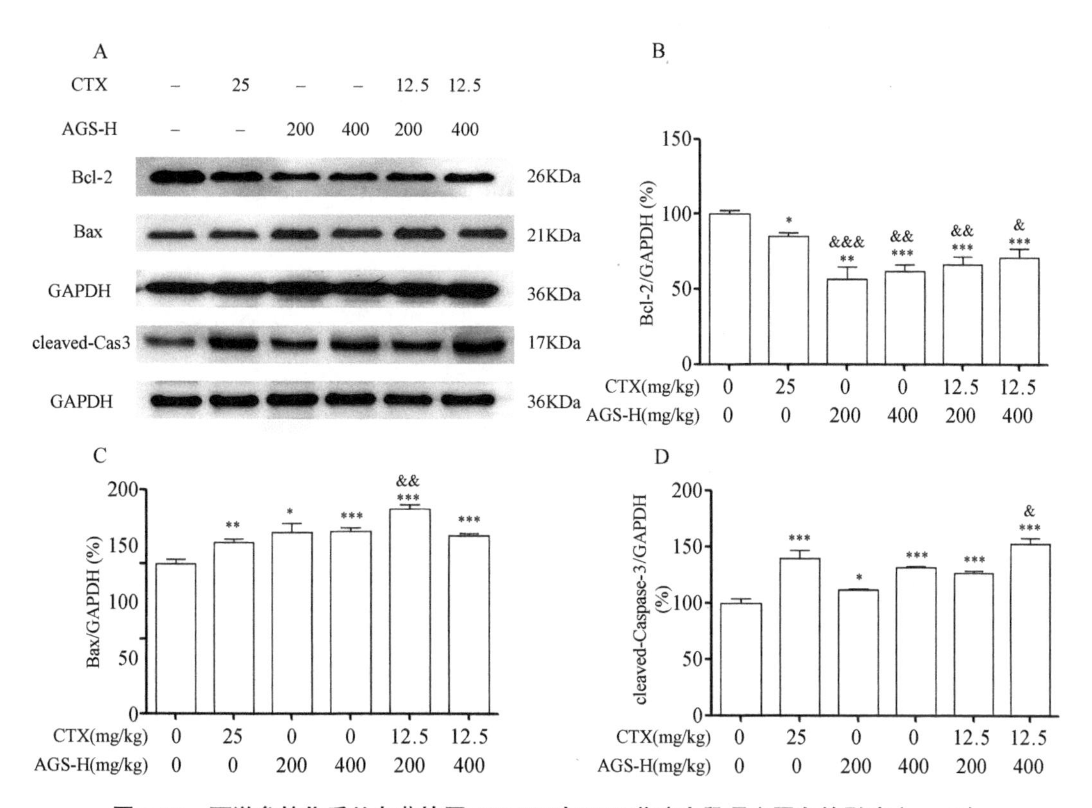

图 6-10 西洋参转化后总皂苷协同 CTX/2 对 S180 荷瘤小鼠凋亡蛋白的影响（$n=8$）

注：与模型组相比，$^{*}P<0.05$ 为显著差异，$^{***}P<0.001$ 为差异极显著；与 CTX 组相比，$^{\&}P<0.05$ 为差异显著，$^{\&\&}P<0.01$、$^{\&\&\&}P<0.01$ 为差异极显著。

3 结论

人参皂苷是人参和西洋参的主要活性成分，不同的加工炮制方法可以使人参皂苷的含量和种类发生变化，并且产生稀有人参皂苷。研究表明，高温烹饪人参可以改变人参皂苷的种类，使其转化为极性较低的人参皂苷。在酸性环境下，人参皂苷通常通过去糖基化进行转化[23,28]。因此，温度和 pH 值是人参皂苷转化的关键因素。刘志等研究表明天门冬氨酸能有效地将人参皂苷降解为稀有人参皂苷，且稀有人参皂苷 Rg_5 的浓度随温度升高而升高，这也证明了温度和天门冬氨酸可使人参皂苷转化为稀有人参皂苷[16]。本研究分析了氨基酸种类和提取方法对稀有人参皂苷 Rk_1 和 Rg_5 转化的影响，并采用正交实验（mL/g）进一步探讨了反应温度（℃）、氨基酸浓度（%）、反应时间（h）和液料比（mL/g）对转化率的影响。以单体人参皂苷为底物，对其转化率的影响、反应途径进行了初步探讨。方差分析发现，温度和氨基酸含量对人参皂苷转化的影响最大。结果表明，Asp 是最佳的催化剂，热萃取效果最好。天冬氨酸的加入使溶液呈弱酸性，这也是大量稀有人参皂苷转化的原因。在 110℃、5% Asp、2.5 h、30 mL/g 的最佳转化条件下，稀有人参皂苷 Rk_1 和 Rg_5 的最高转化率分别为（6.58 ± 0.11）mg/g 和（3.74 ± 0.05）mg/g。在反应途径中，人参二醇类皂苷主要参与转化过程，人参三醇类皂苷基本不参与转化过程。与酶解酸解等现有转化方法相比，食品级氨基酸转化方法更简易、可行且安全有效，为稀有人参皂苷 Rk_1 和 Rg_5 的规模化生产制备提供了可能性。因此，利用 Asp 对西洋参转化稀有人参皂苷具有重要意义。

人参皂苷具有良好的免疫调节和抗癌作用。CTX 是一种广谱抗癌药物，对恶性肿瘤有良好的抑制作用，但具有明显的毒副作用，包括免疫抑制，以及食欲不振、恶心、体重减轻、白细胞减少等不良反应[29]。本研究基于 CTX 在肿瘤治疗方面的不足，以及西洋参转化前后总皂苷在抗肿瘤和免疫调节方面的优势，采用 CTX 联合 AGS-Q 和 AGS-H 治疗 S180 荷瘤小鼠，充分发挥化疗药和中草药的优势。结果显示，与 CTX 相比，AGS-Q 或 AGS-H 协同 CTX 各剂量组均能显著抑制荷瘤生长，并上调白细胞和脾脏指数。此外，AGS-H 协同减半剂量 CTX/2 治疗 S180 荷瘤小鼠可抑制肿瘤生长，恢复免疫器官指数和白细胞数量。

T 淋巴细胞亚群失衡可导致免疫功能障碍，导致一系列免疫反应和免疫病理改变[30]。在肿瘤免疫过程中，辅助性 $CD4^+$T 细胞的功能减弱，而调节性 T 细胞的免疫抑制功能增强。$CD8^+$T 细胞是一种抑制性 T 细胞（T 细胞）的标记物，能够特异性杀死受感染和功能失调的细胞[27]。$CD4^+/CD8^+$ 比值升高，说明辅助性 T 细胞高于抑制性 T 细胞，说明机体免疫能力提高。Treg 细胞是小鼠和人类肿瘤中主要的免疫抑制细胞，具有 $CD4^+CD25^+Foxp3^+$ 表型特征的 T 细胞亚群，在调节肿瘤微环境和促进肿瘤免疫逃逸中发挥重要作用[32]。细胞因子是由免疫细胞产生的小活性分子，具有很强的免疫调节作用，在肿瘤免疫中发挥重要作用[33]。细胞因子 IL-2 是 T 细胞的生长因子，在体内主要发挥免疫促进作用，可促进免疫细胞的抗肿瘤免疫[34-35]。白细胞介素 -10（IL-10）是一种广泛表达于 T 细胞、B 淋巴细胞和单核巨噬细胞的细胞因子，对肿瘤既有促进作用又有抑制作用[36]。本研究中，AGS-Q 或 AGS-H 协同 CTX、AGS-H 协同 CTX/2 激活了 S180 小鼠的免疫系统，提高了 $CD4^+/CD8^+$ 比值，减少了 $CD4^+CD25^+$ 细胞比例。活化的 $CD4^+T$ 细胞分泌 IL-2，IL-10 的释放催化了抑制肿瘤生长的免疫反应。AGS-H 协同 CTX 具有更好的肿瘤抑制作用，并能降低 CTX 的免疫抑制作用。AGS-H 协同 CTX/2 治疗 S180 荷瘤小鼠具有与 CTX 相当的抑瘤作用，同时可降低 CTX 的免疫抑制作用。

肿瘤疾病的发生是细胞凋亡失调的重要特征，使某些异常的细胞免疫逃逸进入永久增殖状态。Bcl-2 家族成员是线粒体凋亡通路的重要调控因子[37]，根据其功能的不同，可分为抗凋亡蛋白家族和促凋亡蛋白家族。Bcl-2 是抗凋亡蛋白家族的主要代表成员，Bax 是促凋亡蛋白家族的主要代表蛋白之一[38-39]。研究表明，Bcl-2 蛋白在许多肿瘤细胞中高表达，是线粒体突然凋亡的主要抗凋亡蛋白，在肿瘤细胞凋亡调控中发挥重要作用[40]。本研究中，与 CTX 单独组相比，AGS 协同 CTX 或 CTX/2 显著上调 Bax 和 cleaved-Caspase-3 的表达，抑制抗凋亡蛋白 Bcl-2 的表达。

本研究为富集稀有人参皂苷 Rk_1 和 Rg_5 提供了一种安全、绿色、有效的转化方法，为西洋参的开发利用提供了新的思路。西洋参总皂苷不仅能起到抗肿瘤作用，还能减轻 CTX 引起的免疫抑制副作用，提高 S180 荷瘤小鼠的免疫活性，促进肿瘤细胞凋亡。西洋参转化后总皂苷具有较强的抗肿瘤活性和免疫活性，可能与稀有人参皂苷 Rk_1 和 Rg_5 的增加密切相关。

参考文献

[1] LI T S C, MAZZA G, COTTRELL A C, et al. Ginsenosides in roots and leaves of American ginseng [J]. Journal of Agricultural and Food Chemistry, 1996, 44(3): 717-720.

[2] QI L W, WANG C Z, YUAN C S. American ginseng: potential structure-function relationship in cancer chemoprevention [J]. Biochemical Pharmacology, 2010, 80(7): 947-954.

[3] ZHAI K F, DUAN H, WANG W, et al. Ginsenoside Rg_1 ameliorates blood-brain barrier disruption and traumatic brain injury via attenuating macrophages derived exosomes miR-21 release [J]. Acta Pharmaceutica Sinica B, 2021, 11(11): 3493-3507.

[4] LI Z M, ZHAO L J, CHEN J B, et al. Ginsenoside Rk_1 alleviates LPS-induced depression-like behavior in mice by promoting BDNF and suppressing the neuroinflammatory response [J]. Biochemical and Biophysical Research Communications, 2020, 530(4): 658- 664.

[5] XIAO N, LOU M D, LU Y T, et al. Ginsenoside Rg_5 attenuates hepatic glucagon response via suppression of succinate-associated HIF-1α induction in HFD-fed mice [J] . Diabetologia, 2017, 60(6): 1084-1093.

[6] KIM J E, LEE W, YANG S, et al. Suppressive effects of rare ginsenosides, Rk_1 and Rg_5, on HMGB1-mediated septic responses [J] . Food and Chemical Toxicology, 2019, 124: 45-53.

[7] ZHANG P. Ginsenoside-Rg_5 treatment inhibits apoptosis of chondrocytes and degradation of cartilage matrix in a rat model of osteoarthritis [J] . Oncology Reports, 2017, 37(3): 1497-1502.

[8] CHOI P, PARK J Y, KIM T, et al. Improved anticancer effect of ginseng extract by microwave-assisted processing through the generation of ginsenosides Rg_3, Rg_5 and Rk_1 [J] . Journal of Functional Foods, 2015, 14: 613-622.

[9] YAO C J, CHOW J M, CHUANG S E, et al. Induction of forkhead class box O3a and apoptosis by a standardized ginsenoside formulation, KG-135, is potentiated by autophagy blockade in A549 human lung cancer cells [J] . Journal of Ginseng Research, 2017, 41(3):247-256.

[10] KIM H, CHOI P, KIM T, et al. Ginsenosides Rk_1 and Rg_5 inhibit transforming growth factor-β1-induced epithelial-mesenchymal transition and suppress migration, invasion, anoikis resistance, and development of stem-like features in lung cancer [J] . Journal of Ginseng Research, 2021, 45(1): 134-148.

[11] JO S K, KIM I S, YOON K S, et al. Preparation of ginsenosides Rg_3, Rk_1, and Rg_5-selectively enriched ginsengs by a simple steaming process [J] . European Food Research and Technology, 2015, 240(1): 251-256.

[12] WANG Y T, YOU J Y, YU Y, et al. Analysis of ginsenosides in Panax ginseng in high pressure microwave-assisted extraction [J] . Food Chemistry, 2008, 110(1): 161-167.

[13] LEE M R, YUN B S, SUNG C K. Comparative study of white and steamed black Panax ginseng, P. quinquefolium, and P. notoginseng on cholinesterase inhibitory and antioxidative activity [J] . Journal of Ginseng Research, 2012, 36(1): 93-101.

[14] 孙成鹏，高维平，赵宝中，等 . 柠檬催化转化原人参二醇组皂苷制备人参皂苷 Rg_5 的初步研究 [J] . 中成药，2013，35（12）：2694-2698.

[15] 包海鹰，李磊，昝立峰，等 . 黑根霉对人参皂苷 Re 的生物转化 [J] . 菌物学报，2010，29（4）：548-554.

[16] 刘志，夏娟，李伟，等 . 天冬氨酸降解人参二醇组皂苷及其美拉德反应产物的抗氧化活性 [J] . 食品科学，2018，39（7）：20-26.

[17] KIM M H, LEE Y C, CHOI S Y, et al. The changes of ginsenoside patterns in red ginseng

processed by organic acid impregnation pretreatment［J］. Journal of Ginseng Research, 2011, 35(4): 497-503.

［18］YONG M H, BURNS K E, DE ZOYSA J, et al. Intracellular activation of 4-hydroxy-cyclophosphamide into a DNA-alkylating agent in human leucocytes［J］. Xenobiotica, 2021, 51(10): 1188-1198.

［19］石丽霞，耿王利．正交实验法筛选人参皂苷提取工艺的研究［J］．特产研究，2006，（2）：18-21.

［20］张晶，陈全成，弓晓杰，等．不同提取方法对人参皂苷提取率的影响［J］．吉林农业大学学报，2003，25（1）：71-72.

［21］夏娟．酸性氨基酸催化水解制备稀有人参皂苷的研究［D］．吉林：吉林农业大学，2017.

［22］李向高，富力，鲁歧，等．红参炮制加工中的皂苷水解反应及其产物的研究［J］．吉林农业大学学报，2000，22（2）：1-9.

［23］LIU Z, XIA J, WANG C Z, et al. Remarkable impact of acidic ginsenosides and organic acids on ginsenoside transformation from fresh ginseng to red ginseng［J］. Journal of Agricultural and Food Chemistry, 2016, 64(26): 5389-5399.

［24］XIE Y Y, LUO D, CHENG Y J, et al. Steaming-induced chemical transformations and holistic quality assessment of red ginseng derived from Panax ginseng by means of HPLC-ESI-MS/MSn-based multicomponent quantification fingerprint［J］. Journal of Agricultural and Food Chemistry, 2012, 60(33): 8213-8224.

［25］WANG Y J, QI Q C, LI A, et al. Immuno-enhancement effects of yifei tongluo granules on cyclophosphamide-induced immunosuppression in Balb/c mice［J］. Journal of Ethnopharmacology, 2016, 194: 72-82.

［26］QI Z, CHEN L X, LI Z, et al. Immunomodulatory effects of (24R)-Pseudo- Ginsenoside HQ and (24S)-Pseudo-Ginsenoside HQ on cyclophosphamide-induced immunosuppression and their anti-tumor effects study［J］. International Journal of Molecular Sciences, 2019, 20(4): 1-16.

［27］WANG J X, TONG X, LI P B, et al. Immuno-enhancement effects of shenqi fuzheng injection on cyclophosphamide-induced immunosuppression in Balb/c mice［J］. Journal of Ethnopharmacology, 2012, 139(3): 788-795.

［28］关大朋，王欢，李伟，等．高温热裂解人参皂苷 Rk_1 和 Rg_5 的制备工艺优化［J］．上海中医药杂志，2015，49（1）：91-95.

［29］QI Y, HU X, CUI J, et al. Combined use of insoluble β-glucan from the cell wall of candida albicans and cyclophosphamide: Validation in S180 tumor-bearing mice［J］. Biomedicine & Pharmacotherapy, 2018, 97: 1366-1372.

[30] PIST G, TRISCIUOGLIO D, CECI C, et al. Apoptosis as anti-cancer mechanism: function and dysfunction of its modulators and targeted therapeutic strategies [J]. Aging (Albany NY), 2016, 8: 603-619.

[31] LI Q, RAO R R, ARAKI K, et al. A central role for mTOR kinase in homeostatic proliferation induced $CD8^+$ T cell memory and tumor immunity [J]. Immunity, 2011, 34(4): 541-553.

[32] LI X, YE F, CHEN H Z, et al.. Human ovarian carcinoma cells generate $CD4^+CD25^+$ regulatory T cells from peripheral $CD4^+CD25^-$ T cells through secreting TGF-beta [J]. Cancer Letters, 2007, 253(1): 144-153.

[33] PELLEGRINI M, MAK T W, OHASHI P S. Fighting cancers from within: augmenting tumor immunity with cytokine therapy [J]. Trends in Pharmacological Sciences, 2010, 31(8): 356-363.

[34] WONG H S, PARK K, GOLA A, et al. A local regulatory T cell feedback circuit maintains immune homeostasis by pruning self-activated T cells [J]. Cell, 2021, 184(15): 3981-3997.

[35] CHINEN T, KANNAN A K, LEVINE A G, et al. An essential role for the IL-2 receptor in Treg cell function [J]. Nature Immunology, 2016, 17(11): 1322-1333.

[36] ISLAM H, NEUDORF H, MUI A L, et al. Interpreting 'anti-inflammatory' cytokine responses to exercise: focus on interleukin-10 [J]. The Journal of Physiology, 2021, 599(23): 5163-5177.

[37] PENTIMALLI F. Bcl-2: a 30-year tale of life, death and much more to come [J]. Cell Death and Differentiation, 2018, 25(1): 7-9.

[38] ZHAI K F, DUAN H, CHEN Y, et al. Apoptosis effects of imperatorin on synoviocytes in rheumatoid arthritis through mitochondrial/caspase-mediated pathways [J]. Food & Function, 2018, 9(4): 2070-2079.

[39] ZHAI K F, DUAN H, CUI C Y, et al. Liquiritin from glycyrrhiza uralensis attenuating rheumatoid arthritis via reducing inflammation, suppressing angiogenesis, and inhibiting MAPK signaling pathway [J]. Journal of Agricultural and Food Chemistry, 2019, 67(10): 2856-2864.

[40] YU S, GONG L S, LI N F, et al. Galangin (GG) combined with cisplatin (DDP) to suppress human lung cancer by inhibition of STAT3-regulated NF-κB and Bcl-2/Bax signaling pathways [J]. Biomedicine & Pharmacotherapy, 2018, 97: 213-224.

第七章　西洋参解酒护肝产品开发

西洋参中含有的人参皂苷和多糖成分，已被证明具有抗抑郁，抗肿瘤、提高机体免疫力、降血糖和抗肥胖等多种功效[1-8]。有研究证明西洋参可消除小鼠脂肪肝、减少肝脏和肠道脂蛋白分泌，降低脂质循环水平，逆转代谢综合征[9-10]。枳椇子（*Hovenia dulcis* Thunb）为鼠李科拐枣属植物枳椇的种子，具有解酒毒、止呕、清热利尿等功效。近年来，中药配伍类解酒制品纷纷涌向市场，主要成分以葛根、葛花和枳椇子为主，如食源复方解酒口服液、葛根解酒方、葛根－枳椇子解酒组合物等复方解酒口服液[11]。其中枳椇子常被用于解酒护肝产品开发[12-14]。2018 年卫健委批准西洋参既是药品又是食品，引起了大家对西洋参的广泛关注。西洋参的特别之处在于补而无燥，常作为滋阴补肾中药配方。基于西洋参与枳椇子的药效作用，本研究将西洋参与枳椇子进行配伍组合治疗酒精性肝损伤。

几十年来，医治肾上腺脑白质营养不良 ALD 仍未找到特效药物，因此，开展中药配伍理论的研究思路可能是治疗疾病的新方向。本研究通过预防灌胃小鼠组合物后建立急性酒精性肝损伤模型，检测了小鼠血清中生化指标变化和抗氧化应激能力，观察肝脏病理组织病变程度和 MAPK 信号通路的变化。首次将西洋参与枳椇子配伍后探讨其对酒精性肝损伤作用，为西洋参的开发应用提供依据。

1　材料与方法

1.1　材料与仪器

清洁级 ICR 健康雄性小鼠 50 只，体重为 20~22 g，辽宁长生生物技术股份有限公司，动物生产许可证 SCXK（辽）2015-0001，合格编号 211002300023526；西洋参，购自于吉林省抚松县；枳椇子，购自于山东济南秦越人农业发展有限公司；天冬氨酸氨基转移酶（aspartateaminotransferase，AST）试剂盒、丙氨酸氨基转移酶（alanine aminotransferase，ALT）试剂盒、甘油三酯（triglyceride，TG）、丙二醛（malondialdehyde，MDA）试剂盒、谷胱甘肽（glutathione，GSH）试剂盒、超氧化物歧化酶（superoxide dismutase，SOD，酶活的单位定义：在反应体系中 SOD 抑制率 50% 时所对应的酶量为一个 SOD 活力单位 U）、谷胱甘肽过氧化酶（glutathione peroxidase，

GSH-Px）试剂盒、BCA 法总蛋白测定试剂盒，南京建成生物工程研究所；苏木素染液和伊红染液，Sigma-Aldrich 公司；中性树胶，索莱宝生物科技有限公司；RIPA（Radio-Immunoprecipitation assay）裂解缓冲液，Bio-world 公司；BCA 试剂盒，碧云天生物技术有限公司；化学发光试剂盒，美国密理博公司；phospho-ERK（p-ERK）、phospho-JNK（p-JNK）、phospho-p38（p-p38），美国 Santa cruz 生物技术公司；GAPDH 和二抗（鼠抗 lgG），美国 Abcam 公司。

Heraeus Megafuge 8R 型超高速冷冻离心机，赛默飞世尔科技有限公司；IX51 型显微镜，奥林巴斯公司；Epoch2 型酶标仪，美国博腾仪器有限公司；MS204S 型电子分析天平，瑞士 Mettler Toledo 公司；EG1150 型生物组织包埋机、RM2265 型切片机、HI1210 型水浴锅、HI1220 型烘片仪，徕卡显微系统（上海）贸易有限公司；Alpha2-4LD plus 真空冷冻干燥机，德国 Christ 公司；ChemiDoc™ MP 型全能成像仪，美国 Bio-Rad 公司。

1.2 实验方法

1.2.1 西洋参枳椇子提取物的制备

将西洋参和枳椇子放置于电热恒温鼓风干燥箱中，在 60℃条件下干燥 12 h，分别按质量比 1∶1、2∶1 和 1∶2 混合，将干燥的混合物粉碎，过 60 目筛网，向混合物中加入重量比为 8 倍量蒸馏水，浸泡 1 h，回流提取 1 h，然后以 5 000 r/min，离心 10 min，获得上清液；再向残渣中加入按重量比为 5 倍量蒸馏水，回流提取 0.5 h，离心，获得上清液[11]，合并两次上清液，将 3 种水煎液放置于 −80℃条件下冷冻 4 h 后，真空冷冻干燥，即为组合物Ⅰ、组合物Ⅱ和组合物Ⅲ，产率分别为 16.7%、19.3% 和 16.75%，产率（%）= 提取物干燥后重量（g）/ 生药重量（g）。

1.2.2 动物分组与给药方法

ICR 小鼠在控温（22 ± 3）℃，相对湿度为（55% ± 15%）环境中饲养，自由进食、饮水适应 1 周后，随机分为 5 组，即为正常组、酒精组、组合物Ⅰ组、组合物Ⅱ组和组合物Ⅲ组。西洋参枳椇子组合物组以体重 100 mg/kg 剂量连续灌胃小鼠 14 d，正常组及模型组给予生理盐水。各组在最后一次给予受试物 30 min 后，除正常组外，24 h 内灌胃小鼠 3 次酒精（5 g/kg），酒精灌胃结束间隔 6 h 后，取血，麻醉处死小鼠，分离肝脏[15]。

1.2.3 血液和组织样本采集

末次给予小鼠灌胃 6 h，取血后，麻醉处死，分离肝脏，选取左叶常温保存于福尔马林中，其余肝脏保存于 −80 ℃。将血液室温静置 30 min，4℃，以 1 000 r/min 离心 30 min，分离血清，保存于 −80℃。

1.2.4 生化指标检测

血清中 AST、ALT 和 TG 水平与肝组织中 GSH-Px、SOD、GSH 和 MDA 指标检测按照试剂盒提供的说明书进行规范操作。

1.2.5　肝脏病理学检测

将固定肝组织标本切取厚度不超过 0.5 cm 小块置于包埋盒中，用自来水冲洗 24 h，经由低浓度到高浓度酒精脱水，用溶于石蜡的透明剂二甲苯透明后，浸蜡包埋。用蜡块固定在旋转切片机上，切成 5 μm 厚度薄片，温水展开贴在载玻片上。将切片进行苏木精和伊红（H&E）染色，中性树胶封片，显微镜下观察肝组织病理学变化。

1.2.6　蛋白印记检测肝组织中蛋白的表达

运用 BCA 法测定细胞蛋白浓度，将 SDS-PAGE（10%~12%）分离凝胶分离等量的蛋白样品，转移到 PVDF 膜上，然后封闭 1 h，经 p-ERK、p-JNK、p-p38 和 GAPDH 一抗孵育，4℃条件下放置过夜，然后使用酶标二抗室温孵育 1 h。将 A 和 B 试剂等体积混合，PVDF 膜与混合液充分接触，在全能型成像系统中曝光。

1.3　统计分析

实验结果以平均值 ± 标准误表示，采用 SAS9.2 软件 GLM 过程进行单因素方差分析，利用 Duncan 法进行显著性分析，$P<0.05$ 为差异显著，$P<0.01$ 为差异极显著。

2　结果与分析

2.1　西洋参枳椇子组合物对小鼠血清转氨酶的影响

AST 主要分布在肝细胞细胞质和线粒体中，ALT 主要分布在细胞质中，肝细胞损伤后释放到血液，两种转氨酶活性增加，血液中 AST 和 ALT 的酶水平可以作为肝损伤信号，反映肝脏受损情况[16]。如图 7-1 所示，与正常组相比，模型组中 ALT 和 AST 活力极显著升高（$P<0.01$），表明酒精引起小鼠肝细胞损伤，转氨酶活力升高；与模型组相比，西洋参枳椇子组合物Ⅰ极显著降低 ALT 活力（$P<0.01$）且显著降低 AST 水平（$P<0.05$），西洋参枳椇子组合物Ⅱ、组合物Ⅲ极显著降低 ALT 和 AST 含量（$P<0.01$），西洋参给药组间无显著性差异。血清中转氨酶的活力下降，说明西洋参枳椇子组合物具有保护肝细胞的作用。

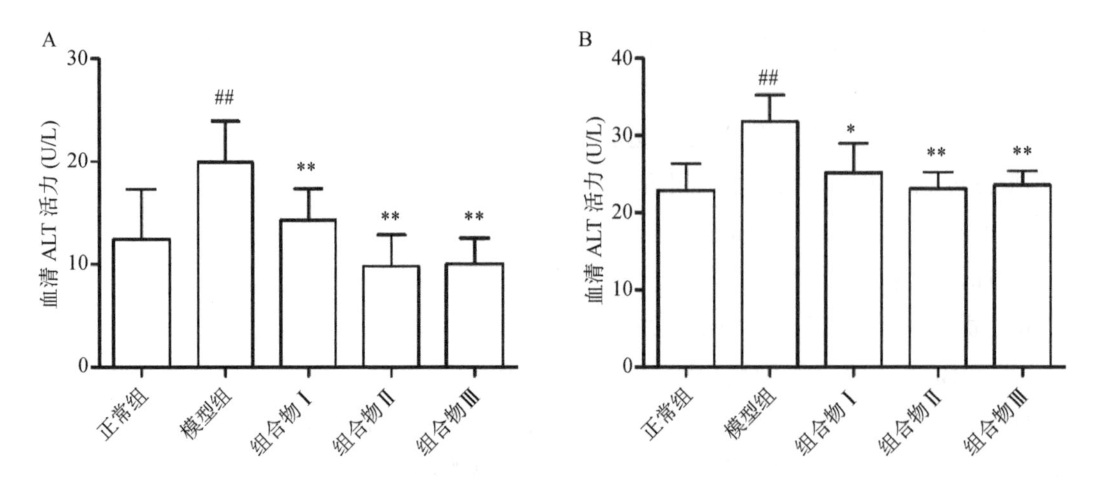

图 7-1　西洋参枳椇子组合物对小鼠血清 ALT（A）和 AST（B）活力的影响

注：与正常组比较，$^{\#}P<0.05$ 为差异显著，$^{\#\#}P<0.01$ 为差异极显著；与模型组相比，$^{*}P<0.05$ 为差异显著，$^{**}P<0.01$ 为差异极显著。

2.2　西洋参枳椇子组合物对血清中甘油三酯的影响

甘油三酯由肝脏合成，是脂肪酸在人体内储存和运输的主要形式，过量摄入酒精可以使肝脏中甘油三酯积累，引起肝脏脂质代谢异常[17]。如图 7-2 所示，与正常组相比，模型组小鼠血清中 TG 含量极显著升高（$P<0.01$）；与模型组比较，组合物Ⅰ、组合物Ⅱ显著降低小鼠血清中 TG 含量（$P<0.05$），组合物Ⅲ极显著降低 TG 含量（$P<0.01$），各组间无显著性差异。结果表明组合物能够降低小鼠血清脂类物质水平。

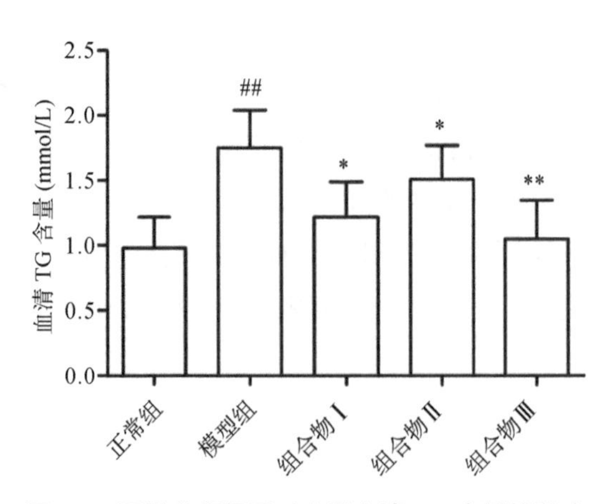

图 7-2　西洋参枳椇子对小鼠血清 TG 含量的影响

注：与正常组比较，$^{\#\#}P<0.01$ 为差异极显著；与模型组相比，$^{*}P<0.05$ 为差异显著，$^{**}P<0.01$ 为差异极显著。

2.3　西洋参枳椇子组合物对小鼠肝组织抗氧化能力的影响

酒精在肝脏被酒精脱氢酶转化为有害物质乙醛，乙醛随后被乙醛脱氢酶代谢为乙酸，在代谢过程中可以促进自由基如活性氧（ROS）产生，进而引起脂质过氧化[18]。此外，过量ROS导致脂质过氧化产物MDA产生，使抗氧化剂水平降低，导致氧化还原平衡失调[19]。肝细胞内含有内源性抗氧化酶，SOD和GSH-Px可以维持氧化应激稳态，但酒精摄入增加活性氧水平，影响抗氧化酶水平，从而导致肝脏损伤[20]。如图7-3所示，与正常组相比，模型组小鼠肝组织内抗氧化酶SOD、GSH-Px活力极明显降低（$P<0.01$），还原型GSH含量极显著降低（$P<0.01$），MDA含量极显著升高（$P<0.01$）；与模型组相比，组合物Ⅰ、Ⅱ、Ⅲ极显著升高了SOD、GSH-Px活力（$P<0.01$）和GSH水平（$P<0.01$，$P<0.001$），极显著降低MDA含量（$P<0.01$，$P<0.001$）。组合物Ⅱ中GSH-Px、SOD活力和GSH含量极显著高于组合物Ⅰ，具有极显著性差异（$P<0.01$），同时GSH-Px和SOD活力也高于组合物Ⅲ，但无统计学差异；组合物Ⅱ中MDA含量极显著低于组合物Ⅰ

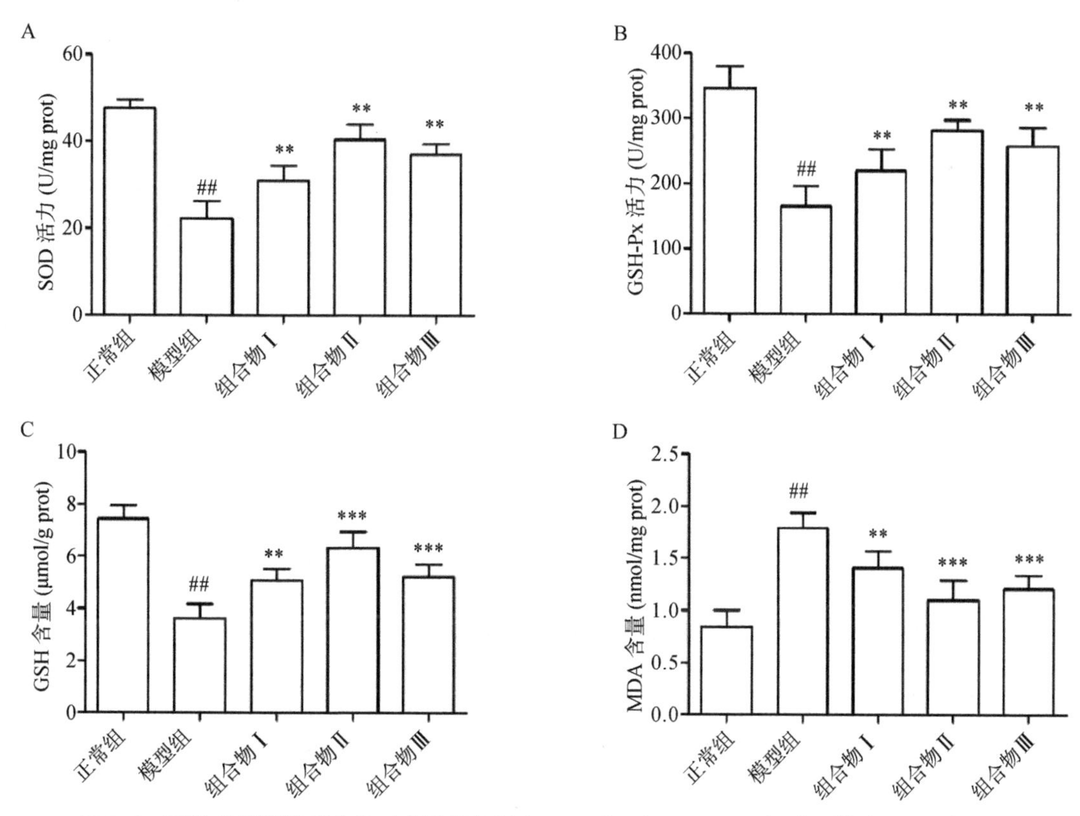

图7-3　西洋参枳椇子组合物对小鼠肝组织中SOD（A）、GSH-Px（B）活性和GSH（C）、MDA（D）含量的影响

注：与正常组比较，##$P<0.01$为差异极显著；与模型组相比，*$P<0.05$为差异显著，**$P<0.01$、***$P<0.001$为差异极显著。

（$P<0.01$），低于组合物Ⅲ，但无统计学差异。由此说明组合物Ⅱ抗氧化能力高于组合物Ⅰ和组合物Ⅲ，结果提示该组合物明显改善小鼠肝组织中酒精引起的氧化应激情况。

2.4 西洋参枳椇子组合物对小鼠肝脏病理的影响

肝脏病理组织 H&E 染色结果显示，正常组小鼠肝细胞排列整齐，形态正常，未出现明显变性、坏死；模型组小鼠肝组织中细胞间出现大量白色脂滴和炎性细胞浸润情况，说明酒精引起肝细胞中脂质代谢异常；西洋参枳椇子组中小鼠肝细胞排列逐渐紧密、脂滴数量逐渐减少并且减轻炎性浸润程度，说明组合物具有改善脂质代谢和抗炎的作用（图 7-4）。

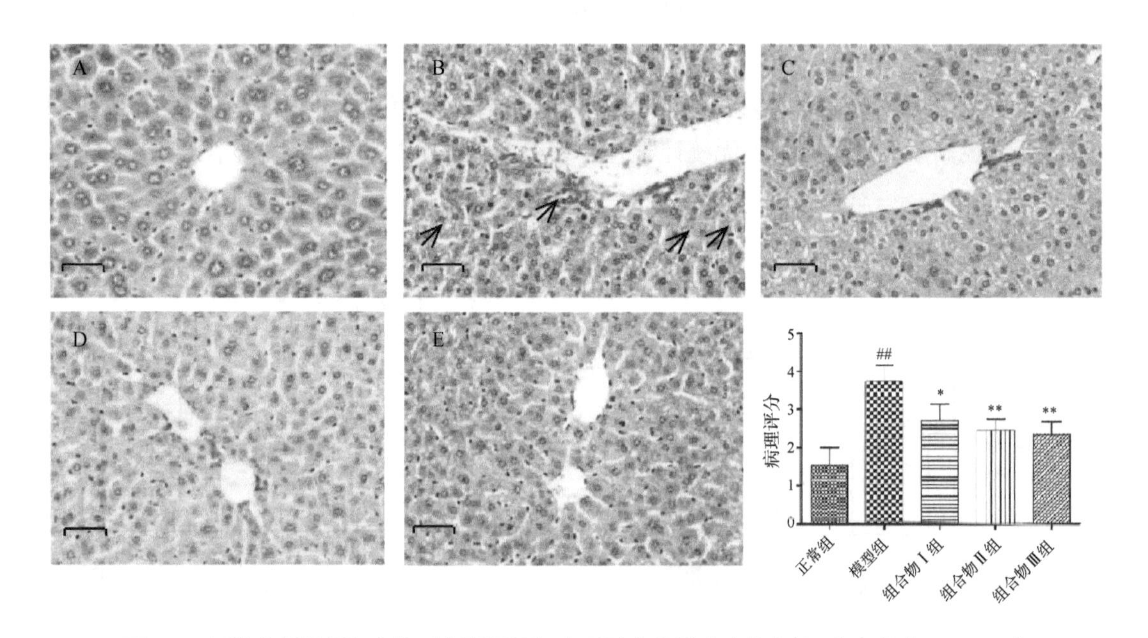

图 7-4　西洋参枳椇子组合物对小鼠肝组织病理形态的影响（苏木精 - 伊红染色，×400）

A. 正常组；B. 模型组；C. 组合物Ⅰ组；D. 组合物Ⅱ组；E. 组合物Ⅲ组。

注：与正常组比较，###$P<0.01$ 为差异极显著；与模型组相比，*$P<0.05$ 为差异显著，**$P<0.01$ 为差异极显著。

2.5 西洋参枳椇子组合物对小鼠肝脏 MAPK 信号通路的影响

与正常组相比，模型组中 p-ERK、p-JNK 和 p-p38 的水平明显增加（$P<0.01$），组合物Ⅰ、组合物Ⅱ、组合物Ⅲ显著降低 p-ERK、p-JNK 和 p-p38 的表达（$P<0.01$）（图 7-5）。结果表明，西洋参枳椇子组合物可能抑制 ERK、JNK 和 p38 的磷酸化，从而减轻肝细胞凋亡。

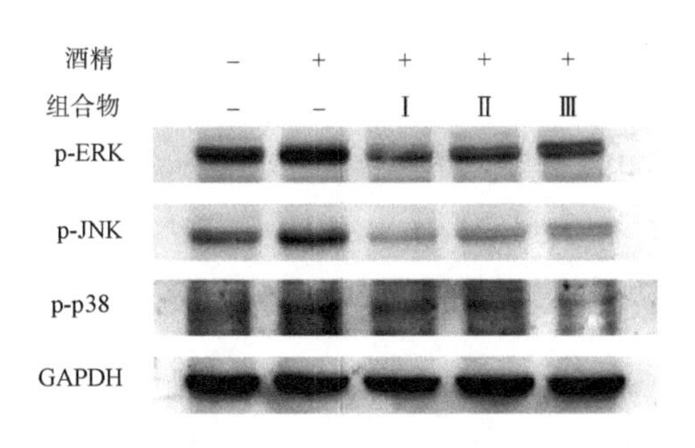

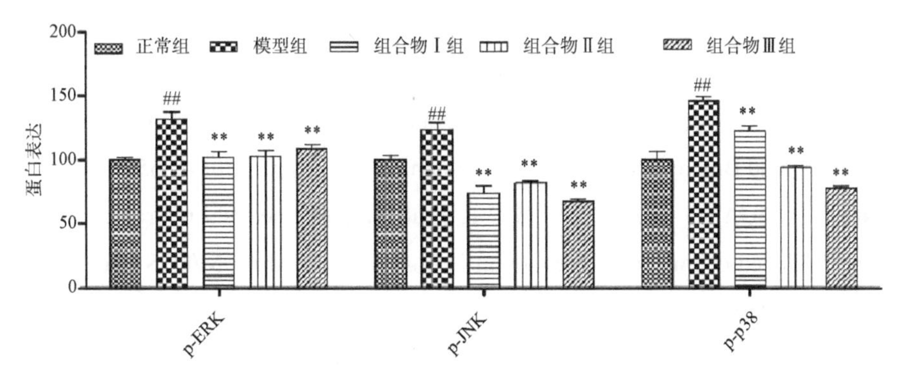

图 7-5　西洋参枳椇子组合物对 MAPK 信号通路中 p-JNK、p-p38、p-ERK 的影响

注：与正常组比较，$^{\#\#}P<0.01$ 为差异极显著；与模型组相比，$^{**}P<0.01$ 为差异极显著。

3　结论

肝脏是药物代谢和解毒功能的重要器官，日常生活中过量饮酒或服用药物都会引发肝脏的损伤[21-22]。肝细胞中储存了大量血清转氨酶 AST 和 ALT，当细胞膜受损时，膜通透性增加，胞内大量 AST、ALT 扩散到血中，以 AST、ALT 水平高低判断肝细胞是否损伤[16]。而且 ALD 早期发病机理研究表明，酒精进入机体后，乙醇可影响脂肪代谢，导致 TG 在肝细胞内沉积，大量蓄积导致病变[23-24]。酒精经酶代谢时，能够诱导细胞内产生 ROS，消耗大量还原性物质如 GSH，从而无法清除过多自由基，引起氧化应激，导致细胞脂质过氧化产物迅速增加，肝细胞膜受损[25]。因此 GSH 多少是衡量抗氧化能力的重要因素[26]，MDA 含量可以反映过氧化损伤和细胞受损程度[18]。

ALD 早期损伤多可逆转，如及时进行针对性治疗可防止发展到肝硬化、肝癌等疾病，有效预防与治疗 ALD 已成为医药与功能性食品领域研究热点，并且研究证明食药同源天然产物具有较好预防保护酒精性肝损伤的作用[27]。因此，本实验采用食药同源西洋参和枳椇子组合物，通过西洋参与枳椇子配伍后提取有效成分，发现其对酒精性肝损伤具有保护作用，其作用机制可能与改善脂质代谢、提高抗氧化能力和抑制 MAPK 信号通路活化有关，这一结果为西洋参与枳椇子配伍应用提供了理论基础。

参考文献

[1] 国家药典委员会. 中华人民共和国药典：一部[S]. 北京：中国医药科技出版社，2020.

[2] 李珊珊，孙印石. 西洋参多糖结构与药理活性研究进展[J]. 特产研究，2017，39（3）：68-71.

[3] 王蕾，王英平，许世泉，等. 西洋参化学成分及药理活性研究进展[J]. 特产研究，2007，（3）：73-77.

[4] LI Z M, ZHAO L J, CHEN J B, et al. Ginsenoside Rk_1 alleviates LPS-induced depression-like behavior in mice by promoting BDNF and suppressing the neuroinflammatory response[J]. Biochemical and Biophysical Research Communications, 2020, 530(4): 658-664.

[5] WANG C Z, HUANG W H, ZHANG C F, et al. Role of intestinal microbiome in American ginseng-mediated colon cancer prevention in high fat diet-fed AOM/DSS mice[J]. Clinical & Translational Oncology, 2018, 20(3): 302-312.

[6] GHOSH R, BRYANT D L, FARONE A L. *Panax quinquefolius* (North American ginseng) polysaccharides as immunomodulators: Current research status and future directions[J]. Molecules, 2020, 25(24): 5854-5877.

[7] VUKSAN V, XU Z Z, JOVANOVSKI E, et al. Efficacy and safety of American ginseng (*Panax quinquefolius* L.) extract on glycemic control and cardiovascular risk factors in individuals with type 2 diabetes: a double-blind, randomized, cross-over clinical trial[J]. European Journal of Nutrition, 2019, 58(3): 1237-1245.

[8] RUI L, JING Z Z, WEN C L, et al. Anti-obesity effects of protopanaxdiol types of Ginsenosides isolated from the leaves of American ginseng (*Panax quinquefolius* L.) in mice fed with a high-fat diet[J]. Fitoterapia, 2010, 81(8): 1079-1087.

[9] SINGH R K, LUI E, WRIGHT D, et al. Alcohol extract of North American ginseng (*Panax quinquefolius*) reduces fatty liver, dyslipidemia, and other complications of metabolic syndrome in a mouse model[J]. Canadian Journal of Physiology and Pharmacology, 2017, 95(9): 1046-1057.

[10] YU C, WEN X D, ZHANG Z, et al. American ginseng significantly reduced the progression of high-fat-diet-enhanced colon carcinogenesis in Apc(Min/+) mice[J]. Journal of Ginseng Research, 2015, 39(3): 230-237.

[11] 张鸿志，李璐，刘永明，等. 解酒制品研究进展[J]. 酿酒科技，2021，（9）：65-73.

[12] 李志满，邵紫君，李珊珊，等. 人参枳椇子提取物对小鼠酒精性肝损伤的保护作用[J]. 食品工业科技，2019，40（14）：302-306，313.

[13] 柳海艳，钟赣生，李怡文，等．醇提和水提葛花枳椇子及其配伍对酒精性肝损伤大鼠肝脏抗氧化功能的影响[J]．中华中医药杂志，2012，27（4）：1181-1184.

[14] 唐晖慧，金美东．枳椇子、桑椹、青果复方组合物对小鼠肝脏的保护作用[J]．食品工业科技，2014，35（12）：354-358.

[15] 王瑞婕，杨勇，白婷．大黄素甲醚对酒精性肝损伤中SIRT1-AMPK通路的影响[J]．中国药理学通报，2020，36（11）：1557-1562.

[16] YANG M H, CHEN M, MO H H, et al. Utilizing experimental mouse model to identify effectors of hepatocellular carcinoma induced by HBx antigen [J]. Cancers (Basel), 2020, 12(2): 409-441.

[17] ALVES-BEZERRA M, COHEN D E. Triglyceride metabolism in the liver [J]. Comprehensive Physiology, 2017, 8(1):1-8.

[18] LIANG H W, YANG T Y, TENG C S, et al. Mulberry leaves extract ameliorates alcohol-induced liver damages through reduction of acetaldehyde toxicity and inhibition of apoptosis caused by oxidative stress signals [J]. International Journal of Medical Sciences, 2021, 18(1): 53-64.

[19] XING H, JIA K, HE J, et al. Establishment of the tree shrew as an alcohol-induced Fatty liver model for the study of alcoholic liver diseases [J]. PLoS One, 2015, 10(6): e0128253.

[20] KOURKOUMPETIS T, SOOD G. Pathogenesis of alcoholic liver disease: An Update [J]. Clinics in Liver Disease, 2019, 23(1): 71-80.

[21] WANG Z, HAO W, HU J, et al. Maltol improves APAP-induced hepatotoxicity by inhibiting oxidative stress and inflammation response via NF-κB and PI3K/Akt signal pathways [J]. Antioxidants (Basel), 2019, 8(9): 395-410.

[22] TESCHKE R. Alcoholic liver disease: alcohol metabolism, cascade of molecular mechanisms, cellular targets, and clinical aspects [J]. Biomedicines, 2018, 6(4): 106-163.

[23] LI M, WU C, GUO H, et al. Mangiferin improves hepatic damage-associated molecular patterns, lipid metabolic disorder and mitochondrial dysfunction in alcohol hepatitis rats [J]. Food & Function, 2019, 10(6): 3514-3534.

[24] ZHANG Y, JIANG M, CUI B W, et al. P2X7R receptor-targeted regulation by tetrahydroxystilbene glucoside in alcoholic hepatosteatosis: A new strategy towards macrophage-hepatocyte crosstalk [J]. British Journal of Pharmacology, 2020, 177(12): 2793-2811.

[25] ZHANG W, YANG J, LIU J, et al. Red yeast rice prevents chronic alcohol-induced liver disease by attenuating oxidative stress and inflammatory response in mice [J]. Journal of Food Biochemistry, 2021, 45(4): e13672.

［26］VAIRETTI M, DI PASQUA L G, CAGNA M, et al.. Changes in glutathione content in liver diseases: An update［J］. Antioxidants (Basel), 2021, 10(3): 364-403.
［27］曲航，高鑫，伊娟娟，等．食源性天然产物对酒精性肝损伤的防护作用研究进展［J］．食品科学，2020，41（17）：283-290.

第八章　西洋参提高免疫力产品开发

免疫系统持续进行免疫监视和调控以维持机体内环境稳定和生理平衡，在防御抗原性异物和修复组织损伤的方面具有重要作用[1]。环磷酰胺（CTX）作为一线的抗瘤广谱的烷基化剂，能够通过活化作用的氮芥类衍生物阻断癌细胞增殖[2]。然而，伴随产生的细胞毒性也会干扰淋巴细胞的增殖和分化，使机体出现免疫抑制继而引起多种毒副作用[3]。其中消化道反应是最常见的副作用之一，如继发性溃疡性结肠炎、肠易激综合征和出血性膀胱炎易患性[4]。因此，寻找一种有效的天然免疫调节剂以减少 CTX 引起的消化道反应，对患者预后和生活质量的提高尤为重要。

肠黏膜屏障在发挥营养物质及初级代谢物吸收功能的同时，通过免疫防御抵抗抗原性异物的侵害以维系组织内稳态[5]。多有研究表明，当 CTX 进入体内后，$CD4^+/CD8^+$ T 细胞受到抑制，从而引发细胞因子和趋化因子的异常分泌，扰乱了肠黏膜的免疫反应，破坏组织稳态[6]。而辅助性 T 细胞 Th 1 因子和 Th2 因子间的稳态失衡也被认为是细胞介导的炎性因子扰乱代谢的关键[7]。Th1/Th2 因子间稳态的失衡会诱发细胞的应激反应，导致细胞凋亡和 toll 样受体 TLR4 的激活异常。其下游核因子 -κB（NF-κB）核转位异常进而抑制细胞因子的产生和释放，使之无法抵抗肠道免疫[8-9]。TLR4/NF-κB 信号通路可能代表着对细胞功能障碍的代偿或决定性途径[10]。因此，靶向肠道细胞凋亡及 TLR4/NF-κB 信号通路可能成为治疗 CTX 引起的肠黏膜屏障损伤的一种潜在治疗策略。

饮食干预已成为改善肠道免疫的有效策略。膳食纤维（DF）作为健康饮食结构中不可或缺的一部分，因其可以调节多种肠道代谢信号，在肠道疾病的辅助治疗方面备受关注[11]。西洋参具有滋阴补气、生津止渴等功效，作为提取西洋参 DF 的原料，常被应用于提高机体免疫力、促进身体恢复，消除疲劳和抑制癌细胞生长[12-13]。研究表明，西洋参多糖能够促进淋巴细胞增殖，激活体内巨噬细胞因子和免疫球蛋白 G 的产生[14]。同时能够增加空肠 IgA^+ 细胞对肠道相关淋巴组织的免疫调节作用[15]。通过对炎症和氧化应激的抑制作用，有效防止基线肠黏膜的降解[16]。在 CTX 引起的免疫抑制中，西洋参在逆转脾脏淋巴细胞亚群比例的同时，还能减轻免疫功能障碍和肠道损伤[17]。这表明，西洋参 DF 可能具有潜在的用途，以治疗免疫抑制相关的肠黏膜屏障损伤。

目前，关于西洋参 DF 对 CTX 诱导的免疫抑制和黏膜屏障损伤的治疗作用未见报道。因此，本研究旨在研究西洋参 DF 在 CTX 诱导的免疫抑制小鼠模型中的改善作用，为西洋参 DF 营养价值更全面性的体现拓宽了道路。

1 材料与方法

1.1 试剂

根据前期研究方法中描述的 AOAC 991.43（AOAC，2002）方法进行西洋参 DF 的提取[18]。简言之，收集酶解的西洋参残渣，洗涤至 pH 值 7.0，干燥粉碎得到西洋参 DF。环磷酰胺，购自于江苏圣迪药业有限公司生产；刀豆球蛋白 A（Con-A），Sigma-Aldrich；20% 绵羊红细胞，森北佳生物科技有限公司；免疫球蛋白 G（IgG）、白细胞介素 6（IL-6）、白细胞介素 1β（IL-1β）、干扰素 γ（IFN-γ）、肿瘤坏死因子 α（TNF-α）酶联免疫吸附测定（ELISA）试剂盒，上海酶联生物技术有限公司；苏木精－伊红染色（H&E）染料试剂盒，南京建成生物工程研究所；BCA 蛋白浓度检测试剂盒和 TUNEL 凋亡检测试剂盒，Beyotime 生物技术有限公司；异硫氰酸荧光素（FITC）标记的抗小鼠 CD4 和别藻蓝蛋白（APC）标记的抗小鼠 CD8a，BioLegend 公司；SABC-DyLight488/Cy3 标记的免疫荧光染色试剂盒，BOSTER 生物科技有限公司；Hank 平衡盐溶液（HBSS）、RPMI-1640 培养基、胎牛血清（FBS）和青霉素—链霉素溶液，Gibco 公司；ZO-1、细胞色素 C、caspase-3、cleaved caspase-3、caspase-9、cleaved caspase-9、TLR4、MyD88、IRAK1、IKKα、IKKβ、IκBα、p-IκBα、β-actin，Cell Signaling 生物技术公司；Bax、Bcl-2，美国 Abcam 公司；Occludin、Claudin-1、CD8a、JNK、p-JNK、p38α/βMAPK、p-p38 MAPK、p-p38 MAPK、NF-κB、p-NF-κB，Santa Cruz 生物技术公司。

1.2 实验动物

8 周龄雄性 SPF 级 BALB/c 小鼠（体重 18~22 g），购自长生实验动物技术有限公司，合格证号 SCXK（辽）2020—0001（中国辽宁）。所有小鼠均维持在 12 h 明暗交替、恒温（23 ± 2℃）、相对湿度 55%~65% 的稳定条件下，自由进食和饮水。所有实验动物项目均严格按照《实验动物护理和使用指南（2016）》进行，并经中国农业科学院特产研究所实验动物护理和伦理委员会批准。

驯化一周后，将小鼠随机分为 4 组（每组 $n = 10$）：正常组、CTX 组、CTX + 2.5% 西洋参 DF 组（2.5%DF）、CTX + 5% 西洋参 DF 组（5%DF）。所有小鼠均连续 30 d 饲喂对照饲料［SCXK（LIAO）2015-0003］，CTX + 西洋参 DF 组在该饲料基础上添加相应比例的西洋参 DF，相当于每人每天 15 g 或 30 g 的 DF（60 kg 体重）。根据以往的研究[19]，除对照组在第 26~29 d 给予等效剂量的生理盐水外，其余各组均腹腔注射环磷酰胺 50 mg/kg/d 模拟免疫缺陷（图 8-1A）。在第 30 d 结束时，处死所有小鼠，以获得血样和器官，如小肠、胸腺和脾脏，并计算器官指数：器官重量指数 = 器官重量（mg）/ 体重（kg）。将一部分脾脏和小肠组织样本固定在 4% 多聚甲醛中进行组织学检查，其余快速冷冻用于后续分析。

1.3 迟发型超敏反应（DTH）

如前所述[20]，小鼠在第 26 d 腹腔注射 0.2 mL 2% 绵羊红细胞（1×10^8 个细胞）以评价 DTH 反应。第 30 d，将 20 μL 绵羊红细胞（1×10^8 个细胞）皮下注射到左足跖部进行抗原激发。右后足跖部注射相同体积的生理盐水作为对照。分别于注射前后 24 h 采用数字体积描记器（Ugo Basile，USA）测量足跖厚度。

1.4 淋巴细胞增殖测定

在第 31 d 无菌取脾，并制成单个脾细胞悬液，Hank's 液洗涤 3 次后使用 RPMI-1640 完全培养基调整细胞浓度为 3×10^6 个 /mL。将每份脾细胞分为对照孔和含有 ConA（7.5 μg/mL）的增殖反应孔于 24 孔板中，在 37℃，5% CO_2 条件下孵育 72 h。培养结束前 4 h，每孔中轻吸出上清液 0.7 mL，然后添加 0.7 mL 不含 FBS 的 RPMI-1640 培养液和 MTT 50 μL/ 孔（5 mg/mL），继续孵育 4 h。培养结束后，每孔中加入 1 mL DMSO 溶液，沉淀完全溶解后在 570 nm 下测量 OD 值以评估脾淋巴细胞的增殖能力。

1.5 NK 细胞活性测定

在第 31 d 无菌取脾，并制成单个脾细胞悬液。将脾细胞悬液与靶细胞 YAC-1 细胞均以 Hank's 液洗涤 3 次，并使用 RPMI-1640 完全培养基调整细胞浓度分别为 3×10^6个 /mL、6×10^4 个 /mL（效靶比 50 : 1）。在 U 型 96 孔培养板中，加入靶细胞和效应细胞各 100 μL 于反应孔；靶细胞自然释放孔加靶细胞和完全培养液各 100 μL ；靶细胞最大释放孔中加靶细胞和 1% NP40 各 100 μL，上述各项均设 3 个平行孔，于 37℃、5% CO_2 培养箱中培养 4 h，然后将 96 孔培养板以 1 500 r/min 离心 5 min，每孔吸取上清 100 μL 置平底 96 孔培养板中，同时加入 LDH 基质液 100 μL，室温反应 8 min 后，每孔加入 HCl（1 mol/L）30 μL，在酶标仪 490 nm 处测定光密度值（OD）以计算细胞活性，计算公式如下：

NK 细胞活性（%）=（反应孔 OD− 自然释放孔 OD）/（最大释放孔 OD− 自然释放孔 OD）× 100

1.6 T 淋巴细胞表型检测

脾 T 淋巴细胞亚群测定遵循 Han 等的方案[21]。简而言之，用 FITC-CD4 和 APC-CD8a 孵育脾细胞（1×10^6 个 /mL），0.5 h 后重悬于染色缓冲液中。通过 FACSCalibur 流式细胞仪（BD，USA）使用 Cell Quest 软件进行分析。

1.7 组织病理学分析

新鲜脾脏和小肠组织标本经 4% 多聚甲醛固定 24 h，常规程序制备石蜡包埋组织切片（厚 4 μm）。采用苏木精和伊红（H&E）染色，最后采用光学显微镜（Nikon Eclipse E100，Japan）进行组织病理学检查。

1.8 免疫球蛋白和细胞因子测定

将小肠组织添加 PBS（pH 7.4）匀浆后，以 3 000 r/min 分离上清液。根据生产商的方案，使用双抗体夹心实验测定免疫球蛋白（IgG）和细胞因子（IL-6、IL-1β、IFN-γ、TNF-α）的水平。

1.9 免疫荧光

石蜡切片脱蜡水化，在 EDTA 抗原修复缓冲液（pH 8.0）中进行抗原修复。然后用 PBS（pH 7.4）洗涤，用 1% BSA 孵育 30 min。除去过量液体后，与兔抗 ZO-1（1∶200）和鼠抗 CD8a（1∶200）在 4℃下孵育过夜，然后在荧光显微镜（Leica DM2500，Solms，Germany）下观察。

1.10 TUNEL 染色

采用末端脱氧核苷酸转移酶（TdT）介导的缺口末端标记法分析各组小肠 TUNEL 凋亡情况。蛋白酶 K 修复的组织切片用 TUNEL 反应液孵育，DAPI 核染色后荧光显微镜观察。

1.11 Western blot

根据现有的方案[22]，小肠组织在冷的 PMSF 和 RIPA 裂解缓冲液中匀浆，然后在 BCA 试剂盒的辅助下将样品归一化到相同的蛋白浓度。通过 SDS-PAGE 凝胶分离样品，并电泳转移至 PVDF 膜上。用 5% 脱脂奶粉封闭后，用一抗在 4℃孵育过夜。与 HRP 标记的二抗结合 1.5 h 后，采用 ChemiDoc MP 系统（Bio-Rad，Hercules，CA，USA）检测并分析化学发光信号。

1.12 统计分析

所有数据表示为平均值 ± 标准差，并使用 SPSS 21.0 Statistics（SPSS，Inc.，Chicago，IL，USA）和 Graph Pad Prism Version 9（Graghpad Software，La Jolla，CA，USA）分析和处理。采用单因素方差分析（ANOVA）和 Tukey's 检验分析数据。显著性定义为 $P<0.05$。

2　结果与分析

2.1　西洋参 DF 对体重和免疫器官指数的影响

如表 8-1 所示，与正常组相比，连续 4 d 注射 CTX 显著地抑制了小鼠体重的增加（$P<0.01$）。而与 CTX 组相比，西洋参 2.5% DF 组和西洋参 5% DF 组的体重均有所改善。值得注意的是，各组的日均摄食量并没有体现出明显的差异，这表明每日所需要的膳食纤维的量可以被保障。作为重要的免疫器官，与空白组相比，CTX 组的脾脏指数和胸腺指数显著降低（$P<0.05$），这也显示出一定量的 CTX 对 BALB/c 小鼠具有免疫抑制。而与 CTX 组相比，西洋参 DF（2.5% 和 5%）能够在一定程度上显著改善 CTX 诱导的免疫器官指数的负增长（$P<0.05$）。

表 8-1　西洋参 DF 对小鼠体重和免疫器官指数的影响

分组	体重（g）			摄食量（g）	脏器指数（mg/g）	
	初体重	第 26d 体重	终体重		脾脏指数	胸腺指数
正常组	21.92 ± 1.15	27.75 ± 0.75	28.70 ± 0.62	3.66 ± 0.18	3.80 ± 0.08	1.86 ± 0.32
CTX	21.98 ± 0.74	26.93 ± 1.51	24.75 ± 0.31##	3.61 ± 0.22	1.75 ± 0.17##	0.81 ± 0.10##
2.5% DF	21.84 ± 0.82	27.25 ± 0.99	26.33 ± 0.72*	3.47 ± 0.15	2.28 ± 0.06*	1.36 ± 0.19*
5% DF	21.68 ± 0.78	26.63 ± 0.95	25.75 ± 0.24*	3.43 ± 0.12	2.34 ± 0.23*	1.55 ± 0.14**

注：#$P<0.05$ 或 ##$P<0.01$，正常组；*$P<0.05$ 或 **$P<0.01$，CTX 组。

2.2　西洋参 DF 对免疫抑制小鼠免疫功能的影响

如图 8-1B 所示，与正常组相比，由绵羊红细胞诱导的 DTH 反应在 CTX 组中被显著抑制，而西洋参各组（2.5% 和 5%）的足跖部厚度的增加均被明显恢复（$P<0.01$），这表明 T 细胞活化介导的局部肿胀被激活。接下来，淋巴增殖实验被用来进一步探讨西洋参 DF 对 T 淋巴细胞免疫的保护作用。结果表明，2.5% 和 5% 的西洋参 DF 可以不同程度地促进 Con A 触发的淋巴细胞的增殖（$P<0.05$ 或 $P<0.01$）（图 8-1C）。此外，NK 细胞毒性实验结果表明，与正常组相比，CTX 组的 NK 细胞活性显著降低，而西洋参 2.5% DF 组和西洋参 5% DF 组均可显著恢复。

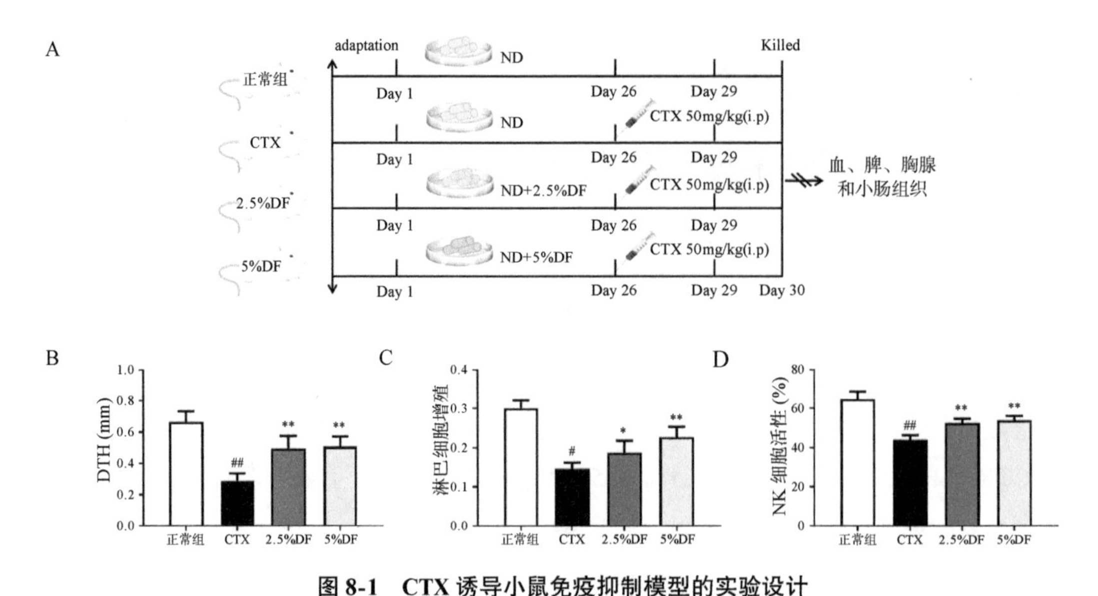

图 8-1　CTX 诱导小鼠免疫抑制模型的实验设计

A. 西洋参 -DF 对免疫抑制小鼠 DTH 反应（B）、淋巴细胞增殖实验（C）、NK 细胞毒性实验（D）的影响

注：$^{\#}P<0.05$ 或 $^{\#\#}P<0.01$，正常组；$*P<0.05$ 或 $**P<0.01$，CTX 组。

接下来借助流式细胞仪分析西洋参 DF（2.5% 和 5%）对淋巴细胞表型的影响。图 8-2A~C 显示，与正常组相比，免疫抑制小鼠脾脏中 $CD4^{+}/CD8^{+}$ T 淋巴细胞的比例显著降低，而西洋参 DF 各组均有不同程度的恢复（$P<0.01$），其中西洋参 DF-5% 组显著恢复（$P<0.05$）。血清免疫球蛋白水平如图 8-2D 所示，与正常组相比，免疫抑制小鼠血清中 IgG 的水平明显下降（$P<0.01$），而人参 2.5% DF 组和人参 5% DF 组的水平明显升高（$P<0.05$ 或 $P<0.01$），这可能与淋巴细胞亚群的活化有关。脾脏的 H&E 染色如图 8-2E，正常组脾小体明显，脾细胞排列紧密有序而且结构清晰。而发生免疫抑制后，脾细胞排列紊乱，核固缩，脾小体发生中心分散。更重要的是，在西洋参 DF 各组中上述现象均得到了不同程度的缓解。

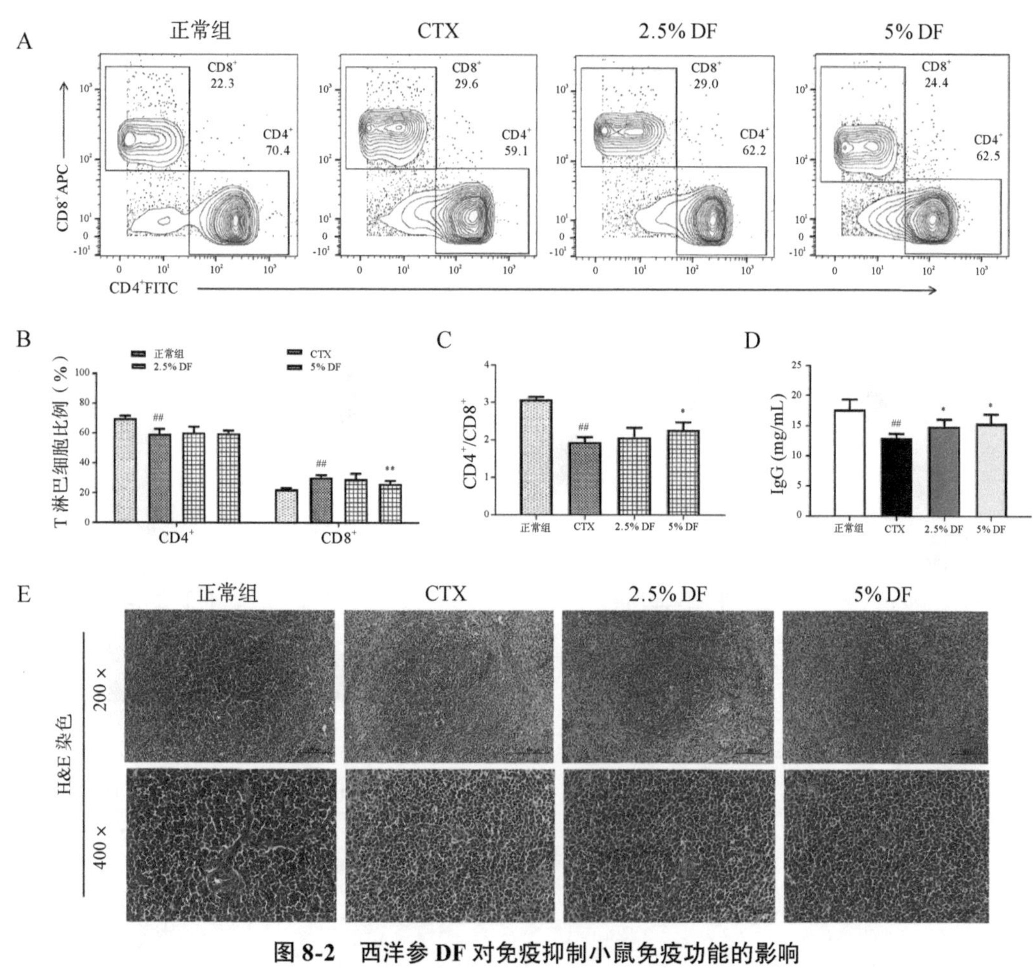

图 8-2　西洋参 DF 对免疫抑制小鼠免疫功能的影响

A-C. $CD4^+$ 和 $CD8^+$ T 淋巴细胞的表达；D. 血清 IgG 水平；

E. 200 × 和 400 × 放大倍数脾脏组织的 H&E 染色。

注：$^{\#}P<0.05$ 或 $^{\#\#}P<0.01$，正常组；$^{*}P<0.05$ 或 $^{**}P<0.01$，CTX 组。

2.3　西洋参 DF 对 ConA 诱导的脾淋巴细胞增殖的影响

细胞因子作为辅助性 T 细胞 Th1 和 Th2 免疫应答的重要介质，是免疫系统在功能上差异的重要体现。如图 8-3A~D 所示，与正常组相比，免疫抑制小鼠血清中 Th1 细胞因子（TNF-α、IFN-γ）、Th2 细胞因子（IL-6）及其促炎因子（IL-1β）的含量被显著抑制（$P<0.01$），而西洋参 DF 组（2.5% 和 5%）以剂量依赖的方式明显地上调了这些细胞因子的产生（$P<0.05$ 或 $P<0.01$）。值得注意的是，西洋参 DF 也以不同的程度上调了 TNF-α、IFN-γ、IL-6、IL-1β 在小肠组织中（$P<0.05$ 或 $P<0.01$）的含量，这与血清中显示出的结果类似，表明西洋参 DF 可能通过调控 Th1/Th2 cytokines 间的稳态对免疫抑制小鼠小肠进行免疫调节。小肠组织学形态使用 H&E 染色进行观察，如图 8-3E 所示，正

常组的腺体和绒毛形态完整，排列紧密。而 CTX 组小肠绒毛疏松短缩，甚至脱落。值得注意的是，与 CTX 组相比，西洋参 2.5% DF 组和西洋参 5% DF 组在肠绒毛长度和结构上均有不同程度的改善。

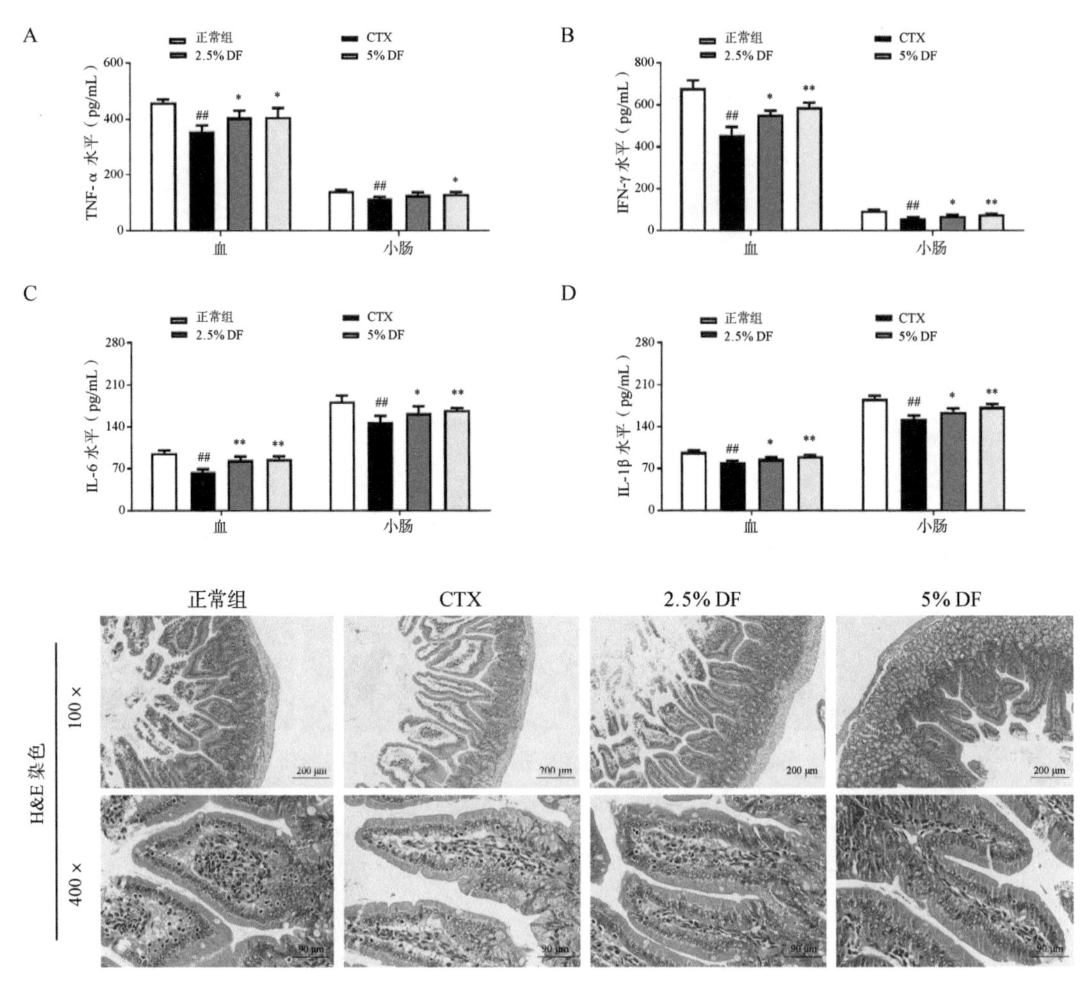

图 8-3　西洋参 DF 对免疫抑制小鼠 Th1/Th2 细胞因子的影响

A-D. 血清和肠道中 TNF-α、IFN-γ、IL-6、IL-1β 的水平；E. 100 × 和 400 × 放大倍数小肠组织的 H&E 染色。

注：$^{\#}P$<0.05 或 $^{\#\#}P$<0.01，正常组；$^{*}P$<0.05 或 $^{**}P$<0.01，CTX 组。

接下来，通过免疫荧光分析 CD8a 和紧密连接蛋白 ZO-1 的表达。如图 8-4A、B 所示，与正常组相比，免疫抑制小鼠小肠组织中 CD8a 和 ZO-1 的表达被明显抑制（P<0.05 或 P<0.01），而这种情况均在西洋参 2.5% DF 组和西洋参 5% DF 组中（P<0.05 或 P<0.01）得到了改善。肠道紧密连接和屏障破坏的情况通过 Western blot 方法进一步分析，结果表明与免疫荧光表达水平具有相同的变化趋势（图 8-4C-F），西洋参 DF（2.5% 和 5%）可以显著上调免疫抑制小鼠肠道中 Occludin、Claudin-1 和 ZO-1 蛋白的表达水平

（$P<0.05$ 或 $P<0.01$）。这些结果表明，西洋参 DF 的补充可以保护肠道免受 CTX 诱导的肠黏膜屏障的损伤。

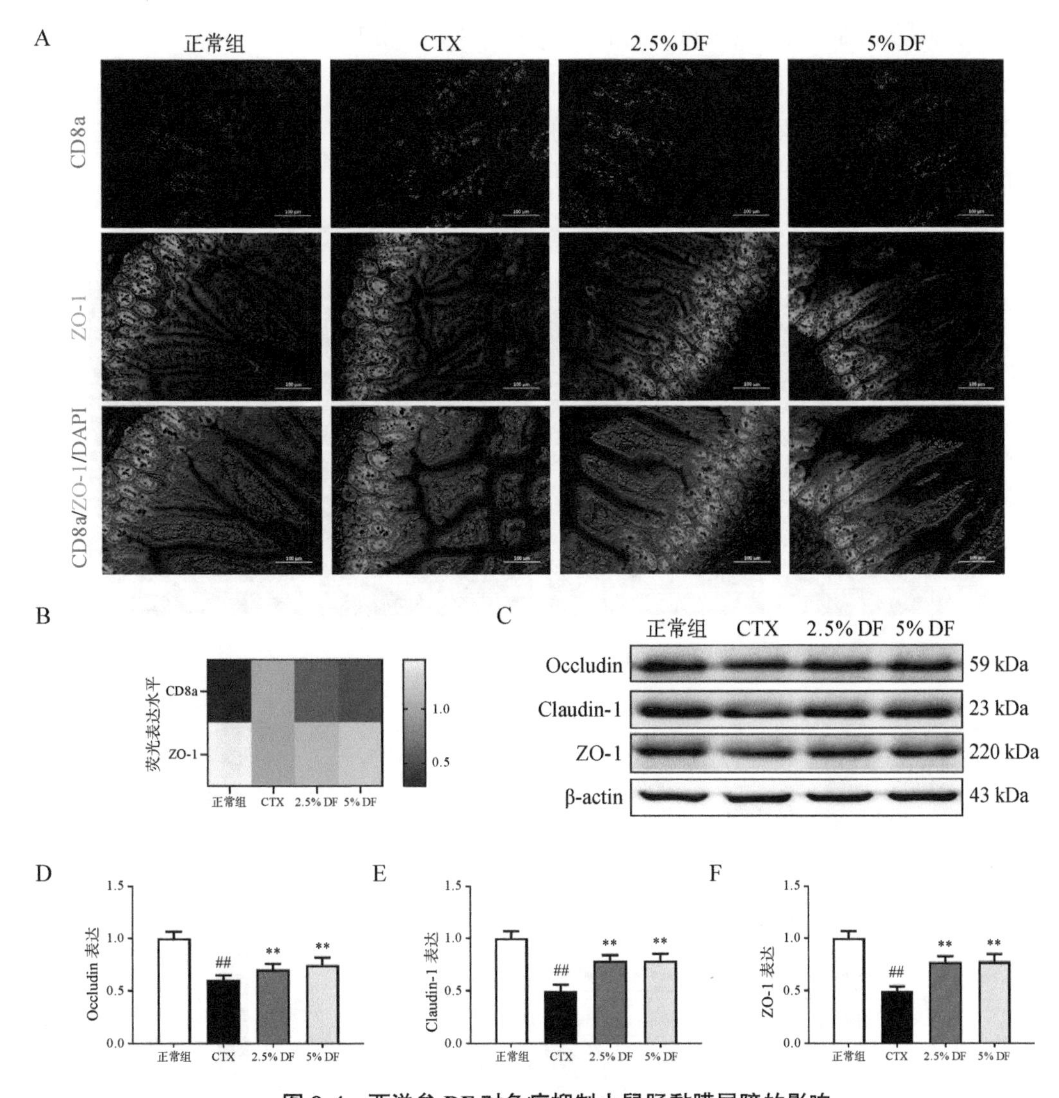

图 8-4　西洋参 DF 对免疫抑制小鼠肠黏膜屏障的影响

A-B. CD8a 和 ZO-1 的免疫荧光图像；C. Occludin、Claudin-1 和 ZO-1 的蛋白表达及其（D-F）直方图分析。

注：$^{\#}P<0.05$ 或 $^{\#\#}P<0.01$，正常组；$^{*}P<0.05$ 或 $^{**}P<0.01$，CTX 组。

2.4　西洋参 DF 对免疫抑制小鼠肠道细胞凋亡及 TLR4/NF-κB 信号通路的影响

细胞凋亡的异常增加会导致屏障缺陷，扰乱细胞更新和组织稳态，从而无法抵抗肠道免疫。笔者通过 TUNEL 染色分析肠上皮细胞核的凋亡情况。如图 8-5A 所示，与正常组相比，免疫抑制小鼠的凋亡率明显高于正常组（$P<0.05$），而西洋参 DF 各组均可

显著减缓其表达水平（$P<0.05$）。此外，Western blot 结果也表明（图 8-5B-G），与正常组相比，CTX 组中促凋亡蛋白 Bax 的表达异常增加，抗凋亡蛋白 Bcl-2 的表达显著降低（$P<0.01$），而这种情况在西洋参 DF 组中均可以得到改善。类似的，西洋参 DF 可以改善免疫抑制小鼠肠中细胞凋亡的关键执行者（CytC）及其下游凋亡蛋白 caspase 3、caspase 9 的异常表达（$P<0.05$ 或 $P<0.01$）。这些结果表明，西洋参 DF 可能通过减少细胞凋亡改善免疫抑制小鼠肠道的免疫应答，而已知的是 TLR4/NF-κB 信号通路在免疫激活中发挥关键作用。因此，对其进行进一步检测以探讨可能的机制。

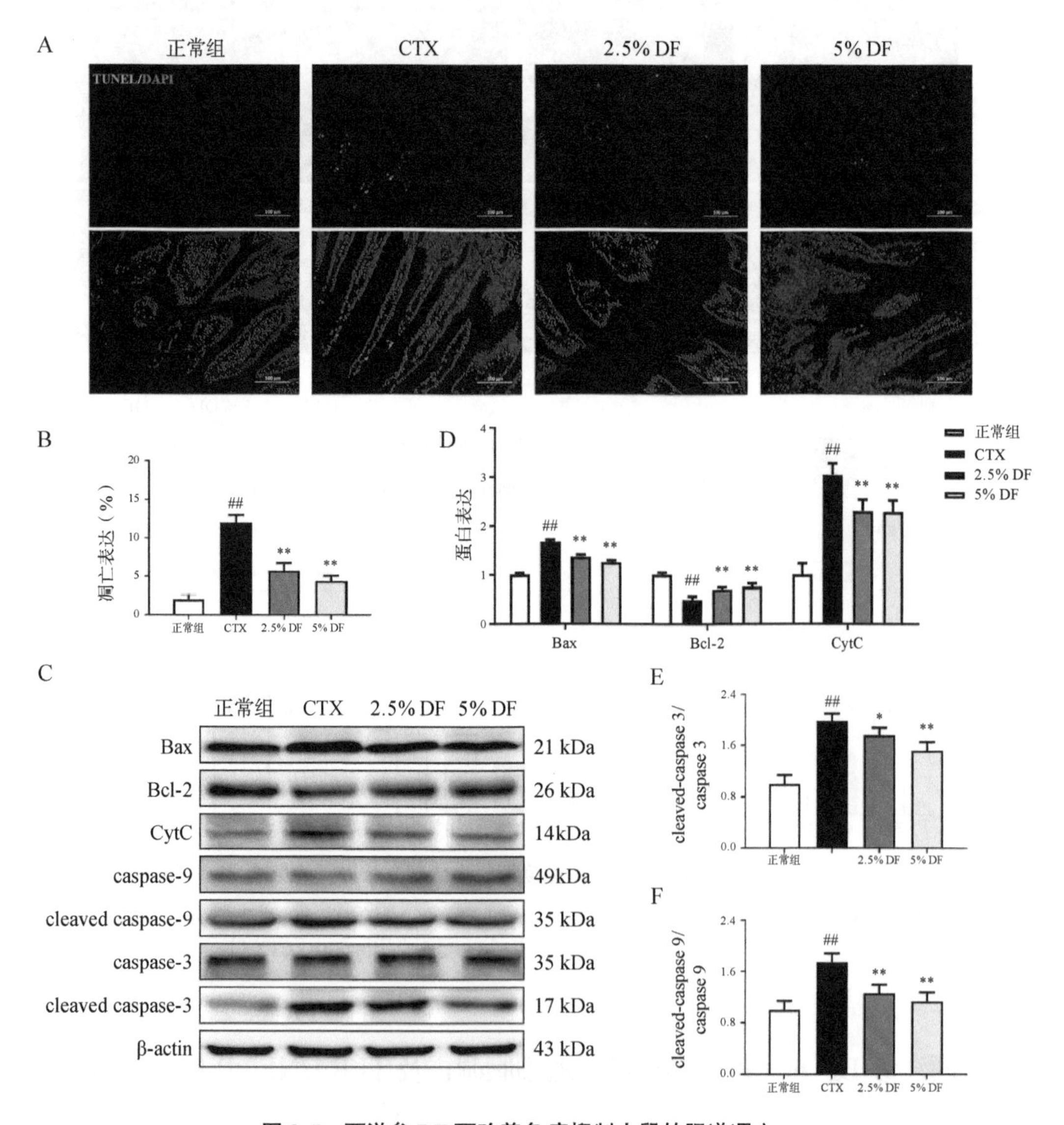

图 8-5　西洋参 DF 可改善免疫抑制小鼠的肠道凋亡

A. 肠组织 TUNEL 染色（200 ×）；B. TUNEL 染色的定量相对荧光强度分析；C. 西洋参 DF 对细胞凋亡关键蛋白表达水平的影响；D~F. Bax、Bcl-2、CytC、caspase 9 和 caspase 3 蛋白表达水平的直方图分析。

注：$^{\#}P<0.05$ 或 $^{\#\#}P<0.01$，正常组；$^{*}P<0.05$ 或 $^{**}P<0.01$，CTX 组。

如图 8-6A~D 所示，与正常组相比，免疫抑制小鼠肠中 TLR4 蛋白表达明显降低，MyD88 及 IRAK1 的招募从而受到抑制，导致 IKKα/β 的激活受到阻碍，使 NF-κB 核转位异常（$P<0.05$ 或 $P<0.01$）。有趣的是，西洋参 DF 能够明显上调 CTX 诱导的 TLR4/NF-κB 信号通路的表达，并通过改善下游信号通路调节免疫反应。如图 8-6E~F 所示，西洋参 DF 能够改善 JNK 和 p38 信号分子的磷酸化，逆转 CTX 处理引起的抑制作用（$P<0.01$）。总之，西洋参 DF 可能通过 TLR4/NF-κB 途径增加凋亡细胞或异常分子的清除而表现出免疫调节作用。

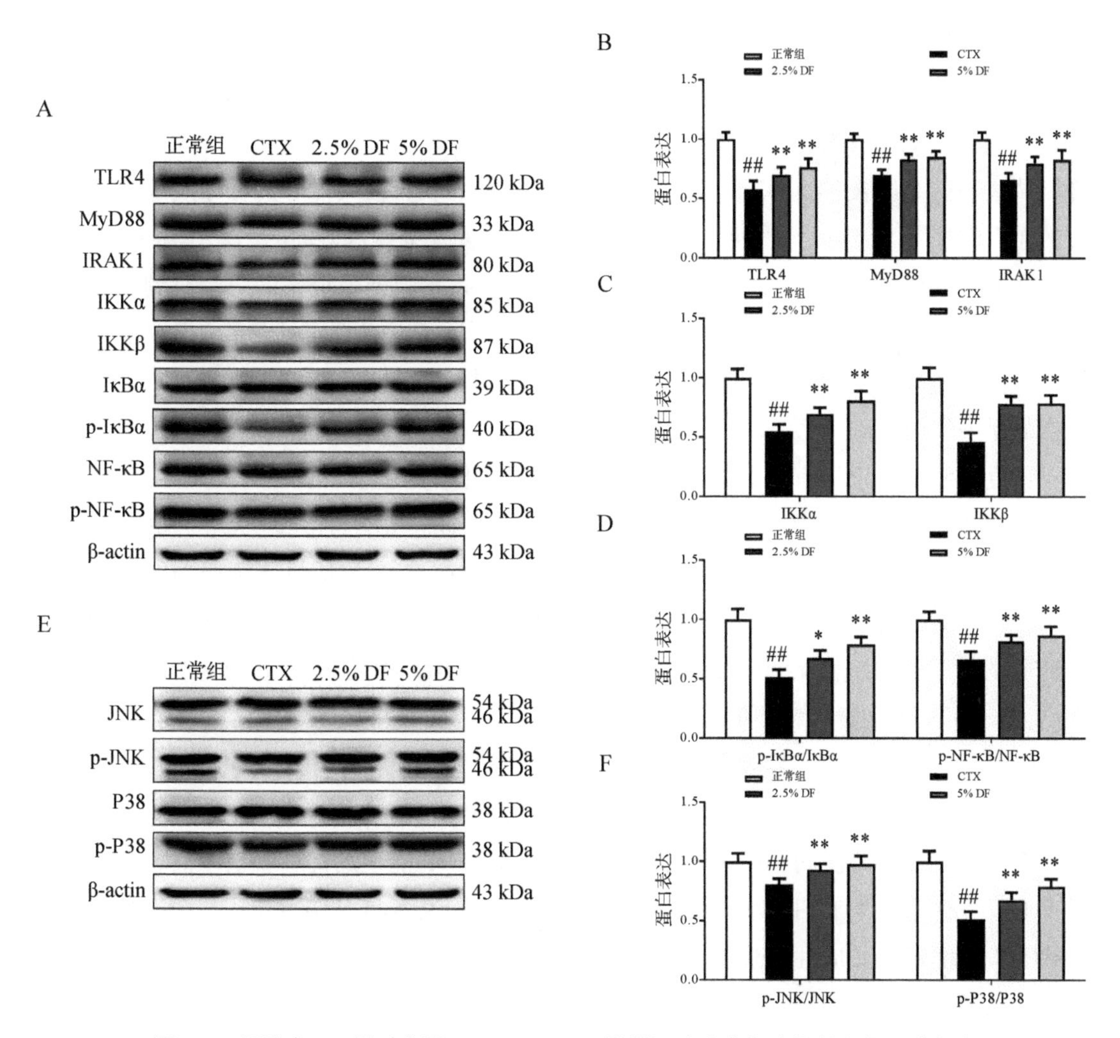

图 8-6　西洋参 DF 通过上调 MAPK/NF-κB 信号通路改善免疫抑制小鼠肠道免疫

A-D. IKKα、IKKβ、NF-κB 和 IκBα 的蛋白表达及蛋白表达水平的直方图分析；

E-F. JNK 和 p38 的蛋白表达蛋白表达水平的直方图分析。

注：$^{\#}P<0.05$ 或 $^{\#\#}P<0.01$，正常组；$^{*}P<0.05$ 或 $^{**}P<0.01$，CTX 组。

3 结论

癌细胞能通过激活免疫稳态的负调控通路，阻断肿瘤免疫中的提呈抗原过程从而逃避监视[23]。因此，免疫抑制可能是有效对抗癌症免疫周期的主要障碍[24]。之前已经证明CTX能够通过活化作用的氮芥类衍生物阻断癌细胞增殖，对多种实体瘤有实效[25]。但其伴随产生的细胞毒性也会对机体正常的细胞的增殖和分化造成干扰，尤其是增殖较快的淋巴细胞和上皮细胞等[26]。这使机体的免疫反应进一步受到抑制，继而引起消化道反应等多种毒副作用[27]。细胞产生的应激反应也会刺激细胞凋亡的异常增加，造成肠黏膜屏障损伤[28]。膳食纤维在肠道代谢的调节和相关疾病的辅助治疗上显示优越性[29]。而西洋参常被应用于提高机体免疫力和机体恢复。重要的是，西洋参作为免疫调节剂，可以通过抑制凋亡预防结肠炎的发生[30]。西洋参与膳食纤维的联合使用能够为糖尿病患者提供更好的血糖调控[31]。然而，以西洋参为原料提取的膳食纤维在这方面的治疗作用未见报道。因此，研究西洋参DF对CTX诱导的免疫抑制及其肠黏膜屏障损伤的防治机制，是对西洋参的营养价值更全面的体现，在抗癌免疫的饮食干预的开发方面具有重大意义。在本章中，我们通过建立CTX诱导的免疫抑制模型，探讨西洋参DF对机体免疫及肠黏膜屏障损伤的保护作用机制。

免疫细胞在淋巴器官和非淋巴器官之间的稳态迁移是免疫系统运行的保障[32]。而胸腺和脾脏等淋巴器官中免疫细胞的正确分布是免疫细胞功能激活或沉默的基础[33]。为了探讨西洋参DF对CTX诱导的免疫抑制的改善作用，作为反应机体免疫功能的原始指标[34]，我们首先检测了小鼠的脾脏和胸腺指数变化。结果表明，CTX能够使BALB/c小鼠的免疫器官指数显著降低以及体重明显下降。而西洋参DF能够不同程度的减缓免疫器官的生长抑制，增加了免疫抑制小鼠的体重，初步说明具备免疫刺激活性。同时各组的日食量差异不大，暗示一定量的西洋参DF对免疫抑制小鼠的保护作用可能与食欲无关。DTH反应是一种特异性的，受抗原刺激后产生的炎性免疫应答[35]。CTX抑制了T细胞活化介导的单核细胞浸润和组织细胞损伤，而西洋参DF能使局部肿胀被激活，这表明西洋参DF可能对机体T细胞活化和效应性$CD4^+$ T细胞发育具有调节作用。Con A诱导的T淋巴细胞增殖是适应性免疫的激活过程中的关键[36]。而西洋参DF能够促进Con A触发的淋巴细胞的转化和增殖，增强细胞免疫应答。同时，西洋参DF能激发参与先天免疫的NK效应细胞活性，增强机体的免疫监视[37]。脾能够筛选循环中的抗原性异物并启动适应性免疫，在患者的淋巴器官中具有战略性地位。当免疫抑制，脾中CD8细胞会迅速进行抑制和对抗来回应CD4细胞发出拮抗信息，通过淋巴细胞表型变化体现淋巴细胞免疫的应答状态[38]。而西洋参DF能够不同程度的恢复CTX导致的$CD4^+$/$CD8^+$ T淋巴细胞的比例的降低。类似的是，西洋参DF促进了免疫抑制小鼠免疫球蛋白lgG的分泌，这可能与淋巴细胞亚群的活化和对补体的固定有关[39]。此外，对免疫抑制后，发生的脾细胞排列紊乱，核固缩，脾小体发生中心分散的情况的改善，更清晰地表明西洋参的补充增强了免疫抑制小鼠机体免疫力。

消化道反应是CTX的低特异性带来的副作用之一，给患者的预后和生活质量造成困扰[40]。当CTX进入体内，$CD4^+/CD8^+T$细胞受到抑制，从而引发了细胞因子和趋化因子的异常分泌，造成Th1/Th2细胞因子间的稳态失衡，扰乱了肠黏膜的免疫反应，破坏组织稳态[41]。而西洋参DF能够以剂量依赖的方式上调免疫抑制小鼠血清和肠中Th1细胞因子（TNF-α、IFN-γ）、Th2细胞因子（IL-6）及其促炎因子（IL-1β）的含量。表明西洋参DF可能改善肠黏膜的免疫功能，而这可能与促进细胞因子的分泌和调控Th1/Th2细胞因子间的稳态平衡有关。此外，西洋参DF能够增强免疫抑制小鼠肠道的完整性，改善小肠绒毛疏松短缩的情况，而这种肠黏膜的破坏可能是CTX影响消化和吸收的重要原因。肠黏膜屏障对于机体平衡耐受和效应免疫功能的维系至关重要。Occludin、Claudin-1和ZO-1做为肠上皮细胞之间紧密连接关键蛋白，表达均被CTX所抑制，进一步表明肠上皮细胞受损，肠渗透性可能增加[42]。值得注意的是，当细胞外离子和溶质流动通道结构遭到破坏，抗原性异物非法入侵，会导致消化道疾病的致病率增加[43]。而西洋参DF对紧密连接蛋白的上调作用，显示西洋参DF的补充可以减轻CTX诱导的肠黏膜屏障的损伤程度。

肠渗透性的增加可能由上皮细胞的不规则死亡引起。细胞凋亡可能是肠上皮细胞转换和组织稳态所必需的模式之一，但过度的凋亡也会增加肠道炎症的易感性[44]。从TUNEL的细胞核染色结果可以看出，CTX导致了肠细胞凋亡的异常增加。一致的是，促凋亡蛋白Bax的表达异常增加也显示出CTX对肠细胞应激反应的诱发。抗凋亡蛋白Bcl-2被CTX抑制后，细胞凋亡的关键执行者（CytC）在细胞浆中含量的增加，进一步使caspase 9和caspase 3等凋亡蛋白发生裂解和激活，表明了CTX带来的肠细胞中凋亡的发生。而西洋参DF对上述免疫抑制小鼠肠中细胞凋亡的蛋白异常表达均有不同程度的改善作用。作为感染后的首道防线，先天免疫系统被toll样受体TLR4激活，来清除凋亡细胞或异常分子碎片以弥补T细胞的缺失[45]。TLR4与MyD88结合后刺激了蛋白IRAK1的募集，这导致了IKKα/β的激活和NF-κB的核转位，而这对产生免疫应答至关重要[46]。研究表明，在因屏障损伤诱发肠炎的表型幼鼠中，NF-κB基因缺陷可能是肠上皮细胞的过度凋亡的原因[47]。此外，随后这一机制会激活促炎介质，刺激主要炎症细胞因子的释放，并通过磷酸化激活p38和JNK调节肠道屏障功能和渗透性[48]。而CTX抑制了肠中TLR4的激活，西洋参DF能够上调TLR4/NF-κB信号通路的表达，改善JNK和p38信号分子的磷酸化，逆转CTX处理引起的抑制作用。说明西洋参DF能够通过调节TLR4/NF-κB途径增加凋亡细胞或异常分子的清除，改善CTX诱导的免疫抑制小鼠的肠道免疫。

综上所述，西洋参 DF 改善了 CTX 诱导的 Th1/Th2 因子间的动衡失衡和细胞凋亡，减缓了免疫抑制小鼠的肠黏膜屏障损伤。西洋参 DF 在一定程度上通过上调 TLR4/NF-κB 信号通路发挥增强免疫抑制小鼠肠道免疫作用。本研究为西洋参 DF 作为膳食补充剂预防和治疗 CTX 所伴随的消化道反应提供了理论参考。

参考文献

[1] PARKIN J, COHEN B. An overview of the immune system [J]. Lancet, 2001, 357(9270): 1777-1789.

[2] RUMMEL M J, NIEDERLE N, MASCHMEYER G, et al. Study group indolent, Bendamustine plus rituximab versus CHOP plus rituximab as first-line treatment for patients with indolent and mantle-cell lymphomas: an open-label, multicentre, randomised, phase 3 non-inferiority trial [J]. Lancet, 2013, 381(9873): 1203-1210.

[3] PONTICELLI C, ESCOLI R, MORONI G. Does cyclophosphamide still play a role in glomerular diseases? [J]. Autoimmunity Reviews, 2018, 17(10): 1022-1027.

[4] YING M, YU Q, ZHENG B, et al. Cultured Cordyceps sinensis polysaccharides modulate intestinal mucosal immunity and gut microbiota in cyclophosphamide-treated mice [J]. Carbohydrate Polymers, 2020, 235: 115957.

[5] PETERSON L W, ARTIS D. Intestinal epithelial cells: regulators of barrier function and immune homeostasis [J]. Nature Reviews. Immunology, 2014, 14(3): 141-153.

[6] PAN M, KONG F, XING L, et al. The structural characterization and immunomodulatory activity of polysaccharides from pleurotus abieticola fruiting bodies [J]. Nutrients, 2022, 14(20): 4410.

[7] HIRAHARA K, NAKAYAMA T. $CD4^+$ T-cell subsets in inflammatory diseases: Beyond the Th_1/Th_2 paradigm [J]. International Immunology, 2016, 28(4): 163-171.

[8] RAHIMIFARD M, MAQBOOL F, MOEINI-NODEH S, et al. Targeting the TLR_4 signaling pathway by polyphenols: A novel therapeutic strategy for neuroinflammation [J]. Ageing Research Reviews, 2017, 36: 11-19.

[9] ZHOU M, XU W, WANG J, et al. Boosting mTOR-dependent autophagy via upstream TLR_4-MyD88-MAPK signalling and downstream NF-κB pathway quenches intestinal inflammation and oxidative stress injury [J]. EBioMedicine, 2018, 35: 345-360.

[10] CHEN J, WANG Z, ZHENG Z, et al. Neuron and microglia/macrophage-derived FGF_{10} activate neuronal $FGFR_2/PI_3K$/Akt signaling and inhibit microglia/macrophages TLR_4/NF-κB-dependent neuroinflammation to improve functional recovery after spinal cord injury [J].

Cell Death & Disease, 2017, 8(10): e3090.

[11] GILL S K, ROSSI M, BAJKA B, et al. Dietary fibre in gastrointestinal health and disease [J]. Nature Reviews. Gastroenterology & Hepatology, 2021, 18(2): 101-116.

[12] WANG L, HUANG Y, YIN G, et al. Antimicrobial activities of Asian ginseng, American ginseng, and notoginseng [J]. Phytotherapy Research, 2020, 34(6): 1226-1236.

[13] LI B, WANG C Z, HE T C, et al. Antioxidants potentiate American ginseng-induced killing of colorectal cancer cells [J]. Cancer Letters, 2010, 289(1): 62-70.

[14] WANG M, GUILBERT L J, LING L, et al. Immunomodulating activity of CVT-E002, a proprietary extract from North American ginseng (*Panax quinquefolium*) [J]. Journal of Pharmacy and Pharmacology, 2001, 53(11): 1515-1523.

[15] BIONDO P D, GORUK S, RUTH M R, et al. Effect of CVT-E002 (COLD-fX) versus a ginsenoside extract on systemic and gut-associated immune function [J]. International Immunopharmacology, 2008, 8(8): 1134-1142.

[16] HU J N, YANG J Y, JIANG S, et al. *Panax quinquefolium* saponins protect against cisplatin evoked intestinal injury via ROS-mediated multiple mechanisms [J]. Phytomedicine, 2021, 82: 153446.

[17] ZHOU R, HE D, XIE J, et al. The synergistic effects of ppolysaccharides and ginsenosides from American ginseng (*Panax quinquefolius* L.) ameliorating cyclophosphamide-induced intestinal immune disorders and gut barrier dysfunctions based on microbiome-metabolomics analysis [J]. Frontiers in Immunology, 2021, 12: 665901.

[18] HUA M, LU J, QU D, et al. Structure, physicochemical properties and adsorption function of insoluble dietary fiber from ginseng residue: A potential functional ingredient [J]. Food Chemistry, 2019, 286: 522-529.

[19] CHEN L X, QI Y L, QI Z, et al. A comparative study on the effects of different parts of *panax ginseng* on the immune activity of cyclophosphamide-induced immunosuppressed mice [J]. Molecules, 2019, 24(6): 1096.

[20] JANTAN I, HAQUE M A, ILANGKOVAN M, et al. Zerumbone from Zingiber zerumbet inhibits innate and adaptive immune responses in Balb/C mice [J]. International Immunopharmacology, 2019, 73: 552-559.

[21] HAN X, BAI B, ZHOU Q, et al. Dietary supplementation with polysaccharides from *Ziziphus Jujuba* cv. Pozao intervenes in immune response via regulating peripheral immunity and intestinal barrier function in cyclophosphamide-induced mice [J]. Food & Function, 2020, 11 (7): 5992-6006.

[22] REN D D, LI S S, LIN H M, et al. *Panax quinquefolius* polysaccharides ameliorate antibiotic-

associated diarrhoea induced by lincomycin hydrochloride in rats via the MAPK signaling pathways [J] . Journal of Immunology Research, 2022: 4126273.

[23] CHEN D S, MELLMAN I. Elements of cancer immunity and the cancer-immune set point [J] . Nature, 2017, 541(7637): 321-330.

[24] PIO R, AJONA D, ORTIZ-ESPINOSA S, et al. Complementing the cancer-immunity cycle [J] . Frontiers in Immunology, 2019, 10: 774.

[25] HIGHLEY M S, LANDUYT B, PRENEN H, et al. The Nitrogen Mustards [J] . Pharmacological Reviews, 2022, 74(3): 552-599.

[26] SUN Y, LIU Y, AI C, et al. Caulerpa lentillifera polysaccharides enhance the immunostimulatory activity in immunosuppressed mice in correlation with modulating gut microbiota [J] . Food & Function, 2019, 10(7): 4315-4329.

[27] VIAUD S, SACCHERI F, MIGNOT G, et al. The intestinal microbiota modulates the anticancer immune effects of cyclophosphamide [J] . Science, 2013, 342(6161): 971-976.

[28] GUNTHER C, NEUMANN H, NEURATH M F, et al. Apoptosis, necrosis and necroptosis: Cell death regulation in the intestinal epithelium [J] . Gut, 2013, 62(7): 1062-1071.

[29] KOH A, DE VADDER F, KOVATCHEVA-DATCHARY P, et al. From dietary fiber to host physiology: short-chain fatty acids as key bacterial metabolites [J] . Cell, 2016, 165(6): 1332-1345.

[30] JIN Y, HOFSETH A B, CUI X, et al. American ginseng suppresses colitis through p53-mediated apoptosis of inflammatory cells [J] . Cancer Prevention Research, 2010, 3(3): 339-347.

[31] JENKINS A L, MORGAN L M, BISHOP J, et al. Co-administration of a konjac-based fibre blend and American ginseng (*Panax quinquefolius* L.) on glycaemic control and serum lipids in type 2 diabetes: a randomized controlled, cross-over clinical trial [J] . European Journal of Nutrition, 2018, 57(6): 2217-2225.

[32] NIKOLICH-ZUGICH J, DAVIES J S. Homeostatic migration and distribution of innate immune cells in primary and secondary lymphoid organs with ageing [J] . Clinical and Experimental Immunology, 2017, 187(3): 337-344.

[33] SCHULZ O, HAMMERSCHMIDT S I, MOSCHOVAKIS G L, et al. Chemokines and chemokine receptors in lymphoid tissue dynamics [J] . Annual Review of Immunology, 2016, 34: 203-242.

[34] HUANG J, HUANG J, LI Y, et al. Sodium alginate modulates immunity, intestinal mucosal barrier function, and gut microbiota in cyclophosphamide-induced immunosuppressed BALB/c mice [J] . Journal of Agricultural and Food Chemistry, 2021, 69(25): 7064-7073.

[35] ALAM J, JANTAN I, KUMOLOSASI E, et al. Suppressive effects of the standardized extract of phyllanthus amarus on type II collagen-induced rheumatoid arthritis in sprague dawley rats [J] . Current Pharmaceutical Biotechnology, 2018, 19(14): 1156-1169.

[36] BAI R B, ZHANG Y J, FAN J M, et al. Immune-enhancement effects of oligosaccharides from Codonopsis pilosula on cyclophosphamide induced immunosuppression in mice [J] . Food & Function, 2020, 11(4): 3306-3315.

[37] SHIMIZU K, IYODA T, YAMASAKI S, et al. NK and NKT Cell-mediated immune surveillance against hematological malignancies [J] . Cancers (Basel), 2020, 12(4): 817.

[38] BOOMER J S, TO K, CHANG K C, et al. Immunosuppression in patients who die of sepsis and multiple organ failure [J] . JAMA: The Journal of the American Medical Association, 2011, 306(23): 2594-2605.

[39] CHEN X, SUN W, XU B, et al.. Polysaccharides from the roots of millettia speciosa champ modulate gut health and ameliorate cyclophosphamide-induced intestinal injury and immunosuppression [J] . Frontiers in Immunology, 2021, 12: 766296.

[40] MOK C C. Con: Cyclophosphamide for the treatment of lupus nephritis [J] . Nephrology, Dialysis, Transplantation: Official Publication of The European Dialysis and Transplant Association-European Renal Association, 2016, 31(7): 1053-1057.

[41] XIE J, YU Q, NIE S, et al. Effects of lactobacillus plantarum NCU116 on intestine mucosal immunity in immunosuppressed mice [J] . Journal of Agricultural & Food Chemistry, 2015, 63(51): 10914-10920.

[42] LI J, ZHANG L, WU T, et al. Indole-3-propionic acid improved the intestinal barrier by enhancing epithelial barrier and mucus barrier [J] . Journal of Agricultural and Food Chemistry, 2021, 69(5): 1487-1495.

[43] TURNER J R. Intestinal mucosal barrier function in health and disease [J] . Nature Reviews Immunology, 2009, 9(11): 799-809.

[44] KANG R, LI R, DAI P, et al. Deoxynivalenol induced apoptosis and inflammation of IPEC-J2 cells by promoting ROS production [J] . Environmental Pollution, 2019, 251: 689-698.

[45] REN J, HE J, ZHANG H, et al. Platelet TLR4-ERK5 axis facilitates net-mediated capturing of circulating tumor cells and distant metastasis after surgical stress [J] . Cancer Research, 2021, 81(9): 2373-2385.

[46] FAN C S, CHEN C C, CHEN L L, et al.. Extracellular HSP90α induces MyD88-IRAK complex-associated IKKα/β-NF-κB/IRF3 and JAK2/TYK2-STAT-3 signaling in macrophages for tumor-promoting M2-polarization [J] . Cells, 2022, 11(2): 229.

[47] NENCI A, BECKER C, WULLAERT A, et al. Epithelial NEMO links innate immunity to

chronic intestinal inflammation [J] . Nature, 2007, 446(7135): 557-561.

[48] ZHOU H H, ZHANG Y M, ZHANG S P, et al. Suppression of PTRF alleviates post-infectious irritable bowel syndrome via downregulation of the TLR4 pathway in rats [J] . Frontiers in Pharmacology, 2021, 12: 724410.

第九章 西洋参改善肠道菌群失调产品开发

多糖是一类由 10 个以上单糖通过糖苷键结合而成的天然高分子化合物，广泛分布于自然界中[1]。研究发现，天然多糖可通过其结构特点及生物活性等方面改善肠道损伤[2]。近年来，不同来源多糖的潜在益生元作用引起了人们的广泛关注。据报道，植物多糖如黄芪多糖[3]、人参多糖[4]、葛根多糖[5]、紫薯多糖[6]等具有维持肠道稳态、调节肠道菌群结构的作用。以往多选用疾病动物模型来研究多糖的生物活性，仅有少量关于植物多糖对正常机体肠道菌群影响的报道。谢果珍等报道铁皮石斛多糖可通过提高正常小鼠肠道菌群多样性及促进有益菌增殖来维持肠道稳态，提高机体免疫[7]。Hua 等报道人参水溶性膳食纤维能够调节肠道菌群结构对健康大鼠产生积极影响[8]。由此可以看出，多糖或可作为对肠道健康有积极调节作用的活性成分而广泛存在于植物中，对宿主的日常保健起到促进作用。

西洋参是一种重要的药食同源植物，既是名贵上品中药，又是高级滋补佳品，目前在吉林省和山东省已开展“按照传统既是食品又是中药材的物质管理”试点方案[11-12]，具有广阔的开发应用前景。现代药理学研究表明西洋参多糖（*Panax quinquefolius* polysaccharides，WQP）具有免疫调节、抗炎、抗氧化和抗肿瘤等多种药理作用[13]。皂苷、多糖、氨基酸和挥发油等是西洋参中的有效功能成分，其中多糖在西洋参发挥疗效的过程中起着不可或缺的作用[14]。目前，关于西洋参多糖对正常大鼠的影响还未见报道。

本研究采用常规 HE 染色、16S rRNA 高通量测序等方法，探讨不同剂量 WQP 对正常大鼠肠道健康的影响，以期为西洋参多糖功能性食品的研发提供理论依据。

1 材料与方法

1.1 材料与仪器

SPF 级雄性 Wistar 大鼠 24 只，体重为（160 ± 20）g，购于辽宁长生生物技术股份有限公司［SCXK（辽）2015—0001］；西洋参药材，购于山东省威海市文登区种植基地；10% 中性福尔马林、苏木精 – 伊红染液，北京索莱宝技术有限公司；苯酚、硫酸、无水乙醇均为国产分析纯，国药集团化学试剂有限公司。

MS204S 型电子分析天平，瑞士梅特勒 – 托利多公司；单煎机，青岛达尔电子机械销售有限公司；SF-TDL 型低速台式大容量离心机，上海菲恰尔分析仪器有限公司；TG16 型台式高速离心机，湘仪实验室仪器开发有限公司；Alpha 1-4 LDplus 型冷冻干燥机，德国

Christ 公司；EG1150H 型病理包埋机、RM2255 型病理切片机，德国徕卡公司；IX53 型奥林巴斯荧光显微镜，北京新爱纺医疗器械有限公司。

1.2 实验方法

1.2.1 西洋参多糖的制备

将 500 g 的干燥西洋参切成 1 cm 左右的小段后，浸泡在 8 L 去离子水中 2 h，单煎机煮沸提取 4 h 后，120 目纱布过滤。所得滤渣再重复提取 2 次，每次 2 h，合并 3 次所得提取液，用单煎机将其浓缩至 1.5 L。浓缩液 4 500 r/min，离心 10 min，取上清液。向上清液中加入 4 倍体积的无水乙醇醇沉，静置 6 h 以上，然后 4 500 r/min，离心 10 min，取沉淀。将沉淀复溶于 800 mL 去离子水中，静置后 4 500 r/min，离心 10 min，再次取上清液。向上清液中加入 4 倍体积的无水乙醇醇沉，静置 12 h 以上，然后 4 500 r/min，离心 10 min，取沉淀。将沉淀复溶于 800 mL 去离子水中，Sevag 法（三氯甲烷：正丁醇 = 4：1）脱蛋白 3 次。收集多糖溶液层，加入无水乙醇至乙醇终浓度为 80%，4 500 r/min，离心 10 min，取沉淀，真空冷冻干燥得西洋参多糖（WQP）。

西洋参多糖产率计算公式如下：

$$\text{产量（\%）} = \frac{m_1}{m_0} \times 100$$

式中，m_0 表示制备前干燥西洋参质量（g）；m_1 表示制备后干燥西洋参多糖质量（g）。

1.2.2 总糖含量测定

采用苯酚 – 硫酸法测定总糖含量[15]。以 0.1 mg/mL 的葡萄糖溶液为标准液，分别量取标准液 0 mL、0.1 mL、0.2 mL、0.3 mL、0.4 mL、0.5 mL、0.6 mL 于试管中，加去离子水补足至总体积 1 mL，每个浓度重复 3 个样品，分别向每只试管中加入 6% 苯酚溶液 0.5 mL，浓硫酸 2.5 mL，迅速混合均匀。室温反应 30 min，在 490 nm 波长下进行扫描。以标准品葡萄糖含量为横坐标，吸光度值为纵坐标绘制标准曲线。

样品液的配制：称取 WQP 样品配制为 0.1mg/mL 的多糖溶液，取 0.6 mL，加去离子水补足至 1 mL，后续操作同标准品的处理方法。

1.2.3 糖醛酸含量测定

采用 *D*- 半乳糖醛酸作为标准品，间羟基联苯法测定糖醛酸含量[15]。以 0.1 mg/mL 的 *D*- 半乳糖醛酸为标准液，分别量取标准液 0 mL、0.05 mL、0.1 mL、0.2 mL、0.3 mL、0.4 mL 于玻璃试管中，加去离子水补至 0.4 mL，每个浓度重复 3 个样品，分别向每只试管中加入氨基磺酸试剂 40 μL，摇匀，再加入浓硫酸 2.5 mL，迅速混合均匀。沸水浴反应 20 min，冷却至室温后，再加入间羟基联苯试剂 40 μL，充分振荡均匀，室温放置 15 min，在 550 nm 波长下测定吸光度 A。以 *D*- 半乳糖醛酸含量为横坐标，吸光度值为纵坐标绘制标准曲线。

样品液的配制：称取 WQP 样品配制为 0.1 mg/mL 的多糖溶液，取 0.4 mL，后续操作同标准品的处理方法。根据标准曲线和样品浓度计算 WQP 中的糖醛酸含量。

1.2.4　蛋白质含量测定

采用杜马斯燃烧法测定蛋白质含量[16]。准确称取 WQP 干粉样品，用锡箔纸包好，压缩空气制样完成后，置于自动进样盘里，在燃烧反应器温度 1 020℃以上、还原反应器温度 650℃以上、氦气（纯度≥ 99.99%）压力 2 bar① 以上、氧气（纯度≥ 99.99%）压力 2.5 bar 以上、氮气（纯度≥ 99.99%）压力达到 3 bar 以上时自动进样检测。WQP 样品做 3 个平行检测，结果取平均值。

1.2.5　单糖组成测定

样品制备：采用 PMP 衍生 – 高效液相色谱法（PMP-HPLC）对 WQP 样品的单糖组成进行测定[17]。称取 2 mg 多糖样品，进行完全酸水解，加入 2 mol/L 盐酸甲醇溶液 0.5 mL，充氮气封管，80℃水解 16 h，空气吹干后，加入 2 mol/L 三氟乙酸 0.5 mL，120℃水解 1 h，然后移入蒸发皿，45℃水浴，反复加无水乙醇赶除三氟乙酸后干燥。向水解后的单糖样品中加入 PMP 试剂和 0.3 mol/L 的 NaOH 溶液各 0.5 mL，充分溶解后取 0.1 mL 水浴 70℃反应 30 min 进行衍生化，衍生完毕后，加入 0.3 mol/L 的 HCl 0.05 mL，充分混匀，之后用三氯甲烷萃取 3 次，除去 PMP。过 0.22 μm 的微孔滤膜转移至液相瓶待检测。

标准品制备：分别称取 2 mg 单糖进行衍生化，处理方法同多糖样品。

色谱条件：Hypersil ODS2 C18 色谱柱（4.6 mm × 250 mm，5 μm）；流动相为 0.1 mol/L 82% 磷酸盐缓冲溶液（pH=7）和 18% 乙腈；检测波长 245 nm；进样量 20 μL；流速为 1.0 mL/min。

1.2.6　动物实验方案及样品采集

大鼠随机分成正常组（Con）和 WQP 低中高剂量组（WQPL、WQPM 和 WQPH），每组各 6 只，适应性饲养 7 d。每日上午 WQPL、WQPM、WQPH 组分别按 50 mg/kg、100 mg/kg 和 200 mg/kg 剂量灌胃 WQP 溶液，Con 组大鼠灌胃等体积生理盐水，每天 1 次，连续 7 d。

实验期间进行一般行为学观察，每日定时观察大鼠饮水量、毛发、精神状态、排泄量等一般情况，并记录体重。灌胃 7 d 后采集样品。解剖前 2 h 无菌收集粪便装于无菌 EP 管中，置于 –80℃保存。采用异氟烷麻醉后，采集血液，处死大鼠，收集组织样本。将结肠组织固定在 10% 中性福尔马林溶液中。

1.2.7　结肠组织学结构观察

将固定好的结肠组织经酒精脱水、透明、浸蜡、包埋等步骤后进行常规 HE 染色，然后用奥林巴斯显微镜观察并拍照。

1.2.8　16S rRNA 粪便肠道菌群分析

对所有样本进行大鼠肠道细菌总 DNA 提取和 Illumina 高通量测序。对细菌 16S

---

① 1 bar=10^5 pa。全书同。

rRNA 的 V3-V4 区进行 PCR 扩增，前引物 338F：5′-ACTCCTACGGGAGGC AGCA-3′，后引物 806R：5′-GGACTACHVGGGTWTCTAAT-3′。大鼠粪便样本送至上海派森诺生物科技有限公司，基于 16S rRNA 测序进行肠道菌群多样性分析。

1.3 统计分析

各组数据均以平均值 ± 标准差表示。采用 SPSS 25.0 对数据进行单因素 ANOVA（*t* 检测）分析，$P<0.05$ 为差异显著。

2 结果与分析

2.1 WQP 的产率及单糖组成

以西洋参根干品计，WQP 的产率为 6.71%，总糖含量为 85.2%，糖醛酸含量 31.9%，蛋白质含量 2.1%。单糖组成分析结果见图 9-1，WQP 主要由葡萄糖 Glc（33.2%）、半乳糖 Gal（8.9%）、阿拉伯糖 Ara（12.2%）和半乳糖醛酸 GalA（43.9%）组成，还含有少量的鼠李糖 Rha（1.8%）。

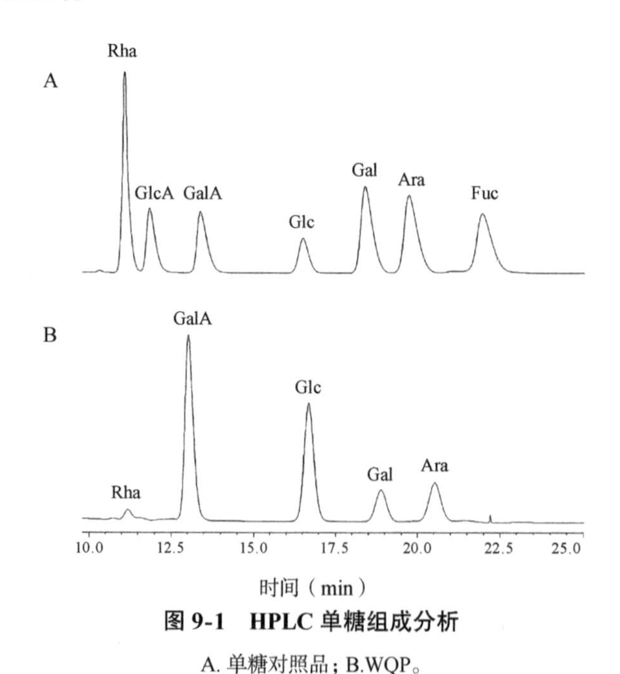

图 9-1 HPLC 单糖组成分析

A. 单糖对照品；B.WQP。

2.2 WQP 对大鼠体重和一般行为学的影响

体重是反应机体生长发育情况与健康状态的直观指标。从表 9-1 可以看出，大鼠适应期后体重、终体重及体重增长率均无显著性差异（$P>0.05$），表明 WQP 对大鼠体重无明显影响。实验期间 WQP 低中高剂量组与 Con 组大鼠的摄食和饮水正常，毛色顺滑有光泽，精神状态佳，粪便软硬适中呈黑褐色圆柱形，说明 WQP 对大鼠的一般行为无不良影响。

表 9-1 WQP 对大鼠体重的影响（*n*=6）

组别	适应期后体重（g）	终体重（g）	体重增长率（%）
Con	169.23 ± 4.21	223.00 ± 4.26	31.83 ± 3.62
WQPL	169.93 ± 6.29	222.73 ± 10.51	31.06 ± 3.20
WQPM	167.28 ± 4.96	214.07 ± 7.97	27.98 ± 3.43
WQPH	171.03 ± 5.40	223.27 ± 8.42	30.54 ± 2.91

2.3 WQP 对大鼠结肠组织学结构的影响

各组结肠组织切片如图 9-2 所示。从图中可以看出，Con 组大鼠结肠组织学形态呈正常状态，肠黏膜上皮表面的微绒毛排列整齐，规则，杯状细胞丰富。与 Con 组相比，WQPL、WQPM 和 WQPH 组黏膜具有发达的肠绒毛结构，肠绒毛排列更为修长整齐、致密，且隐窝较多，大鼠结肠组织情况优于正常组。这表明 WQP 低中高剂量组在一定程度上有益于大鼠肠道组织结构的健康。

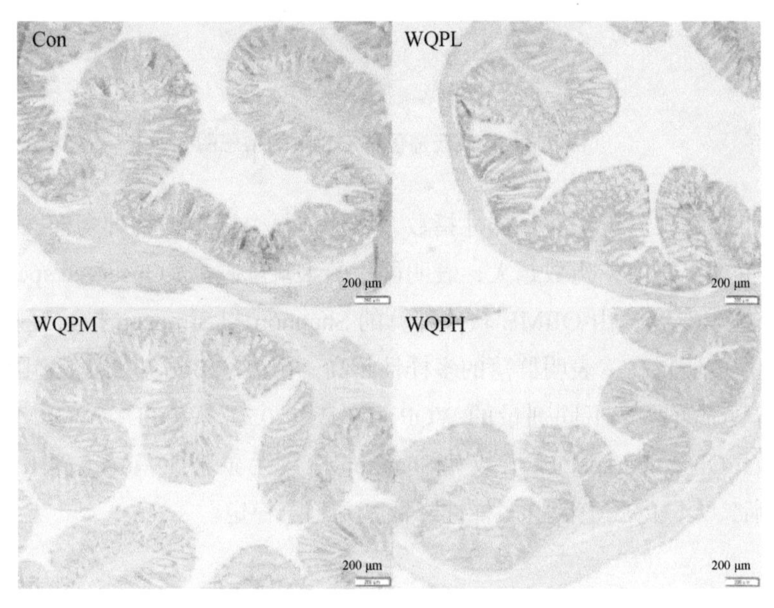

图 9-2 结肠组织结构的变化（HE，× 40）

2.4 肠道菌群的 OTU 数及 α 多样性分析

采用 Illumina NovaSeq 平台研究了不同剂量的 WQP 对正常大鼠肠道菌群结构的影响。各组大鼠肠道中的细菌 16S rRNA 测序后，对获得的序列进行归并和 OTU 划分。根据获得的 OTU 丰度矩阵，使用 R 软件计算各样本组共有 OTU 的数量，并通过 Venn 图（图 9-3）显示不同样本组之间共有、特有的 OTU 个数。从图 9-3 可看出，Con 组、WQPL 组、WQPM 组和 WQPH 组分别观测到 6 100、3 921、2 503 和 2 591 个特有 OTU 数。Con 组与不同剂量的 WQP 组所共有的 OTU 数是 727 个。这表明 Con 组与 WQP 组之间的菌群类别差异较大。

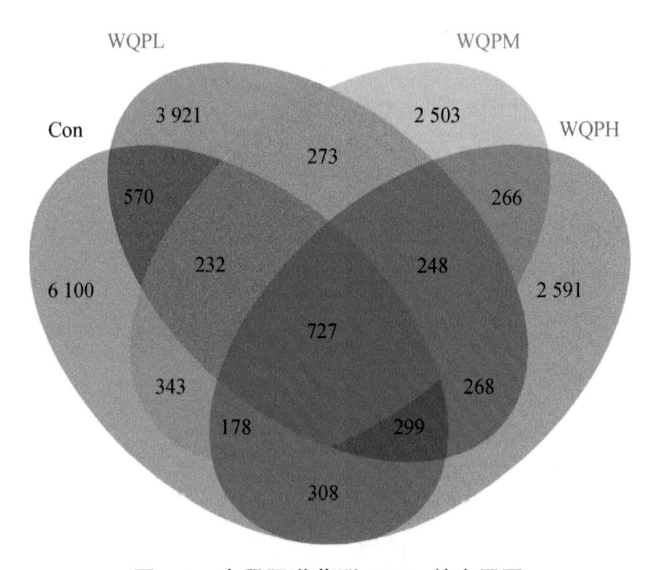

图 9-3　大鼠肠道菌群 OTUs 的韦恩图

使用 QIIME2 软件分析了 α 多样性指数，以评估每个样本的物种多样性。Chao1 指数反映了肠道菌群的丰富度，指数越大，表明群落的丰富度越高；Observed species 指数用来指示肠道菌群的丰富度；由 QIIME 软件计算的 Shannon 和 Simpson 指数反映出了肠道菌群的多样性，指数值越高，表明群落的多样性越高。由表 9-2 可知，正常组大鼠肠道菌群的 α 多样性指数显著高于不同剂量的 WQP 组（$P<0.05$）。WQPL、WQPM 和 WQPH 组的 Chao1 指数、Observed species 指数和 Shannon 指数无显著性差异（$P>0.05$）。说明经过 WQP 干预后，大鼠的肠道菌群多样性降低，并趋于稳定。

表 9-2　大鼠肠道菌群的 α 多样性（n=6）

组别	Chao1 指数	Observed-species 指数	Shannon 指数	Simpson 指数
Con	2 097.32 ± 582.11[a]	1 930.75 ± 511.47[a]	8.29 ± 0.82[a]	8.29 ± 0.82[a]
WQPL	1 579.39 ± 424.67[b]	1 453.28 ± 387.22[b]	7.38 ± 0.78[b]	7.38 ± 0.78[a,b]
WQPM	1 330.76 ± 302.46[b]	1 153.15 ± 276.21[b]	6.96 ± 0.69[b]	6.96 ± 0.69[b]
WQPH	1 445.83 ± 343.58[b]	1 279.38 ± 322.36[b]	7.08 ± 0.80[b]	7.08 ± 0.80[a,b]

注：同一行上标字母相同表示无显著差异（P>0.05），反之有显著差异（P<0.05）。

2.5　肠道菌群的 β 多样性分析

采用基于 Unweighted Unifrac 算法的主坐标分析（principal coordinates analysis, PCoA）来研究肠道菌群的 β 多样性，以鉴别组间样本在相应维度中的肠道菌群组成的相似性。如图 9-4 所示，WQPL、WQPM 和 WQPH 组大部分代表样本的点聚集在一起，说明菌群组成和结构比较相似，且低剂量 WQP 干预后的菌群多样性与正常组更为接近。

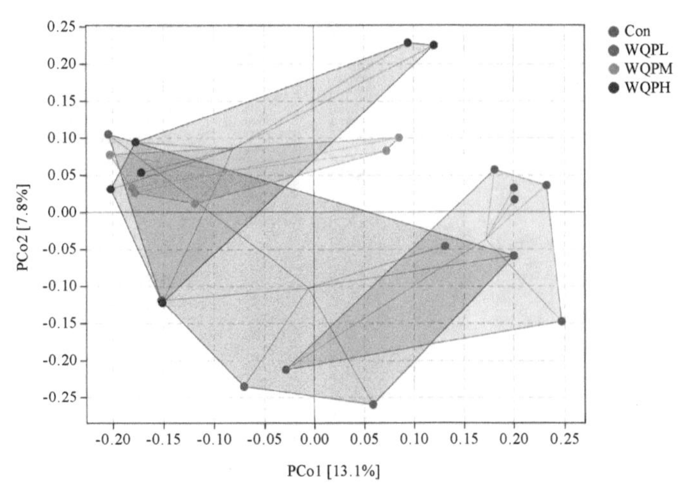

图 9-4　大鼠肠道菌群的 β 多样性

2.6　WQP 对大鼠肠道菌群组成的影响

对各组大鼠的粪便样本进行 16S rRNA 测序后，检测了不同水平的肠道菌群结构组成。如图 9-5 所示，在门水平上，厚壁菌门（Firmicutes）、拟杆菌门（Bacteroidetes）、变形菌门（Proteobacteria）和螺旋体门（Spirochaetes）是各组大鼠肠道菌群中的优势菌，其中厚壁菌门占比最多，其次是拟杆菌门。与 Con 组相比，不同剂量的 WQP 组的厚壁菌门、变形菌门的相对丰度减少，而拟杆菌门的相对丰度增加。科水平上，肠道菌群主要由乳酸杆菌科（Lactobacillaceae）、S24-7、瘤胃菌科（Ruminococcaceae）和毛螺旋菌科（Lachnospiraceae）等组成，详见图 9-6。与 Con 组相比，不同剂量的 WQP 组的 Lactobacillaceae 和 S24-7 的相对丰度升高，而 Ruminococcaceae 的相对丰度降低。

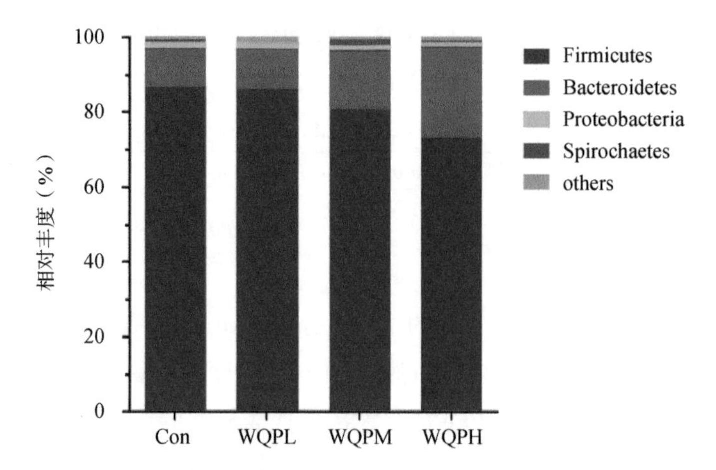

图 9-5　肠道菌群在门水平上的相对丰度及组成

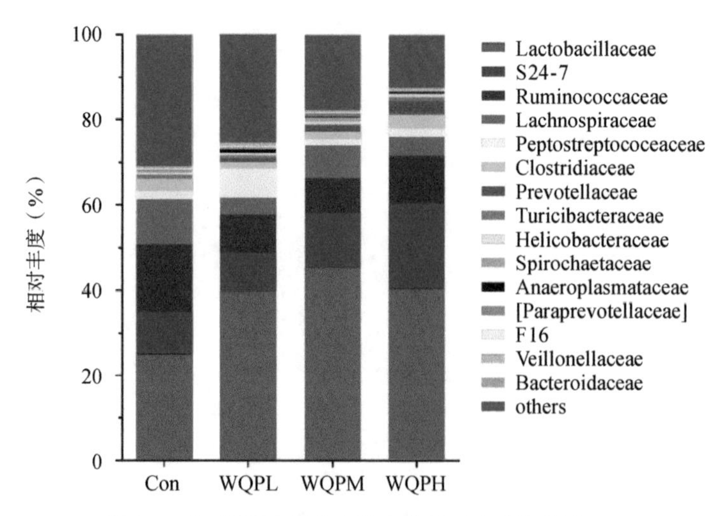

图 9-6　肠道菌群在科水平上的相对丰度及组成

如图 9-7 所示，在属水平上，大鼠的肠道菌群中乳杆菌属（*Lactobacillus*）、颤螺旋菌属（*Oscillospira*）、布劳特氏菌属（*Blautia*）、拟杆菌属（*Bacteroides*）和粪球菌属（*Coprococcus*）为优势物种。乳杆菌属是不同处理大鼠肠道中的优势菌属。与 Con 组相比，不同剂量的 WQP 组的乳杆菌属的相对丰度增加，颤螺旋菌属、粪球菌属的相对丰度降低。这些结果表明，不同剂量的 WQP 可通过调节肠道菌群的组成和多样性来影响正常大鼠的肠道健康。

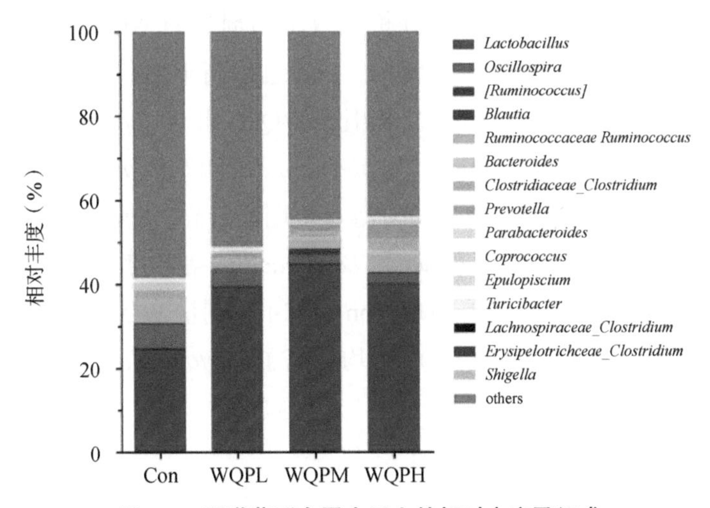

图 9-7　肠道菌群在属水平上的相对丰度及组成

进一步采用 LEfSe 分析来确定粪便微生物分类群，分析了所有组中差异最大的微生物类群。结果表明，每一组的肠道菌群都由特定的细菌类群组成。LEfSe 方法是非参数检验和线性判别分析的结合，适合菌群丰度差异检验。本研究以 LDA 评分为 2.0 时作为筛选标准，确定这个组中丰度较高的微生物。LEfSe 分析 LDA 柱状图（图 9-8）更直观地看出，属水平上，Con 组显著性最高的为 *g_Desulfovibrio*；WQPL 组显著性最高的为 *g_Sutterella*；WQPM 组显著性最高的为 *g_Photobacterium*。这些结果表明，不同剂量的 WQP 干预后，大鼠肠道中的优势菌属也有所差异。

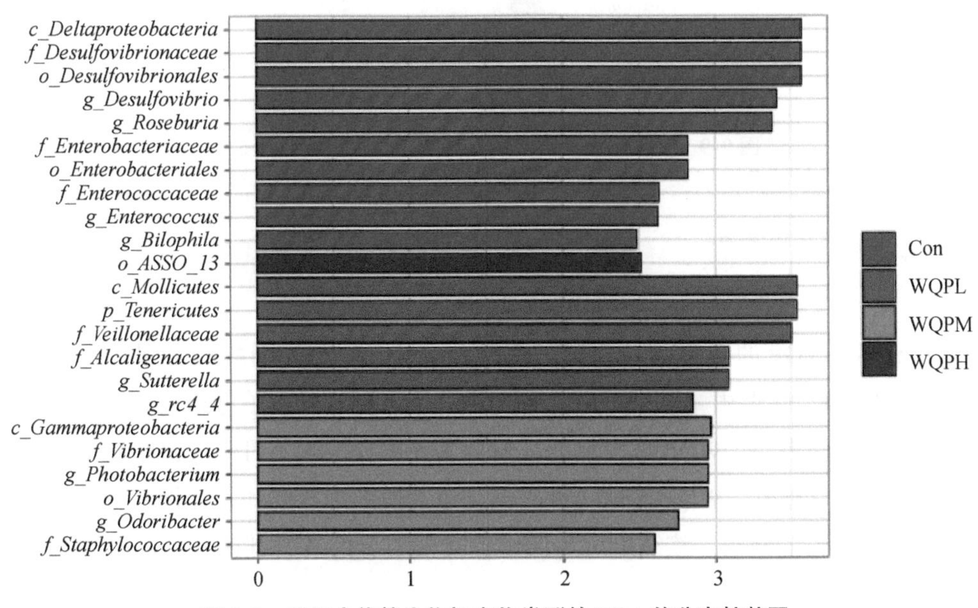

图 9-8　四组中优势生物标志物类群的 LDA 值分布柱状图

接下来采用随机森林模型进一步分析导致不同剂量的WQP组和正常组之间大鼠粪便菌群差异的主要菌属。如图9-9所示，Con组的高丰度代表性菌属包括*Shigella*、*Roseburia*和*Coprococcus*等。与Con组相比，WQPL组中*Sutterella*、*Anaeroplasma*和*SMB53*等丰度明显升高，*Clostridium*、*Parabacteroides*和*Coprococcus*等丰度明显降低；WQPM组中*Lactobacillus*和*Parabacterium*等丰度明显升高，*Streptococcus*等丰度明显降低；WQPH组中*Bacteroides*、*Clostridium*和*Lactobacillus*等丰度明显升高，*Shigella*等丰度明显降低。这些菌属丰度的变化是造成Con组与不同剂量WQP组大鼠粪便菌群结构差异的主要因素。此外，不同剂量的WQP组均提高了*Lactobacillus*等有益菌的相对丰度，进而调节肠道菌群的组成。

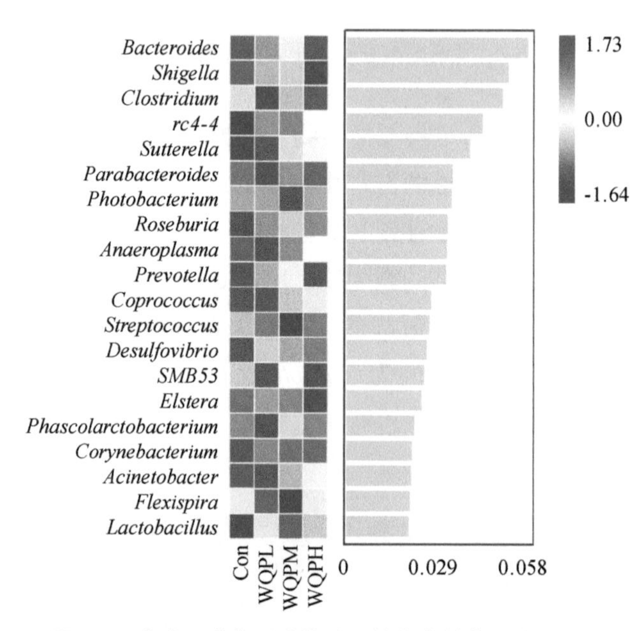

图9-9　大鼠肠道菌群结构差异的代表性菌属（*n*=6）

3　结论

综上所述，WQP的产率为6.71%，总糖含量为85.2%，糖醛酸含量为31.9%，蛋白质含量为2.1%，主要由半乳糖醛酸、葡萄糖、半乳糖和阿拉伯糖组成，还含有少量的鼠李糖。动物实验表明，WQP对大鼠的一般行为无不良影响，可使大鼠结肠的肠绒毛排列更为修长整齐、致密。WQP还可通过改善肠道菌群的丰富度和多样性，调节肠道菌群结构，来维持肠道的健康。该结果可为西洋参功效成分的有效利用和产品开发提供理论依据。

参考文献

［1］ZHANG T, YANG Y, LIANG Y, et al. Beneficial effect of intestinal fermentation of natural polysaccharides［J］. Nutrients, 2018, 10(8): 1055.

［2］WANG Y, ZHU H, WANG X, et al. Natural food polysaccharides ameliorate inflammatory bowel disease and its mechanisms［J］. Foods, 2021, 10(6): 1288.

［3］LI S S, QI Y L, REN D D, et al. The structure features and improving effects of polysaccharide from *Astragalus membranaceus*on antibiotic-associated diarrhea［J］. Antibiotics, 2019, 9(1): 8.

［4］LI S S, QI Y L, CHEN L X, et al. Effects of *Panax ginseng* polysaccharides on the gut microbiota in mice with antibiotic-associated diarrhea［J］. International Journal of Biological Macromolecules, 2019, 124: 931-937.

［5］CHEN R, LIU B, WANG X Y, et al. Effects of polysaccharide from *Pueraria lobata* on gut microbiota in mice［J］. International Journal of Biological Macromolecules, 2020, 158: 740-749.

［6］GOU Y, SUN J, LIU J, et al. Structural characterization of a water-soluble purple sweet potato polysaccharide and its effect on intestinal inflammation in mice［J］. Journal of Functional Foods, 2019, 61: 103502.

［7］谢果珍，唐圆，宁晓妹，等 . 铁皮石斛多糖对正常小鼠肠道菌群的影响［J］. 湖南农业大学学报，2021，47（4）：449-454.

［8］HUA M, LIU Z, SHA J, et al. Effects of ginseng soluble dietary fiber on serum antioxidant status, immune factor levels and cecal health in healthy rats［J］. Food Chemistry, 2021, 365: 130641.

［9］国家药典委员会 . 中华人民共和国药典：一部［S］. 北京：中国医药科技出版社，2020.

［10］LI D, REN J W, ZHANG T, et al. Anti-fatigue effects of small-molecule oligopeptides isolated from *Panax quinquefolium* L. in mice［J］. Food Function, 2018, 9(8): 4266-4273.

［11］吉林省卫生健康委员会 . 吉林省开展按照传统既是食品又是中药材的试点物质名单［EB/OL］. (2021-02-03)[2023-08-23]. http://law.foodmate.net/draft/show-195302.html. .

［12］山东省市场监督管理局 . 关于印发山东省对西洋参开展按照传统既是食品又是中药材的物质管理试点方案的通知［EB/OL］. (2023-11-23)[2023-12-26]. http://amr.shandong.gov.cn/art/2021/11/23/art_76510_10300367.html..

［13］李珊珊，孙印石 . 西洋参多糖结构与药理活性研究进展［J］. 特产研究，2017，39（3）：68-71.

［14］贾琦琦，石韶琦，李宁阳，等 . 西洋参多糖的研究进展［J］. 中国果菜，2020，40

(10):26-31.
[15] 祁玉丽，李珊珊，曲迪，等.人参中性多糖对小鼠肠道菌群组成及多样性的影响[J].中国中药杂志，2019，44(4):811-818.
[16] 张秀莲，赵卉，张志东，等.杜马斯燃烧法和凯氏定氮法在人参蛋白质含量检测中的对比研究[J].特产研究，2015，37(4):38-40.
[17] WANG J, LI S S, FAN Y Y, et al. Anti-fatigue activity of the water-soluble polysaccharides isolated from *Panax ginseng* C.A. Meyer [J]. Journal of Ethnopharmacology, 2010, 130(2): 421-423.

第十章 西洋参改善腹泻产品开发

抗生素相关性腹泻（antibiotic associated diarrhea，AAD）是指在使用抗生素时发生的其他原因不明的腹泻[1]。肠道菌群失调是AAD的一个重要特征[2]。肠道菌群作为一个新的“器官”，其与机体的营养、免疫、代谢等诸多生理功能息息相关，在维持机体健康稳态中起着至关重要的作用[3]。肠道菌群与机体之间相对平衡的关系被打破[4]，就会引起肠道菌群紊乱使宿主处于疾病状态之中。

已有文献报道，许多植物多糖可以促进肠道益生菌群的生长、增强机体的免疫功能，维持肠道健康的内环境。纳米山药多糖双歧杆菌合生元结肠靶向微生态调节剂能够提高肠炎大鼠的免疫功能[5]。黄芪多糖和人参多糖能增强仔猪的免疫力，促进肠道菌群的平衡，进而提高仔猪肠道的健康[6]。铁皮石斛多糖通过提高粪便含水量和短链脂肪酸（short chain fatty acids，SCFAs）含量调节机体免疫，从而促进免疫低下小鼠的肠道健康[7]。

相关研究表明人参多糖[8]、五味子多糖[9]、黄芪多糖[10]、葛根多糖[11]、百合多糖[12]等都具有调节因盐酸林可霉素导致的肠道菌群失调问题，并具有维持肠道健康的作用。不同的植物多糖大都可通过促进肠道有益菌群的生长，抑制有害菌的增殖起到调节肠道菌群的积极作用。现代药理研究表明，西洋参多糖具有抗肿瘤、抗炎、抗氧化、免疫调节等多种生物活性[13-16]。西洋参中含有糖类、皂苷、挥发油和多肽等多种功能成分，其中多糖是西洋参发挥药用价值的重要活性成分，不断受到人们的关注和重视，在发挥疗效的过程中起着不可或缺的作用[17-18]。目前，关于西洋参多糖（WQP）对抗生素相关副作用的影响还未见报道。

克林霉素磷酸酯与林可霉素相比其抗菌作用强4~8倍，对革兰阳性菌、革兰阴性菌具有良好的抗菌活性，同时对各类厌氧菌具有强大的抗菌作用，其抗菌谱广，临床应用比较广泛。因此本实验通过建立克林霉素磷酸酯致抗生素相关性腹泻大鼠模型，采用常规HE染色、16S rRNA高通量测序等方法，研究了WQP对抗生素相关副作用，尤其是腹泻、肠道结构损伤、肠道菌群组成和多样性的影响。实验旨在采用高通量测序技术进一步研究西洋参多糖是否对克林霉素磷酸酯造成的肠道菌群紊乱有一定的调节作用，进而为西洋参多糖的进一步开发应用提供理论参考。

1 材料与方法

1.1 材料与仪器

西洋参购于山东省威海市文登区种植基地；Wistar 健康雄性大鼠 24 只，重量为（140 ± 20）g，辽宁长生生物技术股份有限公司，动物生产许可证号 SCXK（辽）2015–0001，合格编号 211002300047566；克林霉素磷酸酯（批号 1903190911），辰欣药业股份有限公司；粪便基因组（DP328）DNA 提取试剂盒、Axygen DNA 凝胶回收试剂盒，北京天根生化科技有限公司；1- 苯基 -3- 甲基 -5- 吡唑啉酮（PMP），上海源叶生物科技有限公司；苏木精 – 伊红（Hematoxylin-Eosin，HE）、10% 中性福尔马林溶液，北京索莱宝技术有限公司；三氟乙酸，中国赛默飞世尔科技有限公司；其他试剂均为国产分析纯。

MS204S 型电子分析天平，瑞士梅特勒 – 托利多公司；单煎机，青岛达尔电子机械销售有限公司；SF-TDL 型低速台式大容量离心机，上海菲恰尔分析仪器有限公司；TG16 型台式高速离心机，湘仪实验室仪器开发有限公司；524G 型数显恒温磁力搅拌器，上海梅颖浦仪器有限公司；GZX 型鼓风干燥箱，上海博讯实业有限公司；Alpha 1-4 LDplus 型冷冻干燥机，德国 Christ 公司；Essentia LC-16 岛津高效液相色谱仪，苏州创谱科学仪器有限公司；EG1150H 型病理包埋机、RM2255 型病理切片机，德国 Leica 公司；752N 型紫外可见分光光度计，上海仪电分析仪器有限公司；IX53 型奥林巴斯荧光显微镜，北京新爱纺医疗器械有限公司；NanoDrop1000 型超微量分光光度计，美国 Thermo Fisher Scientific 公司；NDA701 杜马斯定氮仪，意大利 VELP 公司。

1.2 实验方法

1.2.1 西洋参多糖的制备

根据第九章 1.2.1 的方法，提取得到西洋参多糖（WQP）。前期测定结果已知，以西洋参根干品计，WQP 的产率为 6.71%，总糖含量为 85.2%，糖醛酸含量 31.9%，蛋白质含量 2.1%，主要由葡萄糖 Glc（33.2%）、半乳糖 Gal（8.9%）、阿拉伯糖 Ara（12.2%）和半乳糖醛酸 GalA（43.9%）组成，还含有少量的鼠李糖 Rha（1.8%）。

1.2.2 动物实验方案及样品采集

实验动物在室内温度为（22 ± 2）℃，相对湿度为 55% ± 5% 的饲养环境中，给予充分的进食和饮水。实验过程中严格遵守中国农业科学院特产研究所实验室动物实验标准与管理条例。

大鼠适应实验环境 3 d 后，将 24 只大鼠随机分为 4 组（6 只 / 组），分别为正常组（C）、抗生素相关副作用组（DM）、自然恢复组（NR）和 WQP 干预组（WQP）。DM 组、

NR组和WQP组大鼠每天8:00和16:00灌胃克林霉素磷酸酯（750 mg/kg），连续灌胃5 d，C组给予等量生理盐水。第6 d，DM组大鼠异氟烷麻醉。采集血液，1 500 r/min离心10 min，收集血清。打开腹腔，预冷的生理盐水冲洗，取盲肠至肛门处肠段。生理盐水冲洗肠腔，取结肠组织中间段5~8 cm，10%中性福尔马林溶液中固定。无菌条件下取粪便样本（>0.5 g）于无菌冻存管中，–80℃冰箱备用。实验结束后大鼠在安乐死箱中安乐死。从第6 d开始，WQP组的大鼠灌胃WQP（100 mg/kg），每日两次，连续灌胃7 d。C组和NR组给予等量生理盐水。末次给药12 h后采集各组大鼠的血清和组织标本，处理方式与DM组相同。

1.2.3　一般情况观察

实验期间每日定时观察并记录大鼠的体重变化、精神状态和腹泻情况，评估大鼠腹泻的严重程度并进行评分，评分标准见表10-1，最后统计各组大鼠得分总和。

表10-1　腹泻情况评分标准

评分（分）	体重增量（%）	大便性状	精神状态
0	1~5	正常	正常
1	0	粪便稀湿，颜色变浅，但成型	活动减少，不活泼
2	–5~–1	粪便稀烂，肛门或有粪便黏附	精神萎靡，毛色失去光泽，凌乱

1.2.4　大鼠结肠组织学结构观察

将固定在10%中性福尔马林溶液中的结肠组织取出放于包埋盒中，经酒精脱水、透明、浸蜡、包埋、横断切片（厚5 μm）、贴片和烤片等步骤得到切片，随后进行常规HE染色，然后封片，晾干后利用奥林巴斯荧光显微镜进行观察拍照。

1.2.5　大鼠肠道细菌总DNA提取和Illumina高通量测序

细菌基因组总DNA样本的提取使用粪便DNA提取试剂盒，将提取的DNA于–20℃保存备用。采用超微量分光光度计对DNA进行定量，并通过1.2%琼脂糖凝胶电泳检测DNA提取质量。对细菌16S rRNA的V3-V4区进行PCR扩增，前引物338F：5′-ACTCCTACGGGAGGCAGCA-3′，后引物806R：5′-TCGGACTACHVGGGTWTCTAAT-3′。扩增产物进行2%琼脂糖凝胶电泳后切下目的基因条带，DNA凝胶回收试剂盒回收PCR扩增产物，并对PCR扩增回收产物进行荧光定量，根据荧光定量结果，按照每个样本的测序量需求，对各样本按相应比例进行混合。利用Illumina公司的TruSeq Nano DNA LT Library Prep Kit制备测序文库。采用Quant-iT PicoGreen dsDNA Assay Kit在Promega QuantiFluor荧光定量系统上进行定量，对合格的文库上机进行高通量测序。大鼠粪便样本送到上海派森诺生物科技有限公司，基于16S rRNA测序进行肠道菌群多样性分析。

1.2.6 生物信息学分析

主要采用 QIIME2（2019.4）软件和 R 软件（v3.2.0）进行序列数据分析。对获得的序列按相似度进行归并、ASV（amplicon sequence variants）/OTU（operational taxonomic units）划分和聚类分析。根据 ASV 特征序列 /OTU 代表序列聚类的稀疏曲线，分析计算 α 多样性指数中的 Shannon 指数以比较样品间的丰富度与均匀度。对不同处理组菌群的 β 多样性进行主坐标分析（Principal coordinates analysis，PCoA），以描述样本间的自然分布特征。

1.3 统计分析

数据结果以平均值 ± 标准差表示，采用 GraphPad Prism 5.0 和 SPSS 24.0 对各组数据进行 ANOVA（Tukey test）分析，$P<0.05$ 为差异显著。

2 结果与分析

2.1 对大鼠一般情况的影响

克林霉素磷酸酯灌胃 3 d 后，大鼠开始出现不同程度的腹泻，表现为活动减少、不活泼、精神状态不佳、饮水量增加、排便次数增多等症状，并随给药时间延长而加重，严重者可见肛门处红肿并有少量稀粪便黏附。克林霉素磷酸酯灌胃第 4~5 d，所有模型动物均出现严重腹泻，粪便变为明显的稀湿软，精神萎靡，如图 10-1 所示，表明已成功建立了腹泻模型。第 6 d 开始进行自然恢复或 WQP 干预。随着给药时间延长，NR 组和 WQP 组大鼠腹泻有所缓解。到给药第 7 d，WQP 组大鼠无腹泻情况出现；NR 组仍有个别大鼠出现腹泻。从腹泻情况评分来看，NR 组腹泻恢复情况不如 WQP 组恢复情况明显。

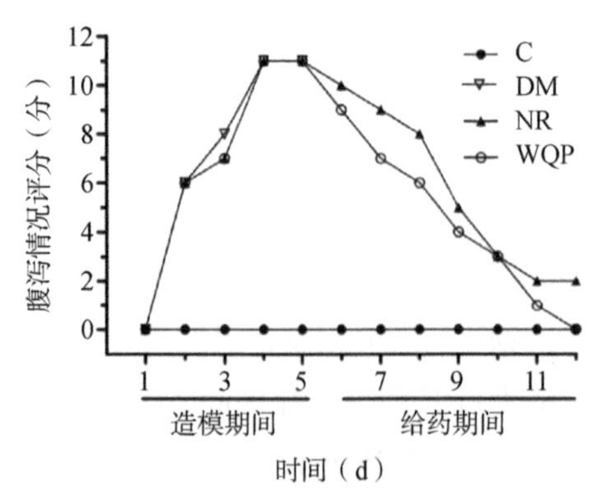

图 10-1 大鼠腹泻情况评分

2.2　结肠组织的病理学结构分析

各组结肠切片见图 10-2。C 组大鼠结肠结构完整，肠黏膜上皮表面的微绒毛排列整齐，杯状细胞丰富。DM 组大鼠的结肠绒毛变短、稀疏，上皮细胞排列紊乱，绒毛间质水肿现象明显，隐窝变浅。NR 组大鼠结肠结构较 DM 组稍有恢复。与 NR 组相比，WQP 组大鼠的结肠结构恢复情况良好，肠绒毛排列更为修长、整齐、致密，隐窝加深，绒毛间质水肿现象减弱，杯状细胞数量增加，整体与 C 组大鼠结肠结构非常接近。因此，WQP 可以改善克林霉素磷酸酯所造成的结肠组织损伤，恢复肠道结构完整性。

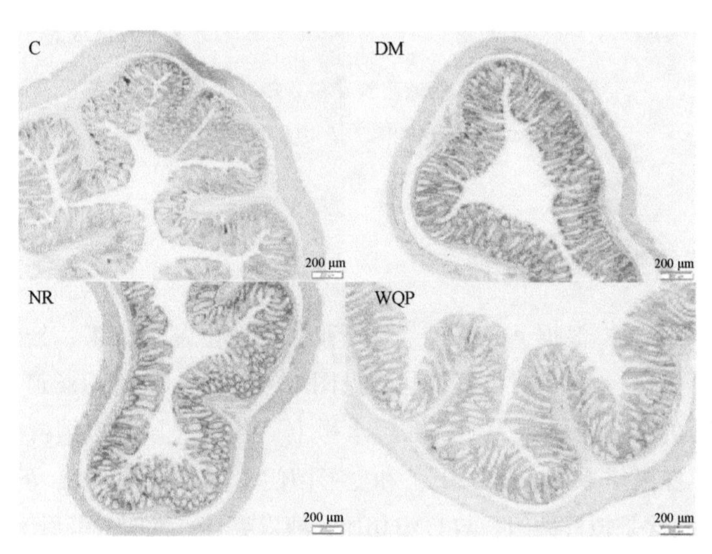

图 10-2　结肠组织结构的变化（HE，×40）

2.3　肠道菌群的 α 和 β 多样性分析

各组大鼠肠道中的细菌 16S rRNA 测序后，对获得的序列进行归并和 ASV/OTU 划分。使用 QIIME2 软件分析，α 多样性指数中 Shannon 指数值越高，表明群落的多样性越高。对不同处理组菌群的 Shannon 多样性指数进行分析，结果见图 10-3A。与 C 组相比，DM 组的 Shannon 多样性指数显著降低（$P<0.001$）。经过自然恢复或 WQP 干预后，肠道菌群的丰富度和多样性显著恢复（$P<0.05$）。使用 R 软件对不同处理组菌群的 β 多样性进行 PCoA 分析，结果见图 10-3B PCoA 主坐标分析二维排序。基于 Unweighted Unifrac 算法的 PCoA 分析表明，DM 组样本与 C 组代表样本的点明显分开，表明造模后大鼠的肠道菌群结构发生显著改变。NR 组和 WQP 给药组大部分代表样本的点聚集在一起，说明菌群组成和结构比较相似。

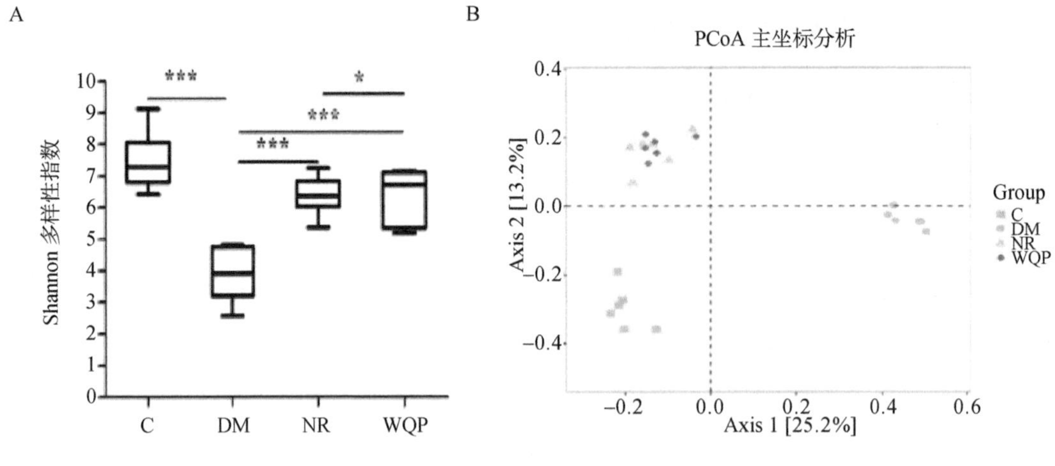

图 10-3 肠道菌群 α 和 β 多样性分析

注：$^{*}P<0.05$，$^{**}P<0.01$，$^{***}P<0.001$，为差异显著。

2.4 肠道菌群的组成分析

16S rRNA 测序后，根据 ASV/OTU 划分和分类地位鉴定结果，分析了门水平肠道菌群（相对丰度 >1%）的相对丰度变化，见图 10-4。不同处理组肠道菌群组成的相对丰度发生了显著的变化。结果表明，在门水平上，各组大鼠肠道菌群主要由厚壁菌门（Firmicutes）、拟杆菌门（Bacteroidetes）和变形菌门（Proteobacteria）等组成，其中厚壁菌门占比最多，其次是拟杆菌门。与 C 组相比，灌胃克林霉素磷酸酯后，DM 组大鼠的拟杆菌门的相对丰度增加；厚壁菌门和变形菌门的相对丰度减少。经过自然恢复或干预后，与 NR 组相比，WQP 可降低厚壁菌门和变形菌门的相对丰度，增加拟杆菌门的相对丰度，且在门水平上的组成更接近 C 组。

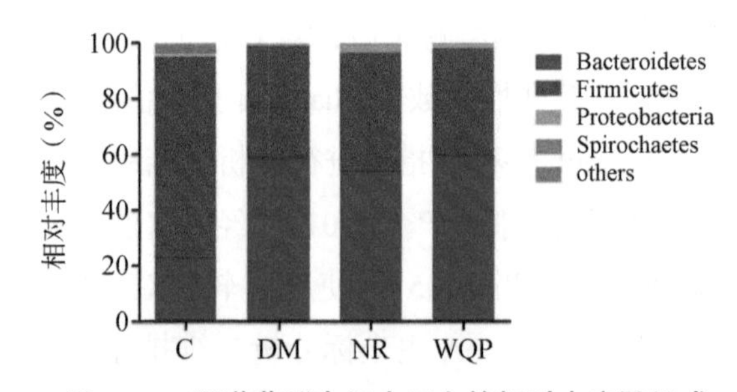

图 10-4 肠道菌群在门水平上的相对丰度及组成

对大鼠肠道菌群中相对丰度 >1% 的菌属进行分析，结果见图 10-5 和图 10-6。属水平上，大鼠的肠道菌群主要由拟杆菌属（*Bacteroidetes*）、乳杆菌属（*Lactobacillus*）、梭菌属（*Clostridium*）、布劳特氏菌属（*Blautia*）、颤螺旋菌属（*Oscillospira*）、粪球菌属（*Coprococcus*）和萨特氏菌属（*Sutterella*）等组成。与C组相比，DM组拟杆菌属、梭菌属的相对丰度显著增加（$P<0.001$）。NR和WQP组肠道菌群组成均较DM组有一定的恢复，拟杆菌属、梭菌属的相对丰度降低。与NR组相比，WQP显著降低拟杆菌属、梭菌属的相对丰度（$P<0.05$）。

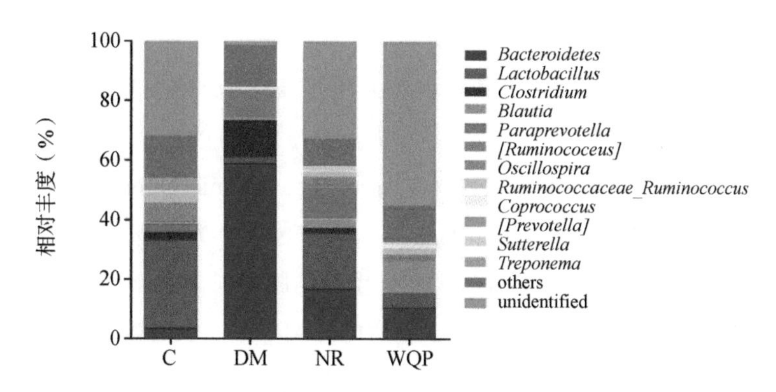

图 10-5　肠道菌群在属水平上的相对丰度及组成

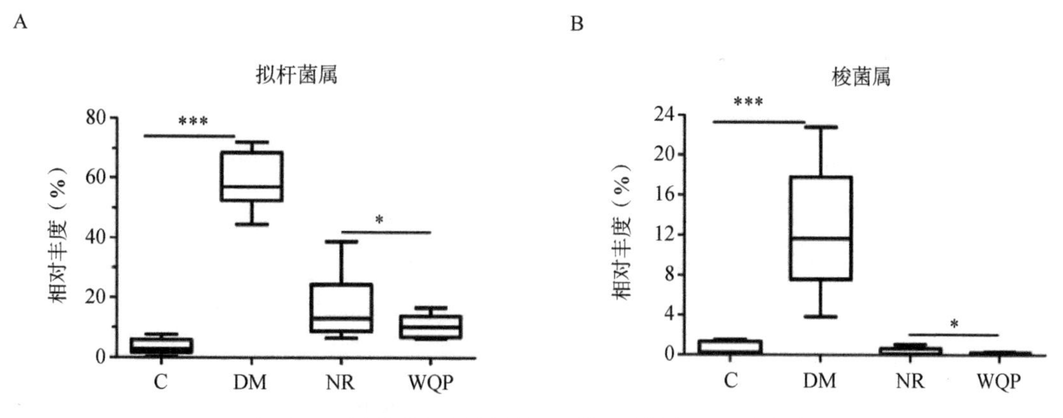

图 10-6　肠道菌群中拟杆菌属和梭菌属的相对丰度变化

注：$^{*}P<0.05$，$^{***}P<0.001$，为差异显著。

3　结论

结果表明，WQP可通过促进AAD大鼠肠道结构恢复，改善肠道菌群丰富度和多样性，对克林霉素磷酸酯所造成的腹泻、肠壁结构破坏及菌群失调等症状产生改善作用。本研究可为西洋参多糖的进一步开发应用提供理论参考。

参考文献

[1] BARTLETT J G. Antibiotic-associated diarrhea [J]. New England Journal of Medicine, 2002, 346(5): 334-339.

[2] LV W, LIU C, YE C X, et al. Structural modulation of gut microbiota during alleviation of antibiotic-associated diarrhea with herbal formula [J]. International Journal of Biological Macromolecules, 2017, 105: 1622-1629.

[3] 陈卫，田培郡，张程程，等. 肠道菌群与人体健康的研究热点与进展 [J]. 中国食品学报，2017，17（2）：1-9.

[4] MARCHESI J R, ADAMS D H, FAVA F, et al. The gut microbiota and host health: a new clinical frontier [J]. Gut, 2016, 65(2): 330-339.

[5] 于莲，徐新，苏瑾，等. 纳米山药多糖合生元结肠靶向微生态调节剂对菌群失调大鼠免疫因子及 SOD、MDA、NO、MPO 表达的影响 [J]. 中国微生态学杂志，2016，28（8）：889-892.

[6] 韩乾杰. 植物多糖对仔猪生长性能、免疫功能和肠道健康的影响研究 [D]. 杭州：浙江农林大学，2019.

[7] 张珊珊，童微，胡婕伦，等. 铁皮石斛多糖不同分级组分对小鼠免疫调节及肠道健康的影响 [J]. 中国食品学报，2019，19（12）：14-21.

[8] LI S S, QI Y L, CHEN L X, et al. Effects of *Panax ginseng* polysaccharides on the gut microbiota in mice with antibiotic-associated diarrhea [J]. International Journal of Biological Macromolecules, 2019, 124: 931-937.

[9] QI Y L, CHEN L X, GAO K, et al.. Effects of *Schisandra chinensis* polysaccharides on rats with antibiotic-associated diarrhea [J]. International Journal of Biological Macromolecules, 2019, 124: 627-634.

[10] LI S S, QI Y L, REN D D, et al. The structure features and improving effects of polysaccharide from astragalus membranaceus on antibiotic-associated diarrhea [J]. Antibiotics (Basel), 2019, 9(1): 8.

[11] CHEN R, LIU B, WANG X Y, et al. Effects of polysaccharide from *Pueraria lobata* on gut microbiota in mice [J]. International Journal of Biological Macromolecules, 2020, 158: 740-749.

[12] 赵芷萌，赵宏，王宇亮，等. 百合多糖的纯化及其对肠道菌群失调小鼠的调节作用 [J]. 食品工业科技，2020，41（8）：295-306.

[13] 国家药典委员会. 中华人民共和国药典：一部 [S]. 北京：中国医药科技出版社，2020.

[14] 孙婷婷，张红，李晔，等. 西洋参药材中总多糖及总皂苷提取工艺研究 [J]. 中国药师，

2018，21（10）：1734-1737.

［15］黄社霄．人参、西洋参、三七药用探讨［J］．中国中医药现代远程教育，2011，9（15）：73-74.

［16］李珊珊，孙印石．西洋参多糖结构与药理活性研究进展［J］．特产研究，2017，39（3）：68-71.

［17］尚金燕，李桂荣，邵明辉，等．西洋参的药理作用研究进展［J］．人参研究，2016，28（6）：49-51.

［18］于晓娜，崔波，任贵兴．西洋参多糖的研究进展［J］．食品科学，2014，35（9）：301-305.

第十一章　西洋参治疗溃疡性结肠炎产品开发

溃疡性结肠炎（Ulcerative coliti，UC）作为一种主要的炎症性肠道疾病，其病因和发病机制非常复杂，并且迄今尚不明确。部分研究表明，肠道微生物、肠道免疫功能失调与肠道炎症有着密不可分的关系[1]，当把患有结肠炎小鼠的肠道菌群移植到无菌小鼠中时则会引起肠道炎症[2]。因此，肠道菌群在UC的防治中起着越来越重要的作用，而肠道菌群的失调往往是因为致病菌数量的增加和益生菌数量的减少。大量研究表明，在饮食中添加具有益生元特性的膳食纤维可以调整肠道菌群结构，从而保护肠道并预防肠道炎症[3]。本章研究了食药同源膳食纤维对小鼠结肠炎的保护作用，从而起到辅助治疗的目的。

西洋参中提取的水溶性膳食纤维（American ginseng soluble dietary fiber，ASDF）具有调节糖脂、抗氧化、保护肠屏障和调节免疫等方面的作用[4]。目前，关于ASDF对UC的影响还鲜有报道。因此，本研究通过建立UC模型来探讨ASDF对肠道的保护作用及机制。

1　材料与方法

1.1　材料与仪器

葡聚糖硫酸钠（Dextran sulfate sodium，DSS）、肿瘤坏死因子-α、细胞白介素-6、小鼠白细胞介素-1β ELISA试剂盒，上海酶联生物科技有限公司；美沙拉嗪肠溶片，黑龙江天宏药业股份有限公司；西洋参购自于山东省威海市文登区，经吉林农业大学李伟教授鉴定为西洋参干燥根；α-淀粉酶、碱性蛋白酶、糖化酶，北京索莱宝生物科技有限公司。

QD8J/BL单煎机，青岛达尔电子机械销售有限公司；Explorer EX125DZH准微量电子天平，美国奥豪斯仪器有限公司；ALPHA 1-4LDplus冷冻干燥机，德国Martin Christo公司；电热恒温水浴锅，常州国华电器有限公司；ZDX-35B高压灭菌锅，上海申安医疗器械厂；超低温冰箱，青岛海尔空调电子有限公司；TG16-WS台式高速离心机，湖南湘仪实验仪器开发有限公司；FA-1A-50D低温冷冻干燥机，北京博医康技术有限公司；HZ-CA恒温水浴震荡器，常州诺基仪器有限公司。

1.2　方法

1.2.1　西洋参 SDF 的制备

参考国标 GB 5009.88—2014《食品中膳食纤维的测定》方法对西洋参进行酶解。西洋参水提药渣以料液比 1∶15 加入蒸馏水并调节 pH=8。随后，加入 α- 淀粉酶、碱性蛋白酶，并在 60℃烘箱内反应 2 h。最后，加入冰乙酸调节 pH=4.5，并利用糖化酶在 60℃烘箱反应 2 h 后进行离心。滤渣干燥、粉碎得 IDF。滤液浓缩后加 4 倍体积乙醇进行醇沉，沉淀经干燥，水复溶，冻干得 SDF[5]。

西洋参→煮榨→留渣→干燥→粉碎→酶解→过滤 ┤
- 沉淀→干燥→粉碎（西洋参IDF的工艺流程）
- 上清→4倍乙醇沉淀→过滤→冻干→粉碎（西洋参SDF的工艺流程）

1.2.2　动物分组及给药方案

SPF 级 C57BL/6 雄性小鼠，8 周龄，体重 20~22 g，室内保持 20~22℃和 50~55% 恒温恒湿，昼夜光照交替。小鼠购于辽宁长生生物技术股份有限公司，许可证号：SCXK（辽）2020-0001。所有动物实验经中国农业科学院特产研究所伦理委员会评估许可，并严格遵守动物管理条例。饲料、垫料均购买于辽宁长生生物技术股份有限公司。实验所用饮用水、生理盐水均经过高温高压灭菌处理。

40 只 SPF 级 C57BL/6 雄性小鼠适应性喂养一周后随机分为 5 组，分别为正常组（ND）、模型组（UC）、美沙拉嗪组（300 mg/kg，MS）及西洋参 SDF 低剂量组（2.5% 饮水，ASDFL）、西洋参 SDF 高剂量组（5% 饮水，ASDFH），每组各 8 只（图 11-1）。

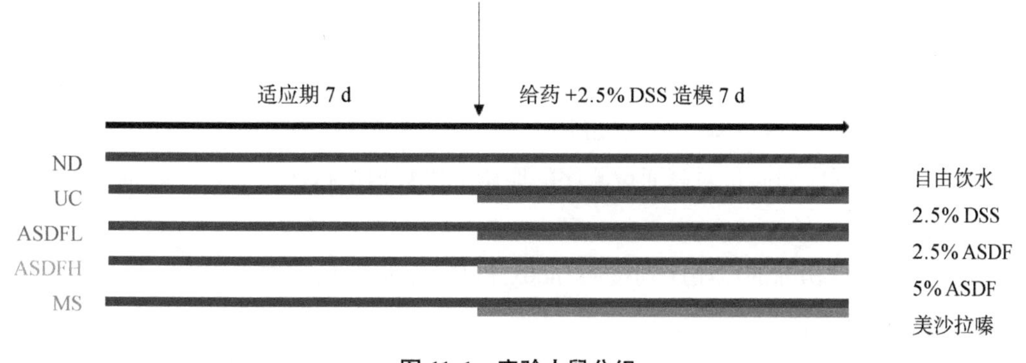

图 11-1　实验小鼠分组

ND 组、UC 组每天给予无菌水，MS 组及 ASDF 给药组按剂量连续给药 7 d。同时，将除 ND 组以外的所有组别的小鼠饮水均为 2.5% DSS 溶液。每天记录实验小鼠体质量、摄食量、饮水量。

1.2.3 疾病活动指数评分

在整个实验期间，每日观察、记录各组小鼠的一般情况，具体包括精神状况、活动、小鼠的粪便性状及便血情况。给药 DSS 后，每天观察粪便状态并检测粪便隐血情况，之后计算疾病活动指数[6]。DAI 评分标准按照表 11-1 进行。评分依据为粘着于肛门的水样便为稀便，不粘着于肛门的糊状大便为半稀便，成型大便为正常便。根据公式“疾病活动指数 =（体质量评分 + 粪便性状评分 + 隐血评分）/3”计算小鼠疾病活动指数。处死前 5 天观察粪便状态，计算体质量下降率和 DAI 值。

表 11-1 疾病活动指数

记分	体重下降（%）	粪便状态	便血情况
0	0	正常	阴性（–）
1	0~5	介于两者之间	介于两者之间
2	5~10	半稀便	隐血（+）
3	10~15	介于两者之间	介于两者之间
4	≥ 15	稀便	肉眼血便

1.2.4 结肠长度

于实验结束后采用颈椎脱臼法处死各组小鼠，分离整段结肠组织，用标尺测量各组小鼠结肠长度 *b* 并进行统计学分析。

1.2.5 动物血清处理及炎症指标检测

给药、造模后，对各组小鼠眼眶取血，留取血液，采用 2 500 r/min，4℃离心 15 min，留取血清。ELISA 试剂盒测定肿瘤坏死因子 -α（TNF-α）、细胞白介素 -6（IL-6）和小鼠白细胞介素 -1β（IL-1β）指标。具体步骤按照试剂盒说明书操作。

1.2.6 粪便采集及粪便菌群测序

收集每只小鼠自然排出的粪便颗粒（4~6 粒）于灭菌离心管中，立即冻存。随后由派森诺基因云平台进行分析，具体步骤如下。

（1）首先根据序列质量对高通量测序的原始下机数据进行初步筛查，对问题样本进行重测、补测。

（2）通过质量初筛的原始序列按照 Index 和 Barcode 信息，进行文库和样本划分，并去除 Barcode 序列。

（3）按照 QIIME2 dada2 或 Vsearch 软件分析流程，并进行序列去噪或 OTU 聚类。

（4）对各样本（组）在不同物种分类学水平的具体组成进行展示，了解整体概况。

（5）根据 ASV/OTU 在不同样本中的分布，评估每个样本的 Alpha 多样性水平，并通过稀疏曲线反映测序深度是否合适。

（6）在 ASV/OTU 层面，计算各样本的距离矩阵，并通过多种非监督的排序、聚类手段，结合相应统计学检验方法，衡量不同样本间的 β 多样性差异及差异显著性。

（7）在物种分类学组成层面，通过各种非监督、监督的排序、聚类和建模手段，结合相应统计学检验方法，进一步衡量不同样本（组）间的物种丰度组成差异，并尝试寻找标志物种。

（8）根据物种在各样本中的组成分布，构建关联网络，计算拓扑指数，并尝试找出关键物种。

（9）使用前引物（5′-ACTCCTACGGGAGGCAGCA-3′）、后引物（5′-TCGGACTAC HVGGG TWTCTAAT-3′）对细菌 16 S rRNA 基因 V3-V4 区进行扩增。

1.2.7　小鼠粪便中 SCFAs 的含量测定

按照表 11-2 中比例配制标准贮备液。

表 11-2　SCFAs 贮备液配制

项目	乙酸 ACE	丙酸 PRO	丁酸 BUTY	异丁酸 ISOB	戊酸 VAL	异戊酸 ISOV	己酸 HEX
剂量（mg）	90.95	92.11	104.33	91.54	90.95	93.21	92.15
最终浓度（g/L）	9.09	9.20	10.42	9.14	9.01	9.30	9.13
摩尔质量（g/mol）	60.00	74.08	88.11	88.11	102.13	102.12	116.16
摩尔浓度（mmol/L）	151.42	124.22	118.29	103.69	88.25	91.09	78.62

含内标物 2EB 的 25% 偏磷酸溶液配制：准确称量 25 g 偏磷酸和 0.217 mL 2- 乙基丁酸，定容到 100 mL 容量瓶中，即配制成含有 2 g/L 内标物 2EB 的 25%（w/v）偏磷酸去蛋白溶液，4℃保存。

供试品溶液的制备：称取一定量粪便，按 1∶5（W/V）加入去离子水，涡旋均匀，4℃、12 h。于 4℃离心机 15 000 r/min 离心 10 min，取上清液 1 mL，加入 0.2 mL 含内标物的 2EB 的 25%（w/v）的偏磷酸去蛋白溶液，涡旋均匀，冰浴 1 h，15 000 r/min 离心 10 min，取上清液，微孔滤膜过滤，即得供试品溶液。

色谱条件：DB-FFAP（30 m × 0.32 mm，0.32 μm）色谱柱；载气为高纯度氮气；载气流速 2.2 mL/min；检测器 FID；进样口温度 250℃；检测器温度 250℃；程序升温（初始温度 60℃，10℃ /min 升温到 170℃，8℃ /min 升温到 212℃）。

1.2.8 粪便胆汁酸定量分析

精密量取 39 种胆汁酸标准品于容量瓶中，甲醇定容得到混合标准品溶液，甲醇稀释得到系列标准品溶液，–20℃保存，备用。

精确称取适量样本于 2 mL EP 管中，精密加入 400 μL 甲醇，涡旋振荡 60 s，加入 100 mg 玻璃珠，放入高通量组织研磨器中，55 Hz 研磨 60 s，重复上述操作 2 次；室温超声 30 min，12 000 r/min 离心 10 min，取 200 μL 上清液加入 400 μL 的水混合，涡旋振荡 30 s；取 20 μL 混合液加入 980 μL 的 30% 甲醇混合，涡旋振荡 30 s；取 300 μL 上清液过 0.22 μm 膜过滤，过滤液加入到检测瓶中。

色谱条件：ACQUITY UPLC® BEH C18 色谱柱（2.1 mm × 100 mm，1.7 μm，美国 Waters 公司），进样量 5 μL，柱温 40 ℃，流动相 A 为 0.01% 甲酸水，B 为乙腈。梯度洗脱（0~9 min，30% B；9~14 min，30%~36% B；14~18 min，36%~38% B；18~24 min，38%~50% B；24~32 min，50%~75% B；32~33 min，75%~90% B；33~35.5 min，90%~30% B），流速 0.25 mL/min。

质谱条件：电喷雾电离（ESI）源，负离子电离模式。离子源温度 500℃，离子源电压 –4 500 V，碰撞气 6 psi[①]，气帘气 30 psi，雾化气和辅助气均为 50 psi。采用多反应监测（MRM）模式进行扫描。

1.3 统计分析

所有数据采用 SPSS、Graghpad Prism、Microsoft Excel 和派森诺基因云进行分析，$P<0.05$ 代表具有显著性差异。

2 结果与分析

2.1 一般体征及 DAI 评分结果

对 5 组小鼠给药、造模开始后，记录并分析每天的体质量、摄食量、饮水量。如图 11-2A 所示，ND 组小鼠摄食及饮水正常，且体质量呈上升趋势。造模第 4 d，与 ND 组小鼠相比，UC 组小鼠体重下降明显（$P<0.05$）；与 UC 组小鼠相比，ASDFL、ASDFH 组小鼠体质量有不同程度的上升，但无显著性差异（$P>0.05$）；MS 组小鼠体重呈上升趋势（$P<0.05$）。如图 11-2B 和 11-2C，与 ND 组相比，UC 组小鼠摄食量、饮水量均减少（$P>0.05$），ASDFL、ASDFH、MS 组摄食量（$P>0.05$）、饮水量均有不同程度的变化（$P>0.05$）。

各实验组小鼠从造模开始后每天固定时间进行各组小鼠的 DAI 评分与方差分析。如

① psi=689476 Pa。全书同。

图 11-2D 所示，造模前 3 d DAI 评分无显著差异。造模第 4 d，UC 组小鼠出现粪便软化，体质量下降，摄食量和饮水量减少，活动能力下降，个别小鼠出现便血；MS（P<0.05）及 ASDF 给药组小鼠状态较模型组小鼠活泼，毛发情况良好，DAI 评分较 UC 组低。结果显示，ASDFL、ASDFH 组对 UC 小鼠均有不同程度的保护作用，且 ASDFL 效果较其他给药剂量效果明显。

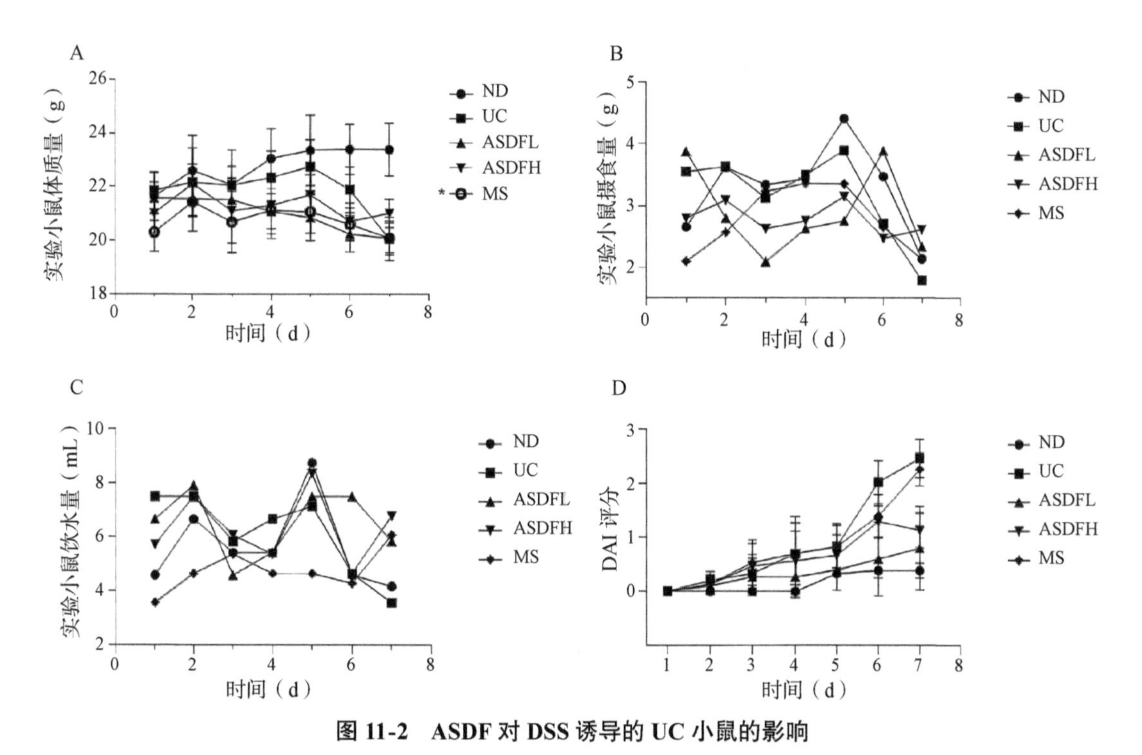

图 11-2　ASDF 对 DSS 诱导的 UC 小鼠的影响

A. 实验小鼠体质量；B-C. ASDF 对 DSS 诱导的 UC 小鼠摄食量、饮水量的影响；
D. ASDF 对 DSS 诱导的 UC 小鼠 DAI 评分的影响。
注：与 ND 组相比，$^{\#}P$<0.05；与 UC 组比，$^{*}P$<0.05。

2.2　小鼠结肠长度分析

结肠炎会导致小鼠结肠肠壁增厚，结肠长度变短。因此，结肠长度也是反应结肠炎的一个间接指标[7]。如图 11-3 所示，ND 组小鼠平均结肠长度为（5.67 ± 0.33）cm，UC 组小鼠结肠平均长度为（4.17 ± 0.37）cm，与 ND 组相比，UC 组小鼠结肠缩短了 26.46%（P>0.05）。与 UC 组相比，ASDF 给药组、MS 组小鼠结肠长度均不同程度增加（P>0.05），ASDF 组结肠平均长度为（5.17 ± 0.33）cm，MS 组结肠平均长度为（5 ± 0.5）cm。总之，本研究结果表明 ASDF 给药处理能改善结肠炎小鼠的结肠萎缩情况。

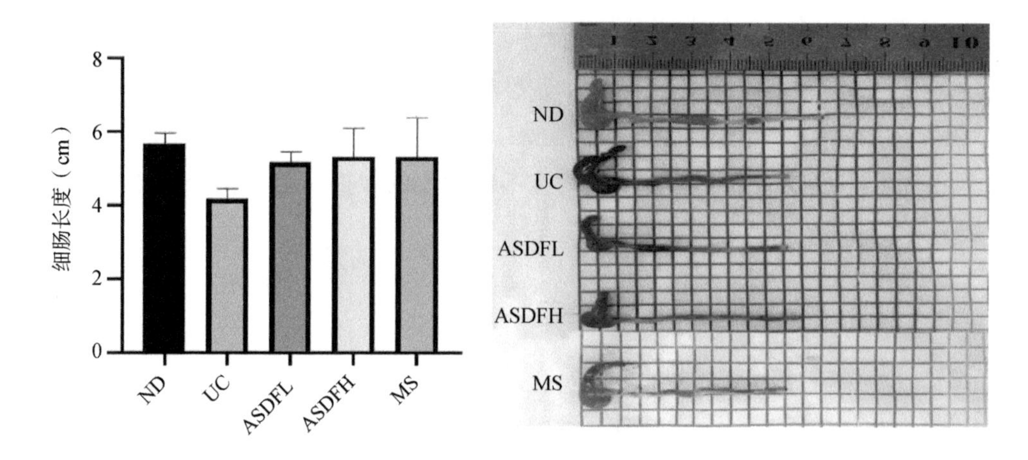

图 11-3　ASDF 对 DSS 诱导 UC 小鼠结肠长度的影响

2.3　HE 切片染色及病理组织学分析

各组结肠切片见图 11-4（100 ×、200 ×）。ND 组小鼠结肠结构完整，肠黏膜上皮表面的微绒毛排列整齐，杯状细胞丰富。UC 组小鼠的结肠绒毛变短、稀疏，上皮细胞排列紊乱，绒毛间质水肿现象明显，隐窝变浅。ASDFL、ASDFH 组小鼠结肠结构较 UC 组稍有恢复。与 ND 组相比，ASDF 组小鼠的结肠结构恢复情况良好，肠绒毛排列更为修长、整齐、致密，隐窝加深，绒毛间质水肿现象减弱，杯状细胞数量增加，整体与 ND 组

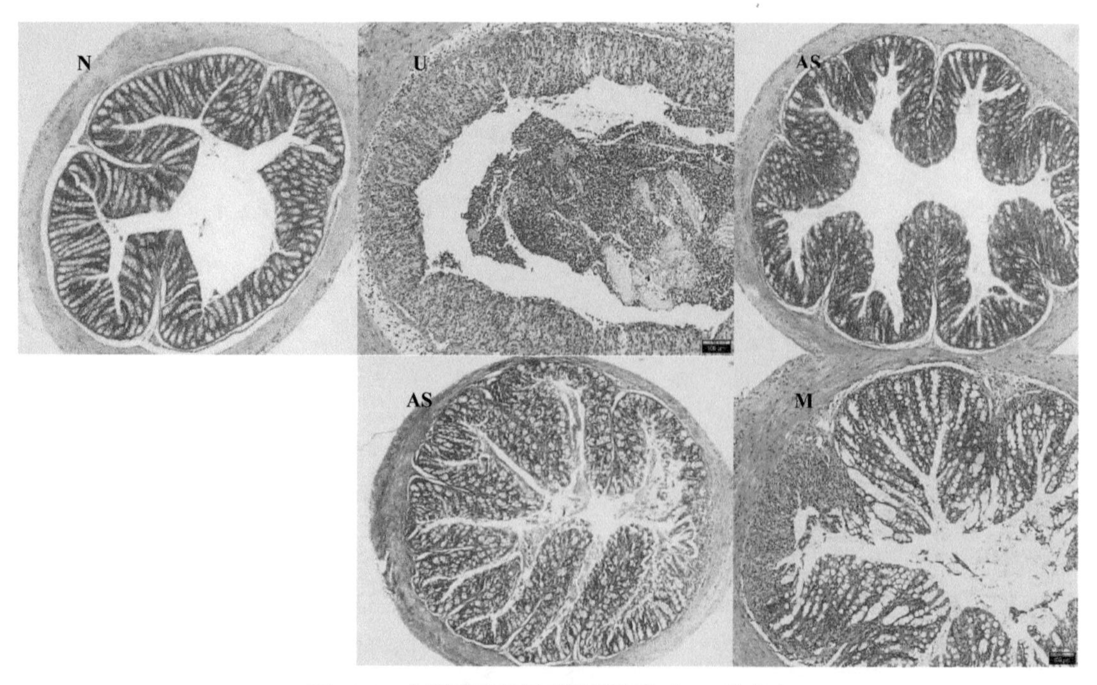

图 11-4　小鼠结肠组织病理学变化（HE 染色）

大鼠结肠结构接近。而 MS 组小鼠的结肠绒毛结构相较于 ASDF 给药组稀疏。综上可知，ASDF 可以改善 DSS 所造成的结肠组织损伤，一定程度上恢复肠道结构完整性。

2.4　血清炎症因子分析

各组小鼠血清中 TNF-α、IL-6、IL-1β 的水平如图 11-5 所示。结果显示，与 ND 组相比，UC 组血清中 TNF-α、IL-6 水平显著升高（$P<0.01$）；与 UC 组相比，ASDFL、ASDFH 及 MS 组小鼠血清中 TNF-α、IL-6 水平显著降低（$P<0.05$，$P<0.01$）。综上可知，ASDF 显著抑制了炎症因子的分泌。

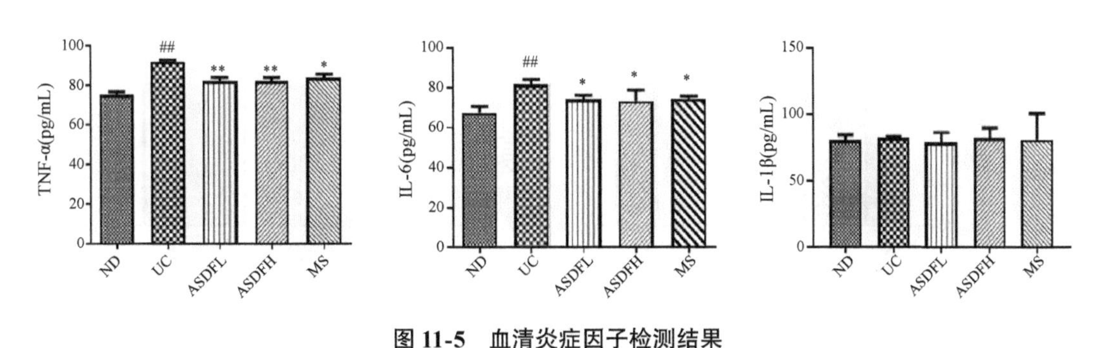

图 11-5　血清炎症因子检测结果

注：与 ND 组相比，$^{\#\#}P<0.01$；与 UC 组比，$^{*}P<0.05$、$^{**}P<0.01$。

2.5　肠道菌群分析

2.5.1　α 多样性指数分析

本实验选取了 40 只（每组 8 只）小鼠粪便样品进行分析。α 多样性指数包括反应群落丰度的 Chao1 指数，以及兼顾群落均匀度的 Shannon 指数和 Simpson 指数。较大的 Shannon 指数与较小的 Simpson 指数均可以反应更高的菌群多样性。Coverage 指数是指各样品文库的覆盖率。如图 11-6 所示，各组数值均在 0.9 以上，说明样本序列中未被测出的概率较低。与 ND 组相比，UC 组细菌菌落的 Chao1 丰度指数和 Shannon 多样性指数降低，这可能与 UC 组的炎症反应相关。ASDF 给药组的肠道菌群的多样性和丰度均发生变化。

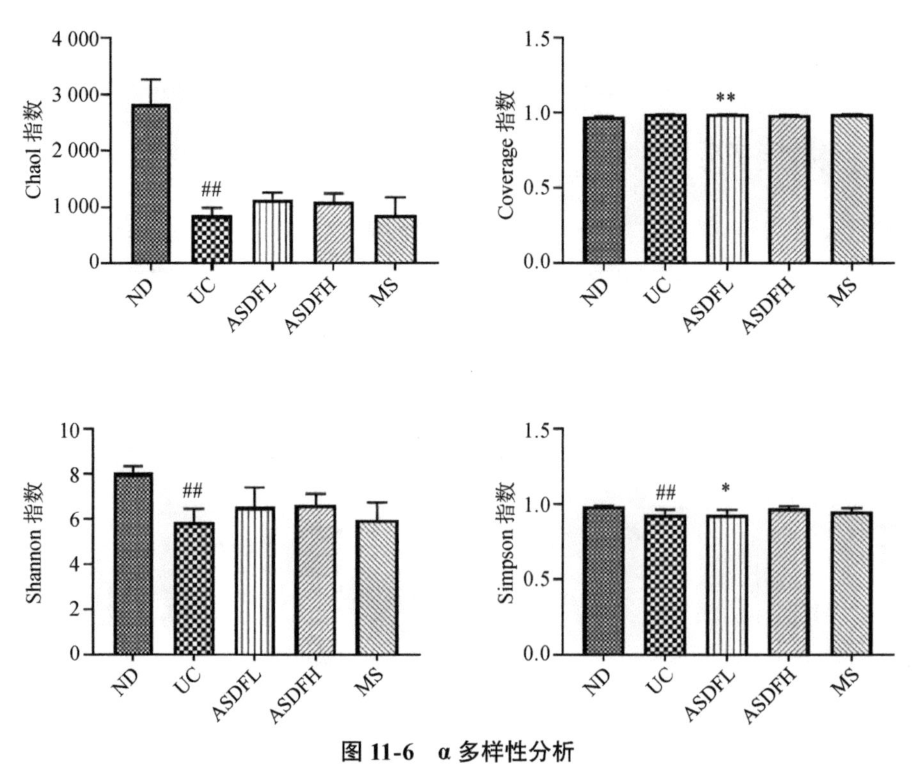

图 11-6 α 多样性分析

注：与 ND 组相比，##$P<0.01$；与 UC 组比，*$P<0.05$、**$P<0.01$。

2.5.2 β 多样性指数分析

使用 QIIME2（2019.4）、R 语言、ape 包等分析软件对不同处理组菌群的 β 多样性进行 PCoA 分析，结果见 PCoA 柱坐标分析二维排序图（图 11-7）。基于 Unweighted Unifrace 算

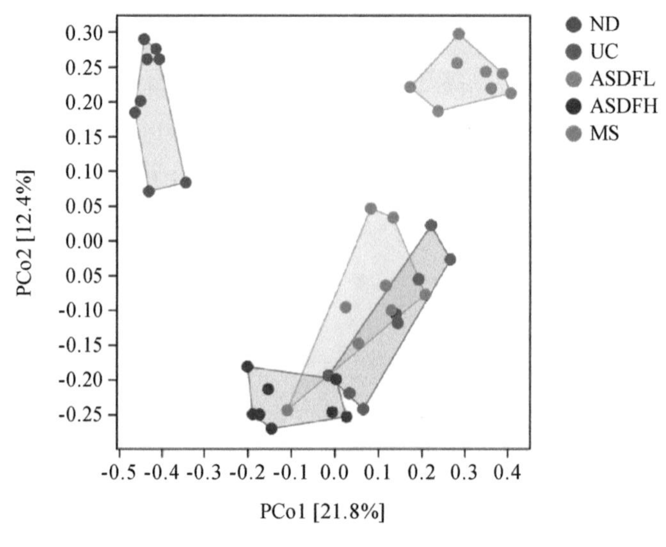

图 11-7 β 多样性 PCoA 分析

法的 PCoA 分析发现，ND 组样本与 UC 组样本明显分离，表明造模后小鼠的肠道菌群结构发生显著变化。ASDFL 组样本与 UC 组明显分离，表明 ASDFL 组菌群结构与 UC 组明显不同。ASDFL 组、MS 组与 UC 组样本发生聚集现象，说明菌群结构和组成有部分相同。

2.5.3　基于 OTU 丰度的 PCA 分析

Venn 图显示了各组共有和特有 OTUs 的情况：各组共有 OTUs 277 个（图 11-8）。在 OTU 数目的变化中，UC 组较正常组有降低的趋势，各给药组有升高的趋势。OTU 水平说明 ASDF 的摄入使得 UC 小鼠肠道菌群丰度发生了改变，并且不同给药组对 OTU 的数目影响均有差异。与 ND 组相比，UC 组 OTU 减少 77%；与 UC 组相比，ASDFL 给药组 OTU 增加 21%；ASDFH 给药组 OTU 增加 53%；MS 组 OTU 增加 13%。为了探究不同组别之间的物种多样性差异，基于样本 OTU 的丰度对数据进行主成分分析（PCA）与距离矩阵算法。通过 PCA 分析可知，ND 组及各给药组与 UC 组发生分离，这表明 ND 组及各给药组与 UC 组的肠道菌群的物种结构组成存在差异（图 11-8）。总体来说，ASDF 给药组的总 OTU 数量和独有 OTU 数量增加。另外，ASDF 给药组使其物种丰富度有所增加、物种组成也发生变化。

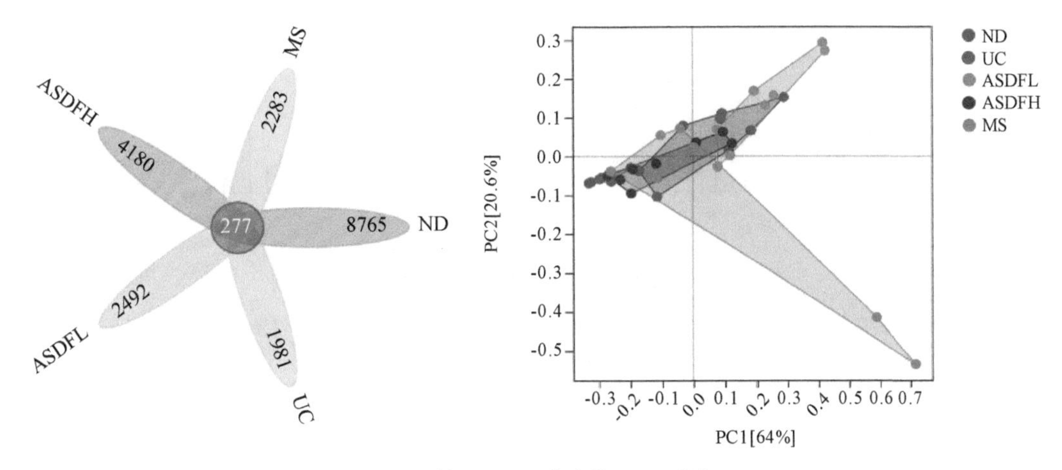

图 11-8　基于 OTU 丰度的 PCA 分析

2.5.4　门水平菌群组成分析

针对小鼠粪便样本进行了各分类水平菌群组成分析，如图 11-9 所示。在门水平上，拟杆菌门（Bacteroidetes）及厚壁菌门（Firmicutes）在样本中为主导，平均占比 90% 以上，其次为变形菌门（Proteobacteria）、Actinobacteria、TM7、Verrucomicrobia、Tenericutes 等。与 ND 组相比，UC 组 Firmicutes 丰度增加（$P<0.01$）、Bacteroidetes 减少（$P<0.01$）、Proteobacteria 增加（$P>0.05$）；与 UC 组相比，ASDFL 组 Bacteroidetes 丰度减少但无显著性差异（$P>0.05$），Firmicutes 丰度增加（$P<0.05$）；ASDFH 组、MS 组 Bacteroidetes 丰度均增加，Firmicutes 丰度均减少（$P>0.05$）。研究显示，在短时间内给

予膳食纤维的剂量不同，显著影响了拟杆菌门、厚壁菌门的丰度，且 ASDFL 组的作用更为明显。以上研究表明，ASDF 对肠道菌群存在有益作用，但益生元功效有待深入研究。

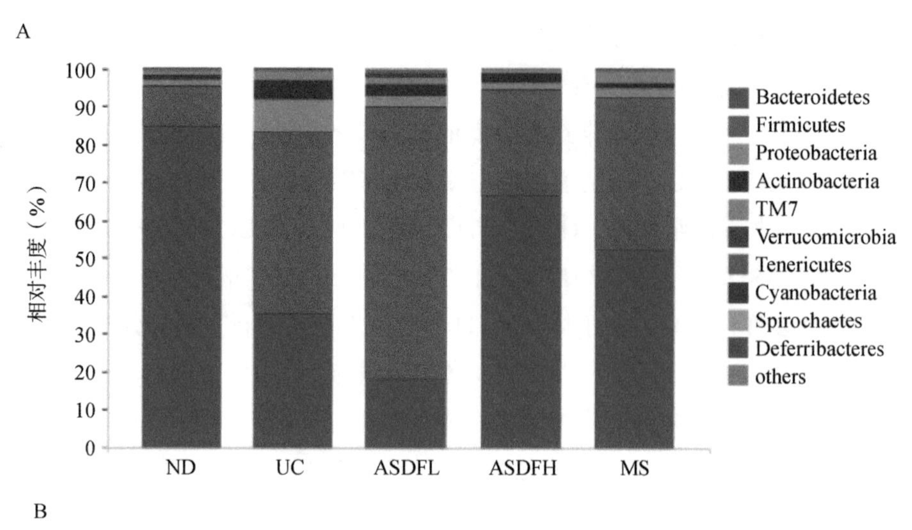

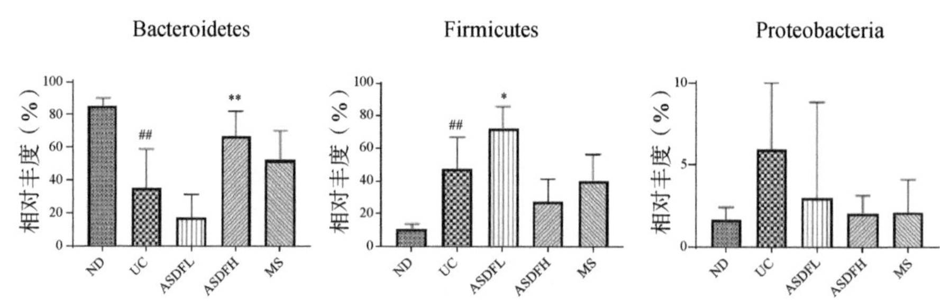

图 11-9　ASDF 对小鼠肠道门水平菌群组成的影响

A. 肠道菌群在门类水平中物种相对丰度；B. 拟杆菌门（Bacteroidetes）、水平厚壁菌门（Firmicutes）、变形菌门（Proteobacteria）的相对丰度。

注：与 ND 组相比，$^{##}P<0.01$；与 UC 组比，$^{*}P<0.05$，$^{**}P<0.01$。

2.5.5　属水平菌群组成及物种差异性分析

属水平上的物种组成图（图 11-10A）印证了 ASDF 组增加了有益菌乳酸杆菌属（*Lactobacillus*）丰度（$P>0.05$），降低了 *Parabacteroides* 等丰度。与 ND 组比较，ASDFL 组增加了 *Lactobacillus*、*Turicibacter*、拟杆菌属（*Bacteroidetes*）、*Adlercreutzia*；ASDFH 组增加了 *Lactobacillus*、*Clostridium*、*Parabacteroides* 等菌群丰度，降低了 *Bacteroides*、*Ruminococcus*、*Acinetobacter* 等菌群丰度。与多样性结果相一致的是，摄入 ASDF 干预了 OTUs 的数量，使得菌群结构发生变化。随后，进一步对肠道菌属进行定量分析。与 ND 组相比，发现 UC 组小鼠中 *Lactobacillus*、*Bacteroidetes*、*Turicibacter* 显著增加。如图 11-10B 所示，当 ASDF 干预后，改变了结肠炎小鼠中各菌属的变化趋势。

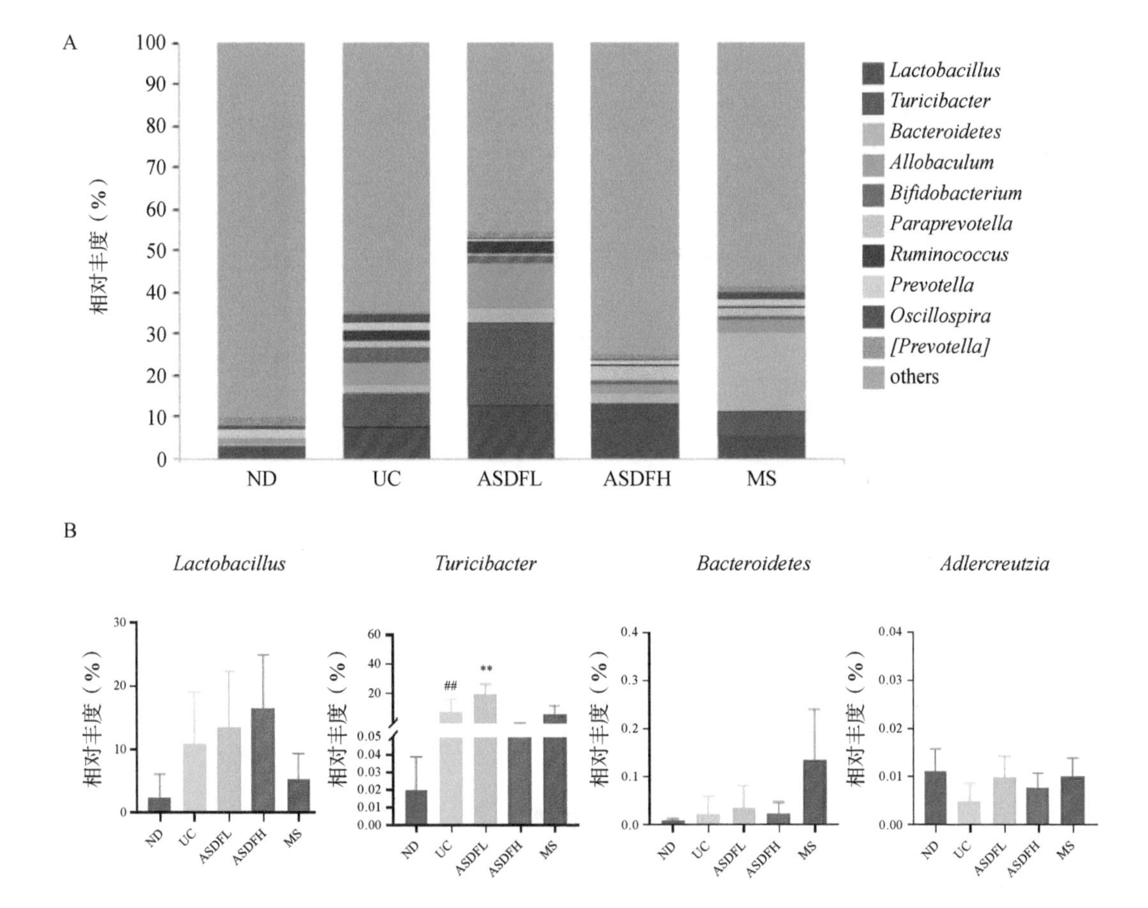

图 11-10　ASDF 对小鼠肠道属水平菌群组成的影响

A. 肠道菌群在属水平中物种相对丰度；B. 乳酸杆菌属（*Lactobacillus*）、拟杆菌属（*Bacteroidetes*）、*Adlercreutzia* 属的相对丰度。

注：与 ND 组相比，$^{\#\#}P<0.01$；与 UC 组比，$^{**}P<0.01$。

与ND组相比，UC组小鼠粪便中纲、目、科、属分类水平上均发现差异菌群。给药ASDF后，各组菌株地位发生变化，将差异以分支图的形式展示，从内至外待变从门到属的分类级别（图 11-11）。图 11-11 显示了在每组中预测的生物标志物的进化关系。ASDF组的生物标志物改变。各组药物能不同程度地改善肠道菌群在UC组中的相对丰度。

从物种组成热图（图 11-12）可以看出，与ND组相比，UC降低了 *Bacteroidetes*、*Paraprevotella*、*Prevotella* 的丰度，不同程度的增加了 *Turicibacter*、*Allobaculum*、*Acinetobacter*、*Weissella* 的丰度。随机森林模型适用于相对分散和不连续分布的群落关系，以获得更准确的分类[8]。如图 11-12 和图 11-13 所示，与UC不同的是，ASDFL的代表菌株是高含量的 *Lactobacillus*，而ASDFH的代表菌株是 *Clostridium*。ASDFH降低了 *Paraprevotella* 的丰度，这也是与UC组差异显著的主要因素。

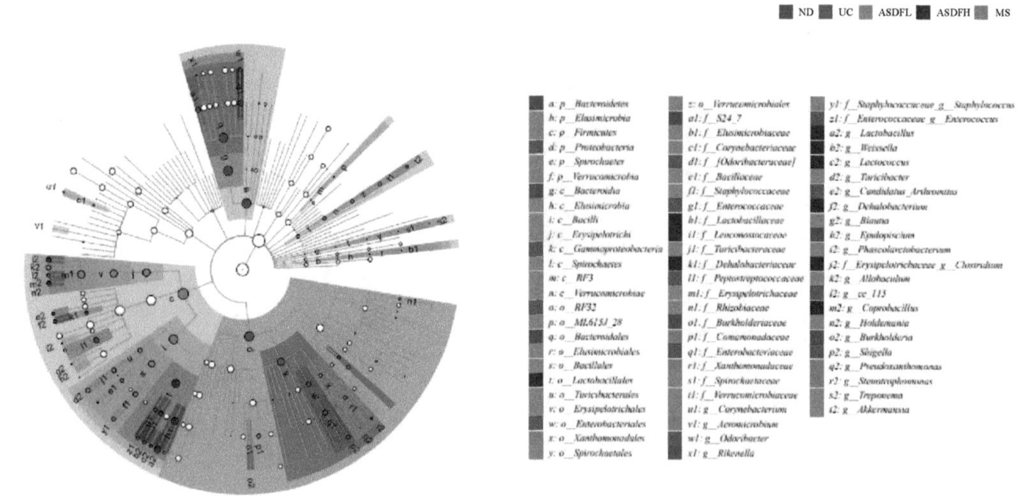

图 11-11 物种 LEfSe 分析

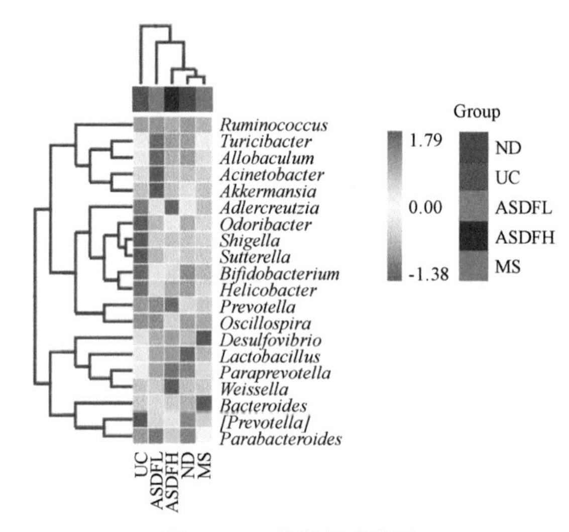

图 11-12 物种组成热图

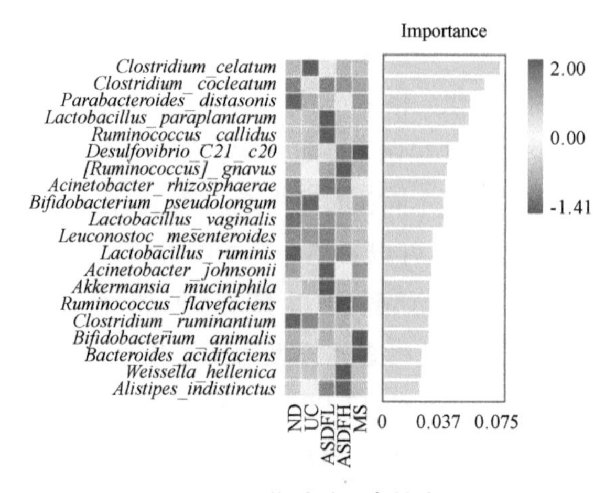

图 11-13 物种随机森林分析

2.6　粪便中 SCFAs 分析

2.6.1　小鼠粪便中 SCFAs 的测定

利用气相色谱的方法测定实验小鼠粪便中菌群代谢产物 SCFAs 的变化。如图 11-14 所示，色谱峰分离效果较好。

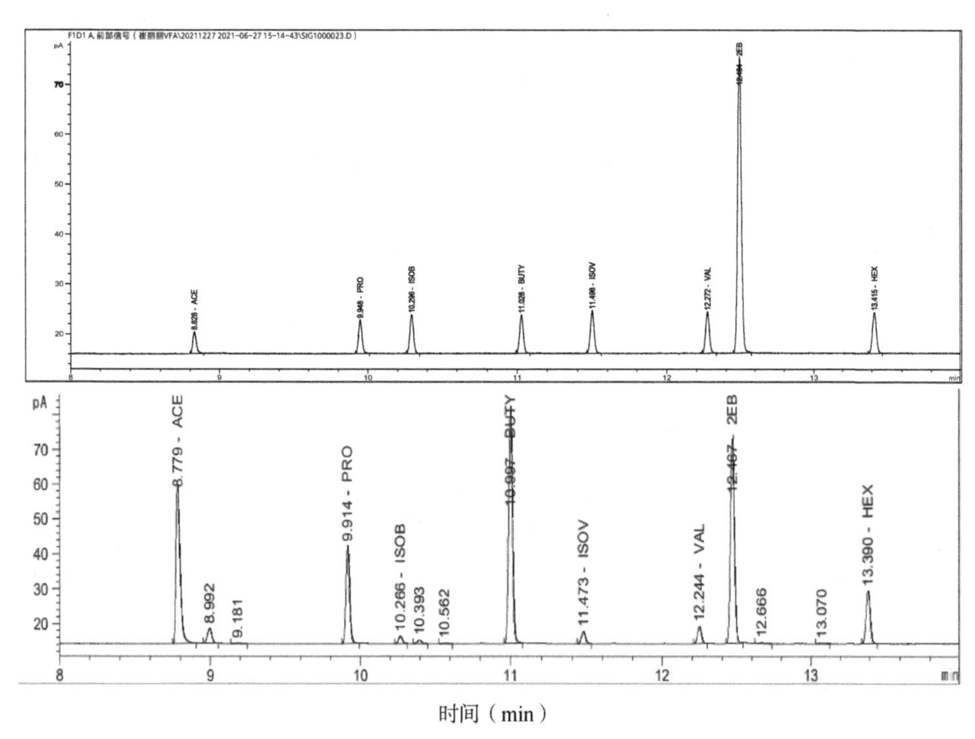

时间（min）

图 11-14　脂肪酸标准品（A）和样品（B）的色谱图

注：在标准品色谱图中由左至右分别为：乙酸、丙酸、异丁酸、丁酸、异戊酸、戊酸、己酸。

按 1.2.7 描述的方法对标样进行测定，以峰面积比对其相应质量浓度进行线性回归，结果见表 11-3。乙酸、丙酸、异丁酸、丁酸、异戊酸、戊酸、己酸在对应浓度范围内线性关系良好，相关系数均达到 $r \geqslant 0.999$。

表 11-3　7 种 SCFAs 的线性回归方程、相关系数

化合物	线性方程	相关系数（r）	线性范围（mmol）
乙酸 ACE	Y=0.179 5X + 0.003 6	0.999	0.17~6.66
丙酸 PRO	Y=0.368 5X + 0.005 8	0.999	0.13~5.40
丁酸 BUTY	Y=0.539 0X + 0.006 8	0.999	0.11~4.54
异丁酸 ISOB	Y=0.555 6X + 0.007 2	0.999	0.11~4.54
戊酸 VAL	Y=0.687 5X + 0.018 0	0.999	0.10~3.92
异戊酸 ISOV	Y=0.724 6X + 0.008 3	0.999	0.10~3.92
己酸 HEX	Y=0.901 4X + 0.007 2	0.999	0.09~3.44

2.6.2 小鼠粪便中 SCFAs 的分析

小鼠粪便中 SCFAs 主要由乙酸、丙酸、丁酸、异丁酸、戊酸、异戊酸组成（如图 11-15）。ND、UC、ASDFL、ASDFH、MS 组中乙酸的含量最高，其含量分别占总 SCFAs 的 67.3%、71.3%、73%、67.5%、71.8%。ND 组丙酸占总 SCFAs 的 18%，异丁酸占 0.8%，丁酸占 11.9%，异戊酸占 1.2%，戊酸占 0.8%；UC 组丙酸占总 SCFAs 的 18.6%，异丁酸占 1.3%，丁酸占 7.1%，异戊酸占 1.3%，戊酸占 0.4%；ASDFL 组中丙酸占 18.7%，异丁酸占 0.8%，丁酸占 5.8%，异戊酸占 1.2%，戊酸占 0.5%；ASDFH 组丙酸占总 SCFAs 的 17%，异丁酸占 1.5%，丁酸占 10.7%，异戊酸占 2.4%，戊酸占 0.9%；MS 组中丙酸占总 SCFAs 的 15.2%，异丁酸占 0.9%，丁酸占 10.1%，异戊酸占 1.4%，戊酸占 0.6%。ASDFL 主要提高了乙酸、丙酸、戊酸的含量；ASDFH 主要提高了丁酸、异戊酸、戊酸、异丁酸的含量。

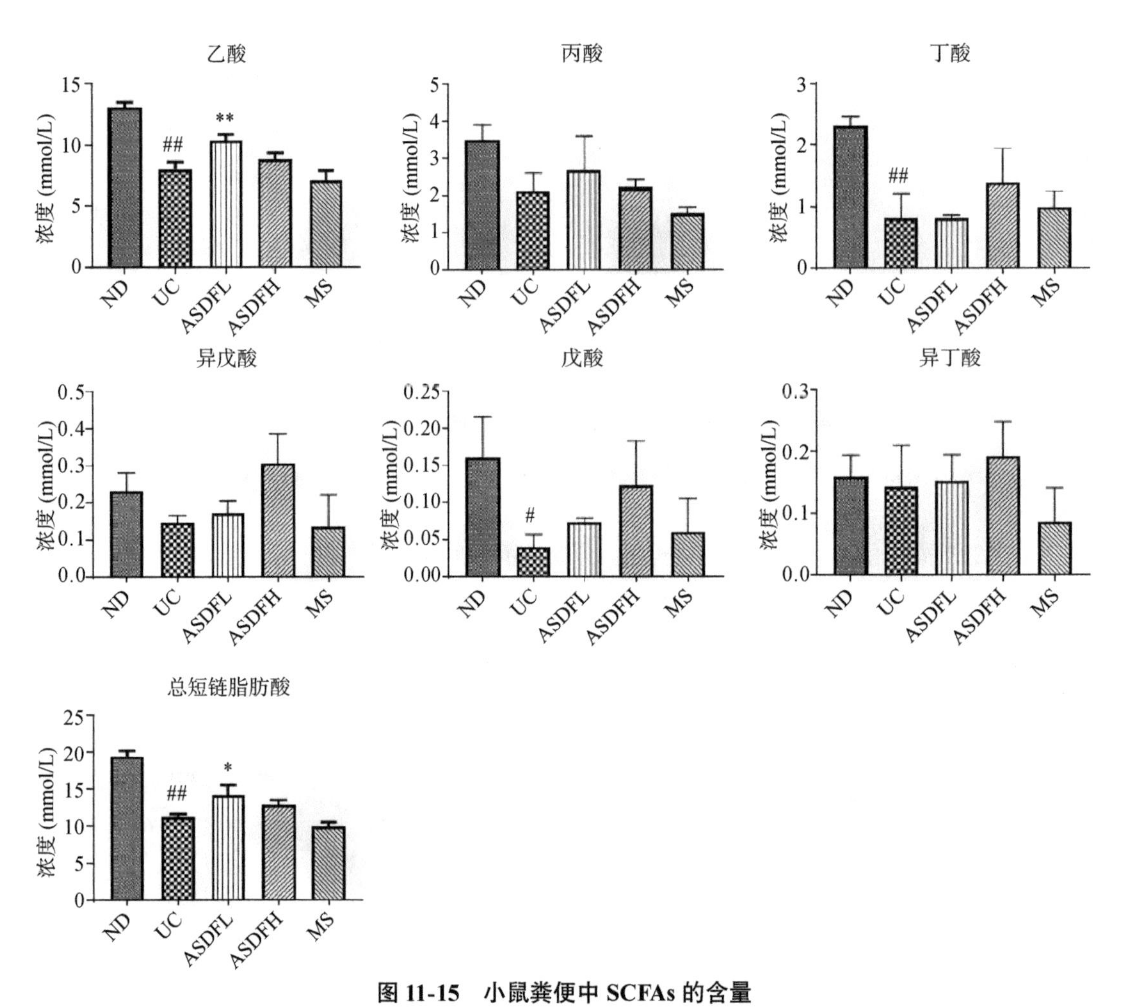

图 11-15 小鼠粪便中 SCFAs 的含量

注：与 ND 组相比，##$P<0.01$；与 UC 组比，*$P<0.05$，**$P<0.01$。

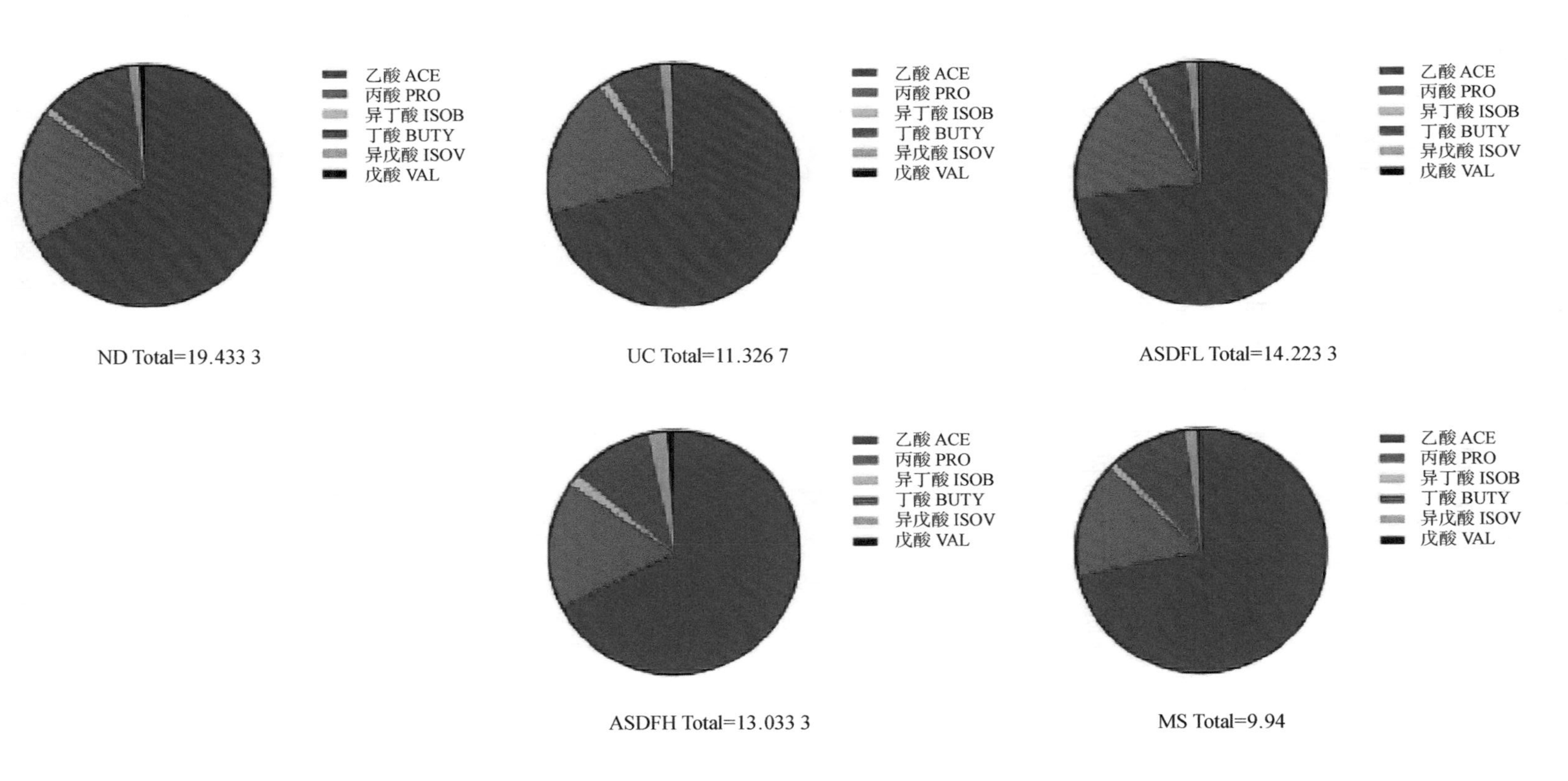

图 11-16　短链脂肪酸饼状图

UC 组乙酸、丁酸、戊酸和总脂肪酸的含量均显著低于 ND 组（$P<0.05$，$P<0.01$），丙酸、异戊酸、异丁酸也低于 ND 组，但差异不显著（图 11-16）。与 UC 组相比，ASDFL 组、ASDFH 组和 MS 组粪便中 SCFAs 含量均显著升高，其中乙酸、丙酸、戊酸含量变化最为明显（$P<0.05$、$P<0.01$）。作为肠道代谢产物的 SCFAs 为肠道上皮细胞提供能量，减轻了肠道炎症，并参与了机体免疫。ASDF 可显著增加肠道中短链脂肪酸的含量。

2.7 ASDF 对结肠炎小鼠粪便中胆汁酸代谢紊乱的调节作用

对系列浓度混合标准品溶液分别进行 LC-MS 检测，以标准品溶液的浓度为横坐标，与内标峰面积比值为纵坐标，考察线性范围并绘制标准曲线。胆汁酸对照品和样品 TIC 图见图 11-17。得到的各物质线性回归方程见表 11-4，相关系数 $r>0.9900$。

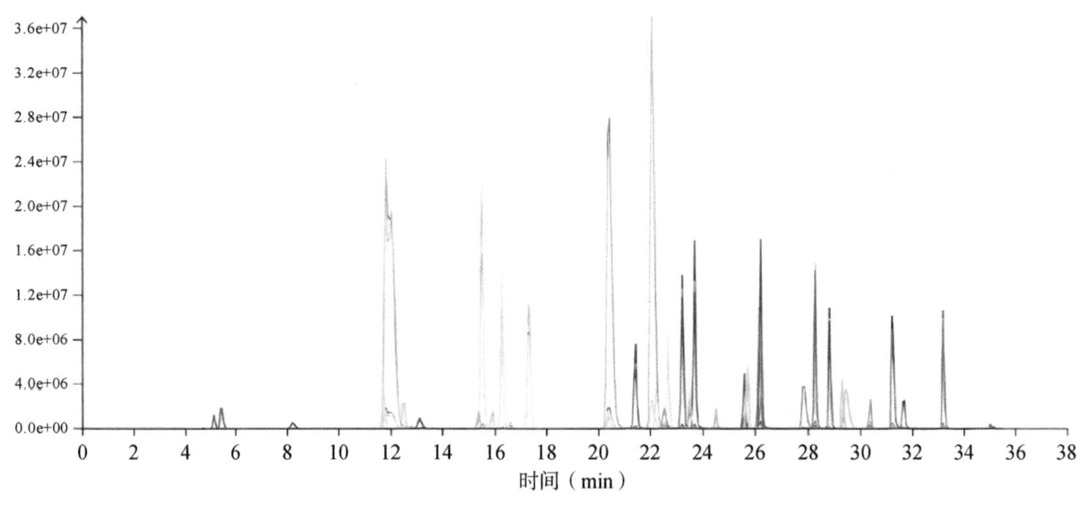

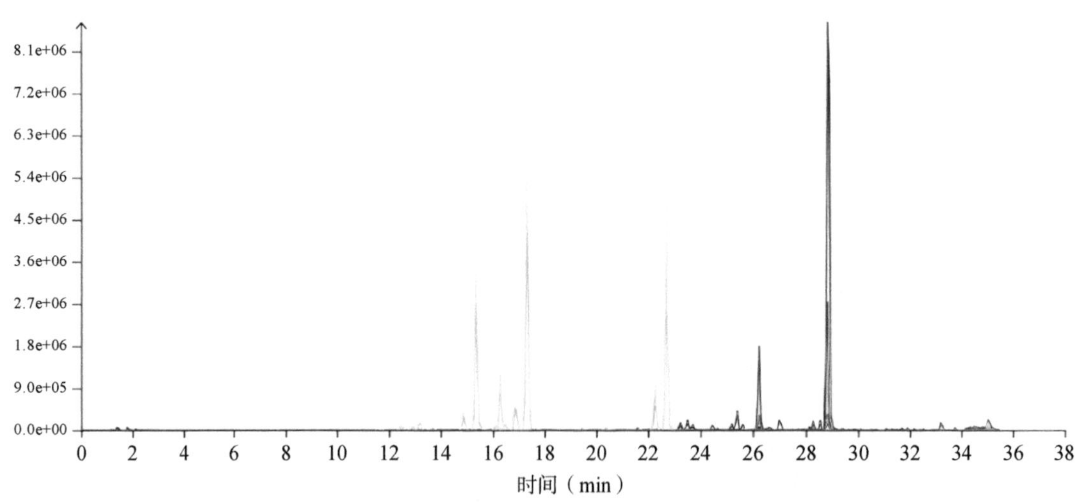

图 11-17 胆汁酸对照品和样品 TIC 图

表 11-4　胆汁酸线性回归方程、相关系数

胆汁酸	线性方程	相关系数（*r*）	线性范围（mmol）	定量限（mmol）
alloLCA	Y=53 910X + 11 500	0.993 6	1.00~400	1.00
LCA	Y=69 120X + 62 730	0.992 2	0.50~200	0.50
isoLCA	Y=26 620X − 113	0.993 3	0.50~200	0.50
NorDCA	Y=310 600X − 28 290	0.994 3	0.25~200	0.25
6-ketoLCA	Y=4 182X − 2 075	0.990 7	1.00~800	1.00
12-ketoLCA	Y=11 730X − 5 929	0.997 0	1.25~1 000	1.25
7-ketoLCA	Y=136 700X − 5 764	0.994 1	0.25~200	0.25
beta-UDCA	Y=141 300X + 24 600	0.995 0	0.50~400	0.50
DCA	Y=105 600X − 29 110	0.991 2	0.50~200	0.50
CDCA	Y=167 300X − 60 090	0.994 5	0.50~400	0.50
UDCA	Y=37 050X − 5 776	0.994 5	0.25~200	0.25
HDCA	Y=80 270X + 3 762	0.994 6	1.25~1 000	1.25
NorCA	Y=6 155X + 178.9	0.991 9	1.00~800	1.00
DHCA	Y=2 591X + 389.4	0.993 5	1.00~800	1.00
7,12-diketoLCA	Y=23 470X + 2 230	0.994 3	1.00~800	1.00
6,7-diketoLCA	Y=43 500X + 33 390	0.993 3	1.00~800	1.00
alpha-MCA	Y=92 810X + 26 440	0.994 4	1.25~1 000	1.25
UCA	Y=147 900X + 7 379	0.994 2	0.25~200	0.25
beta-MCA	Y=90 530X + 11 110	0.995 2	1.25~1 000	1.25
CA	Y=109 800X − 18 750	0.991 2	0.50~400	0.50
ACA	Y=76 360X + 341.2	0.990 4	0.25~200	0.25
beta-CA	Y=131 100X − 27 640	0.992 8	2.50~2 000	2.50
GLCA	Y=25 100X − 20 410	0.990 6	1.00~400	1.00
GHDCA	Y=8 705X − 2 829	0.994 8	1.00~800	1.00
GCDCA	Y=18 970X − 18 370	0.990 1	1.25~1 000	1.25
GUDCA	Y=9 821X − 3 813	0.995 8	1.00~800	1.00
GDCA	Y=11 100X − 8 455	0.991 3	1.00~800	1.00
LCA-3S	Y=47 710X − 42 290	0.993 0	1.00~800	1.00
GCA	Y=6 659X − 4 775	0.991 2	1.25~1 000	1.25
TLCA	Y=28 480X − 19 550	0.990 2	1.00~200	1.00
THDCA+TUDCA	Y=15 550X − 13 810	0.992 8	2.50~2 000	2.50
TDCA	Y=22 450X − 18 700	0.993 6	1.25~1 000	1.25
TCDCA	Y=19 250X − 13 090	0.991 9	1.25~1 000	1.25
TCA	Y=10 700X − 6 179	0.994 9	1.25~1 000	1.25
T-alpha-MCA	Y=6 404X − 845.4	0.993 1	1.25~1 000	1.25
THCA	Y=14 350X − 2 799	0.994 3	0.50~400	0.50
T-beta-MCA	Y=13 550X − 3 626	0.994 0	1.25~1 000	1.25
CDCA-G	Y=5 044X − 12 680	0.993 3	4.00~3 200	4.00

2.8 小鼠粪便中胆汁酸分析

在DSS诱导肠炎状态下，肠道微生物结构改变，进而导致胆汁酸池的构成发生变化，破坏了肠道免疫平衡以及肠屏障稳态。ASDF可能通过调节肠道菌群组成，进一步影响胆汁酸分子的代谢（表11-5）。本研究共定量了36种胆汁酸分子，对其采用偏最小二乘法判别分析方法（partical least-squares discrimination analysis，PLS-DA）进行分析（图11-18A），各组粪便样本簇居紧密，其中ND与UC组胆汁酸代谢普距离最远，分别聚集分布于两个象限。给予ASDF后，结肠炎小鼠的粪便胆汁酸代谢谱有明显改变，次级胆汁酸含量减少。与UC组相比，ASDFL组的整体代谢轮廓更接近ND组。

表11-5 小鼠粪便中主要胆汁酸含量 （单位：mmol）

	胆汁酸	ND	UC	ASDFL	ASDFH	MS
初级胆汁酸	CDCA	0.67	0.73	0.54	0.54	0.55
	CA	33.08	37.45	4.45	2.9	6.35
	GCDCA	1.16	1.16	1.16	1.16	1.16
	GCA	0.89	0.96	0.86	0.86	0.87
	TCDCA	0.81	0.82	0.81	0.82	0.81
	TCA	2.39	1.34	1.61	2.01	1.94
	GUDCA	0.46	0.47	0.46	0.47	0.46
	UDCA	0.33	0.23	0.79	0.28	0.21
	T-alpha-MCA	0.39	0.25	0.3	0.32	0.2
	T-beta-MCA	1.68	0.64	1.03	0.84	1.07
	alpha-MCA	28.56	6.24	2.8	7.78	2.65
	beta-MCA	103.65	28.68	20.97	21.41	22.26
次级胆汁酸	LCA	22.44	3.94	7.7	4.7	1.28
	DCA	635.12	119.65	162.39	124.66	28.23
	GLCA	0.97	0.97	0.97	0.98	0.97
	GDCA	1.52	1.06	1.03	0.99	0.98
	TLCA	0.82	0.82	0.82	0.82	0.82
	TDCA	1.00	1.00	1.00	1.00	1.00
	HDCA	8.69	2.84	41.57	2.41	0.86
	isoLCA	8.03	1.13	2.72	2.14	0.48
	初级/次级	0.06	0.65	0.05	0.25	0.04

此外，UC 组小鼠的初级胆汁酸与次级胆汁酸的比例有所升高（图 11-18B），这一结果与前期数据结果一致。这表明了结肠炎状态下肠道菌群失调会导致代谢功能减弱，无法将初级胆汁酸有效地转化为次级胆汁酸。而 ASDFL 组的初级胆汁酸与次级胆汁酸的比例有所下降，接近 ND 组，这一结果表明，ASDF 可以促进初级胆汁酸转化生成次级胆汁酸，从而调节胆汁酸紊乱。进一步对胆汁酸分子定量分析，发现 UC 组中胆酸（CA）含量显著上升，而脱氧胆酸（DCA）、石胆酸（LCA）以及 β- 鼠胆酸（β-MCA）的浓度显著降低；当 ASDF 干预后，显著改变了结肠炎小鼠中各胆汁酸分子的变化趋势，见图 11-19。

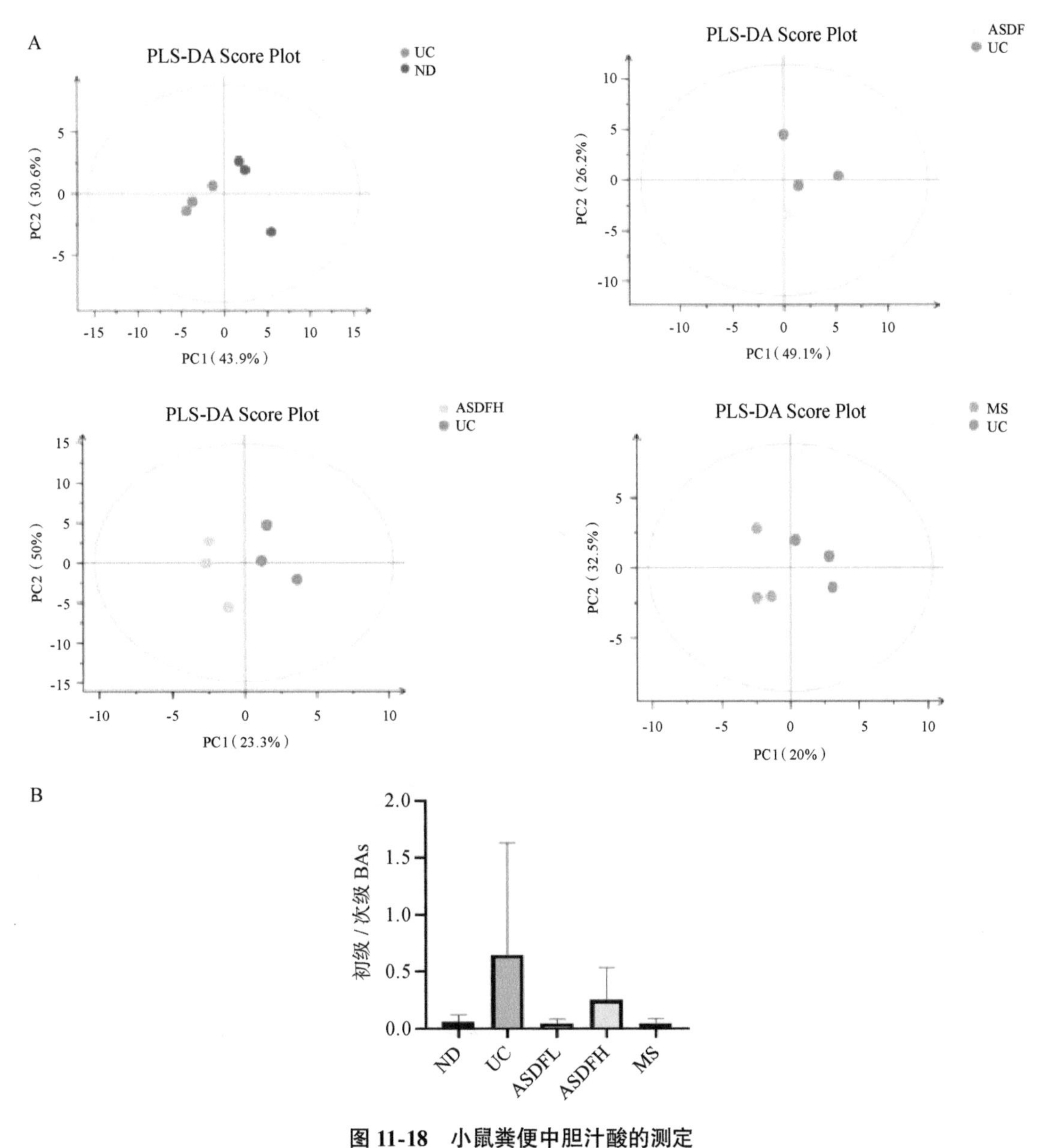

图 11-18　小鼠粪便中胆汁酸的测定

A. PLS-DA 分析；B. 初级胆汁酸与次级胆汁酸的比值。

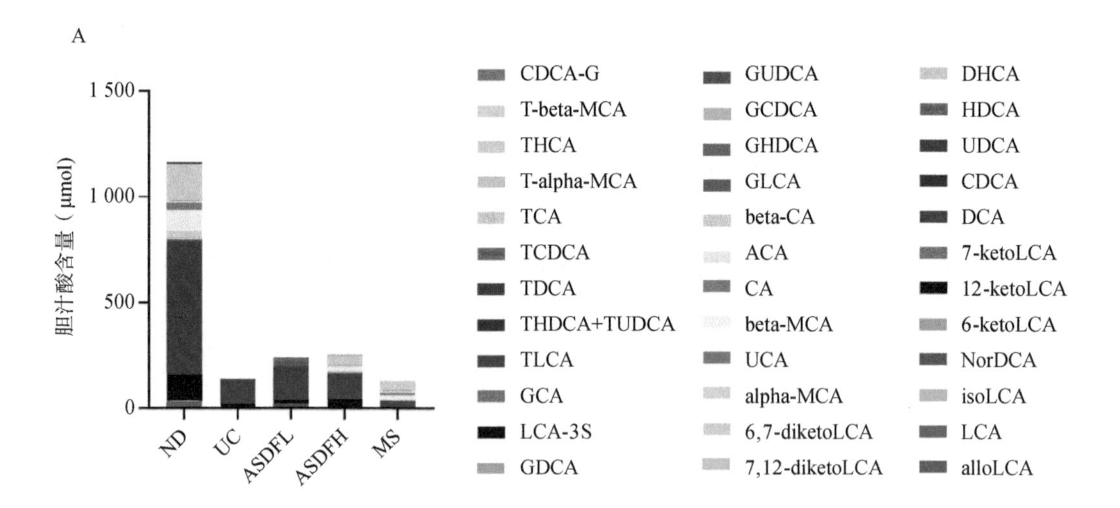
A
胆汁酸含量（μmol）
1 500
1 000
500
0
ND
UC
ASDFL
ASDFH
MS
CDCA-G
T-beta-MCA
THCA
T-alpha-MCA
TCA
TCDCA
TDCA
THDCA+TUDCA
TLCA
GCA
LCA-3S
GDCA
GUDCA
GCDCA
GHDCA
GLCA
beta-CA
ACA
CA
beta-MCA
UCA
alpha-MCA
6,7-diketoLCA
7,12-diketoLCA
DHCA
HDCA
UDCA
CDCA
DCA
7-ketoLCA
12-ketoLCA
6-ketoLCA
NorDCA
isoLCA
LCA
alloLCA

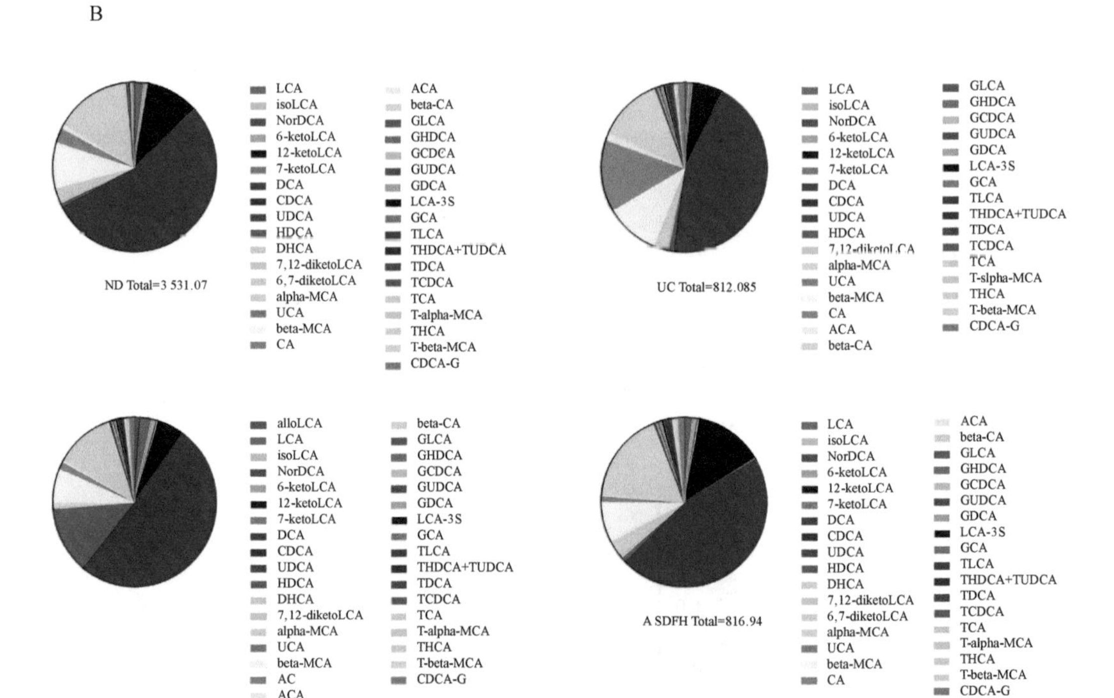
B
ND Total=3 531.07
UC Total=812.085
A SDFH Total=816.94

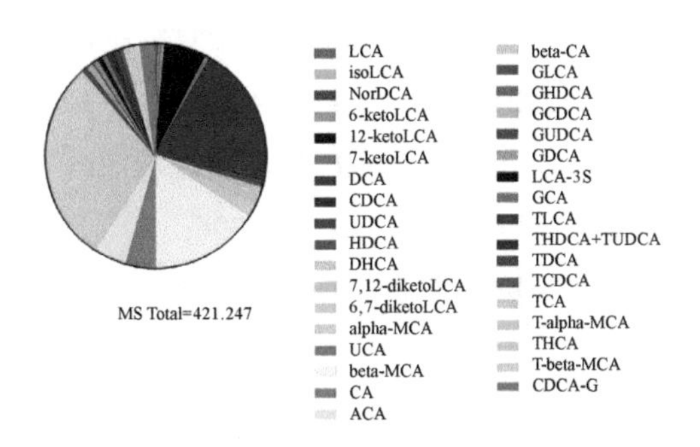

图 11-19　ASDF 对小鼠胆汁酸的影响

A. 各组小鼠胆汁酸的组成柱状图；B. 各组小鼠胆汁酸的组成饼状图。

3　结论

本章主要研究了通过建立 DSS 诱导的溃疡性结肠炎动物模型，对小鼠进行同时造模同时给药，并综合分析 ASDF 的摄入对 UC 小鼠的影响。结果表明，ASDF 的摄入缓解了 UC 小鼠的症状，如提高了小鼠的体重、摄食量、饮水量并改变了 UC 小鼠的活动状态；改善了结肠组织的水肿和炎症情况，增加了结肠绒毛的长度；在一定程度上调节了小鼠肠道菌群的结构和多样性，增加了潜在益生菌的丰富度；ASDF 在肠道中发酵产生 SCFAs，提高了乙酸、丁酸、丙酸的含量，缓解了 UC 小鼠的肠道炎症。总之，短链脂肪酸、胆汁酸与肠道菌群之间关系密切，可以在一定条件下通过相互作用来抑制 UC 小鼠的发病。本研究通过建立溃疡性结肠炎模型，在 ASDF 给药后，不同程度地扭转了结肠状态、炎症水平、肠道菌群及其短链脂肪酸和胆汁酸等因溃疡性结肠炎引起的变化，为 ASD 作为急性结肠炎的辅助治疗剂提供理论支持。

参考文献

［1］刘日亮，乔羽，黄桂青，等．凝结芽孢杆菌：乳果糖合生元对 DSS 诱导的溃疡性结肠炎小鼠肠道健康的影响［J］．微生物学报，2022，62（3）：869-881.

［2］EUN C S, MISHIMA Y, WOHLGEMUTH S, et al. Induction of bacterial antigen-specific colitis by a simplified human microbiota consortium in gnotobiotic interleukin-10-/-mice［J］. Infection and Immunity, 2014, 82(6): 2239-2246.

［3］MARCHESI J R, ADAMS D H, FAVA F, et al. The gut microbiota and host health: A new clinical frontier［J］. Gut, 2016, 65(2): 330-339.

[4] 国家药典委员会 . 中华人民共和国药典：一部［S］. 北京：中国医药科技出版社，2020.
[5] 华梅，樊美玲，卢佳希，等 . 七种药食两用中药膳食纤维体外抗氧化及胆酸盐结合能力研究［J］. 食品工业科技，2021，42（11）：314-320.
[6] 吴昊，于小红，王焕君，等 . 雷公藤对右旋葡聚糖硫酸钠诱导的溃疡性结肠炎小鼠肠道菌群的影响［J］. 中草药，2020，51（2）：387-396.
[7] 吴苹，刘晋倩，董晶，等 . 鱼腥草多糖对 DSS 诱导的小鼠结肠炎的改善作用［J］. 食品工业科技，2021，42（23）：362-369.
[8] BREIMAN, L. Random forests［J］. Machine Learning, 2001, 45(1): 5-32.

第十二章 西洋参治疗痛风产品开发

痛风是一种关节炎症性疾病，其特点是由于血清尿酸盐水平过高和关节内单钠尿酸盐（MSU）结晶沉淀，导致急性疼痛反复发作[1-2]。痛风患者常伴有糖尿病、肾脏疾病和心血管疾病等，且患病率呈逐年上升趋势，已成为第四大代谢性疾病[3]。而高尿酸血症通常是由于体内嘌呤代谢紊乱，使得尿酸合成增多或排泄减少，进而机体出现尿酸代谢异常[4]。高尿酸血症是痛风疾病发生、发展的不同阶段。痛风与高尿酸血症具有病期长、难以根治等特点。目前治疗急性痛风或高尿酸血症多采用化学药物，虽然有一定的效果，但也会引起胃肠道刺激等副作用，患者服药后经常会出现腹泻、恶心、反酸等现象，影响患者的生活质量[5-7]。

天然植物是新型药物开发的来源之一，不仅具有生物活性，而且副作用较少，这主要依赖于其含有复杂的生物活性化合物[8-9]。葵花盘是去除葵花籽的向日葵盘，性甘、寒，归肝经，用于清热平肝、止痛止血。现代药理学证明，葵花盘具有降血糖、降血脂、抗氧化、缓解疼痛和抗炎等作用[10-11]。此外，有研究发现葵花盘粉在治疗痛风性关节炎具有较好的疗效[12-14]。本研究利用葵花盘这一新型抗痛风的药食同源材料，将西洋参、葵花盘、薏苡仁与淡竹叶进行组方，明确复方葵花盘改善高尿酸血症与抗痛风的药理作用，为复方制剂的开发利用提供理论基础。

1 材料与方法

1.1 试剂

氧嗪酸钾、别嘌醇、秋水仙碱和尿酸钠购自西格玛奥德里奇（上海）贸易有限公司；黄嘌呤氧化酶购自北京世纪山水科技有限公司；尿酸测定试剂盒、肌酐测定试剂盒和尿素氮 (BUN) 测定试剂盒均购自南京建成生物工程研究所；TNF-α Elisa 试剂盒和 IL-6 Elisa 试剂盒购自赛默飞试剂公司。

1.2 西洋参复合葵花盘的制备

西洋参复合葵花盘按照本课题组的专利方法[15]进行提取和制备。该组合物主要由西洋参、葵花盘、薏苡仁、淡竹叶和麦芽糊精等物质组成。西洋参、葵花盘、薏苡仁、淡竹叶分别经过乙醇和水进行提取、过滤和浓缩，浓缩物经不同程度的酶解处理后，进行混合和干燥处理，即为西洋参复合葵花盘。

1.3 仪器

Epoch2 型酶标仪，美国博腾仪器有限公司；DHG-9123A 电热恒温鼓风干燥箱，上海精宏实验设备有限公司；CPA225D 电热恒温水浴锅，北京市永光明医疗仪器厂；MS204S 电子分析天平，瑞士梅特勒公司；超低温离心机，赛默飞世尔科技有限公司。

1.4 动物饲养

SPF 级 BALB/c 健康雄性小鼠 48 只，体重（20 ± 2）g，SD 雄性大鼠 36 只，体重（200 ± 20）g，购自辽宁长生生物技术股份有限公司，动物生产许可证：SCXK（辽）2020—0001。自由进食进水，适应饲养 7 d 后开始实验，饲养环境在环境温度（22 ± 3）℃，相对湿度 55% ± 15%，照明时间 12 h/d。实验通过中国农业科学院特产研究所动物伦理委员会批准（No.ISAPSAEC-2022-76）。

1.5 大鼠急性痛风性关节炎模型建立及给药方法

将 SD 大鼠随机分为正常组、模型组、西洋参复合葵花盘低剂量给药组（0.2 g/kg）、西洋参复合葵花盘中剂量给药组（0.5 mg/kg）、西洋参复合葵花盘高剂量给药组（1 g/kg）、秋水仙碱阳性对照组（0.3 mg/kg），每组各 6 只。各给药组大鼠灌胃给予对应剂量的受试物，正常组和模型组给予相同体积的生理盐水，连续 7 d。在第 6 d，建立急性痛风性关节炎模型，将 0.2 mL 尿酸钠晶体（20 g/L）注射到大鼠右侧的踝关节腔内，正常组注入 0.2 mL 的 PBS 溶液。造模后的 0 h、1 h、2 h、4 h、6 h、8 h、24 h，共 7 个时间点对实验大鼠的右踝关节直径（mm）进行测量，3 次测量，计算平均值，关节肿胀度（mm）= 造模后的踝关节直径（mm）– 造模前的踝关节直径（mm）。

1.6 痛风性关节炎功能障碍指数的测定

各组大鼠的步态进行观察：0 级——正常行走（0 分）；1 级——轻微跛行，受试下肢略有弯曲（1 分）；2 级——中度跛行，受试下肢刚触及地面（2 分）；3 级——重度跛行，受试下肢离开地面，三足着地行走（3 分）。

1.7 血清中炎症因子的测定

根据 Elisa 试剂盒说明书的方法检测各组大鼠血清中 TNF-α 和 IL-6 的含量。

1.8 高尿酸血症小鼠模型建立与给药方法

将雄性 BALB/c 小鼠随机分为正常组、模型组、别嘌醇组（20 mg/kg）、西洋参复合葵花盘组（0.5 g/kg、1 g/kg、1.5 g/kg），每组 8 只。除空白组外，各组均灌胃给予 20 g/kg 酵母溶液，各给药组灌胃相应样品，共 8 d。在第 5~8 d，酵母灌胃 1 h 后，除空白组，各组腹腔注射 300 g/kg 氧嗪酸钾（OXO）溶液。空白组注射等量生理盐水。最后一次给药后 1 h，各组小鼠眼眶静脉丛取血，血浆静置 30 min 后，以 3 000 r/min 的速度离心 5 min，取上清液，置于 –80℃保存。

1.9　高尿酸血症小鼠血清中尿酸、肌酐、尿素氮的测定

按照南京建成生物工程研究所提供的相应试剂盒说明书的测定方法检测小鼠血清尿酸和肌酐、尿素氮的含量。

1.10　肝脏中黄嘌呤氧化酶的测定

按照南京建成生物工程研究所提供的相应试剂盒说明书的测定方法检测小鼠肝脏中黄嘌呤氧化酶的含量。

1.11　统计分析

实验数据用平均值 ± 标准差表示。所有数据均采用单因素方差分析和 Tukey 多重比较检验进行分析。组间 P 值差异有统计学意义为 $P<0.05$。所有统计分析均使用 GraphPad Prism 版本 5（GraphPad ofsoftware，San Diego，CA，USA）进行。

2　结果与分析

2.1　复合葵花盘对急性痛风性关节炎大鼠的关节肿胀程度的影响

表 12-1 结果显示，与正常组相比，模型组大鼠踝关节处在 1 h、2 h、4 h、6 h、8 h、24 h 发生明显肿胀，在 8 h 时肿胀程度最为严重，表明痛风性关节炎模型成功，差异具有统计学意义（$P<0.01$）。与模型组相比，西洋参复合葵花盘 3 个剂量组大鼠踝关节的肿胀程度均有所下降（$P<0.05$，$P<0.01$），具有剂量依赖性，秋水仙碱组显著抑制大鼠踝关节的肿胀程度（$P<0.01$）。说明复合葵花盘能够抑制痛风性关节炎大鼠的关节肿胀。

表 12-1　西洋参复合葵花盘对急性痛风性关节炎大鼠踝关节肿胀程度的影响（n=6）

组别	剂量（mg/kg）	踝关节肿胀程度（mm）					
		1 h	2 h	4 h	6 h	8 h	24 h
正常组		0.42 ± 0.06	1.05 ± 0.52	1.17 ± 0.74	1.38 ± 0.49	1.56 ± 0.61	0.53 ± 0.24
模型组		2.21 ± 0.42##	2.55 ± 0.36##	3.47 ± 0.61##	3.84 ± 0.47##	5.25 ± 0.93##	3.02 ± 0.31##

（续表）

组别	剂量（mg/kg）	踝关节肿胀程度（mm）					
		1 h	2 h	4 h	6 h	8 h	24 h
西洋参复合葵花盘组	200	1.16 ± 0.34*	1.69 ± 0.47*	2.51 ± 0.32*	2.64 ± 0.71*	3.23 ± 0.69*	2.05 ± 0.36**
	500	1.11 ± 0.39*	1.63 ± 0.52**	2.09 ± 0.83**	2.28 ± 0.27*	2.79 ± 0.35*	1.92 ± 0.54**
	1 000	1.04 ± 0.27**	1.51 ± 0.39**	1.88 ± 0.31**	2.21 ± 0.43**	2.57 ± 0.41**	1.23 ± 0.21**
秋水仙碱组	0.3	1.01 ± 0.33**	1.43 ± 0.51**	1.76 ± 0.49**	2.17 ± 0.47**	2.45 ± 0.32**	1.14 ± 0.28**

注：与正常组相比，##$P<0.01$；与模型组相比，*$P<0.05$，**$P<0.01$。

2.2 西洋参复合葵花盘对功能障碍指数的影响

造模 24 h 后，模型组大鼠活动量减少，走路姿势异常，受试下肢轻触或离开地面，呈三足着地的步态，关节局部呈现红肿状态。与模型组相比，西洋参复合葵花盘 3 个剂量组及秋水仙碱组大鼠行走障碍指数显著下降，说明西洋参复合葵花盘能够明显改善痛风引起的大鼠行走步态异常（$P<0.01$），结果见表 12-2。

表 12-2　西洋参复合葵花盘对急性痛风性关节炎模型大鼠步态的影响（*n*=6）

组别	剂量（mg/kg）	障碍指数
正常组		0
模型组		2.79 ± 0.35##
西洋参复合葵花盘组	200	2.06 ± 0.32**
	500	1.87 ± 0.26**
	1 000	1.54 ± 0.31**
秋水仙碱组	0.3	1.47 ± 0.25**

注：与正常组相比，##$P<0.01$；与模型组相比，*$P<0.05$，**$P<0.01$。

2.3 西洋参复合葵花盘对急性痛风性关节炎大鼠血清中炎症因子的影响

与正常组对比，注射 MSU 的模型大鼠血清中炎症因子 TNF-α 和 IL-6 的含量显著上升（$P<0.01$）。与模型组相比，西洋参复合葵花盘中、高剂量组和秋水仙碱阳性组能够显著降低大鼠血清中 TNF-α 的含量（$P<0.05$），西洋参复合葵花盘 3 个剂量组和秋水仙碱阳性组能够极显著降低 IL-6 的水平（$P<0.01$）。结果表明，西洋参复合葵花盘具有提高机体的抗炎能力从而达到抗痛风性关节炎的药理作用，结果见表 12-3。

表 12-3　西洋参复合葵花盘对急性痛风性关节炎大鼠血清中 TNF-α 和 IL-6 的影响（*n*=6）

组别	剂量（mg/kg）	TNF-α（pg/mL）	IL-6（pg/mL）
正常组		13.56 ± 2.614	92.65 ± 8.98
模型组		26.64 ± 1.45$^{\#}$	133.82 ± 4.45$^{\#\#}$
西洋参复合葵花盘组	200	19.41 ± 3.72	91.95 ± 7.68**
	500	14.92 ± 1.26*	83.82 ± 6.64**
	1 000	13.372 ± 2.31*	99.51 ± 4.12**
秋水仙碱组	20	15.87 ± 2.25*	98.91 ± 3.48**

注：与正常组相比，$^{\#}P<0.05$，$^{\#\#}P<0.01$；与模型组相比，$^{*}P<0.05$，$^{**}P<0.01$。

2.4　西洋参复合葵花盘对高尿酸血症小鼠肾功能指标的影响

与正常组相比，模型组小鼠血尿酸值、尿素氮和肌酐显著增加（$P<0.05$，$P<0.01$），说明建立高尿酸血症小鼠模型成功。从表 12-4 中可以看出，与模型组相比，西洋参复合葵花盘低、中和高剂量组均能显著降低小鼠血尿酸、尿素氮和肌酐的含量（$P<0.05$，$P<0.01$），给药组的血尿酸低于正常组小鼠血尿酸水平，与阳性组的作用一致，说明西洋参复合葵花盘能起到抗高尿酸血症的作用。

表 12-4　西洋参复合葵花盘对高尿酸血症小鼠肾功能指标的影响（*n*=8）

组别	剂量（mg/kg）	尿酸（μmol/L）	尿素氮（mmol/L）	肌酐（μmol/L）
正常组		142.37 ± 31.64	7.17 ± 0.92	10.24 ± 2.92
模型组		181.65 ± 29.63$^{\#\#}$	8.8 ± 0.94$^{\#}$	18.58 ± 3.04$^{\#\#}$
	200	120.41 ± 8.79*	7.24 ± 2.01*	14.24 ± 3.08*
西洋参复合葵花盘组	500	96.58 ± 22.47**	6.87 ± 0.99*	12.45 ± 3.59*
	1 000	76.58 ± 10.43**	6.93 ± 2.32*	11.87 ± 2.82**
别嘌醇组	20	37.29 ± 5.41***	6.79 ± 0.80*	11.54 ± 2.58**

注：与正常组相比，$^{\#}P<0.05$，$^{\#\#}P<0.01$；与模型组相比，$^{*}P<0.05$，$^{**}P<0.01$。

2.5　西洋参复合葵花盘对高尿酸血症小鼠肝脏黄嘌呤氧化酶的影响

与正常组相比，模型组小鼠肝脏中黄嘌呤氧化酶的活力显著升高（$P<0.01$），可能诱发小鼠体内尿酸合成增加。与模型组相比，西洋参复合葵花盘低、中和高剂量组能显著降低小鼠肝脏中黄嘌呤氧化酶的活力（$P<0.05$），高剂量组能极显著降低小鼠肝脏中黄嘌呤氧化酶的活力（$P<0.01$），与阳性组的作用一致，说明西洋参复合葵花盘抑制黄嘌呤氧化酶的活力从而抑制高尿酸血症小鼠体内尿酸的合成。结果见表 12-5。

表 12-5　西洋参复合葵花盘对高尿酸血症小鼠肝脏黄嘌呤氧化酶活力的影响（n=8）

组别	剂量（mg/kg）	黄嘌呤氧化酶
正常组		21.07 ± 3.05
模型组		$29.48 \pm 3.43^{\#\#}$
西洋参复合葵花盘组	200	$25.45 \pm 2.25^{*}$
	500	$23.57 \pm 4.09^{*}$
	1 000	$22.05 \pm 4.25^{**}$
别嘌醇组	20	$22.47 \pm 5.29^{**}$

注：与正常组相比，$^{\#\#}P<0.01$；与模型组相比，$^{*}P<0.05$，$^{**}P<0.01$。

3　结论

近年来随着生活水平的提高，人们的饮食中越来越多的摄入高蛋白与高嘌呤类食物，导致部分人群尿酸值升高或持续偏高，当尿酸水平超过其物理溶解度时会以 MSU 晶体的形式析出诱发痛风性关节炎，出现关节疼痛、肿胀、发热以及活动困难等症状[16]。痛风的发病机制与炎症密切相关，MSU 晶体刺激滑膜细胞、单核细胞、巨噬细胞及中性粒细胞并产生 IL-1β、IL-6 和 TNF-α 等炎性因子[17]。在大鼠的急性痛风性关节炎实验中，通过在大鼠踝关节中注射 MSU 晶体来诱导急性痛风性关节炎，引起了大鼠踝关节肿胀与行动困难的症状。与模型组相比，西洋参复合葵花盘组大鼠在 1 h、2 h、4 h、6 h、8 h、24 h 时显著减轻踝关节的肿胀度，说明西洋参复合葵花盘能够抑制 MSU 引起的踝关节的肿胀且缓解行走障碍。西洋参复合葵花盘显著降低血清中 IL-6 和 TNF-α 的含量，说明西洋参复合葵花盘具有通过抑制炎症的发生而起到抗痛风的作用。因尿酸水平异常与痛风疾病二者关系密切，我们进一步探讨了西洋参复合葵花盘对尿酸的生成与分泌产生的作用。在高尿酸血症实验中，给予小鼠酵母膏增加嘌呤的摄入，联合氧嗪酸钾盐降低尿酸酶活性，二者联合给予导致小鼠尿酸升高，诱导高尿酸血症模型[18]。结果表明西洋参复合葵花盘能够显著降低高尿酸血症小鼠血清中尿酸、肌酐和尿素氮的含量。黄嘌呤氧化酶是促进尿酸在肝脏中合成的关键酶[19]，西洋参复合葵花盘能显著抑制黄嘌呤氧化酶的活力，证明了西洋参复合葵花盘能够抑制高尿酸血症小鼠体内尿酸的生成。

综上所述，西洋参复合葵花盘通过降低炎症因子 IL-6 和 TNF-α 的分泌而起到抗痛风性关节炎的作用，同时抑制黄嘌呤氧化酶活力进而减少尿酸的生成，从而达到改善高尿酸血症的作用。

参考文献

[1] 徐鹏，刘树民，于栋华，等．痛风性关节炎治疗的研究进展［J］．中国医药导报，2022，19（5）：44-47.

[2] KUO C F, GRAINGE M J, ZHANG W, et al. Global epidemiology of gout: Prevalence, incidence and risk factors［J］. Nature Reviews Rheumatology, 2015, 11(11): 649-662.

[3] SINGH J A, CLEVELAND J D. Serious infections in patients with gout in the US: A national study of incidence, time trends, and outcomes［J］. Arthritis Care & Research, 2021, 73(6): 898-908.

[4] 刘鹏，靳京，孟晓燕，等．高尿酸血症及其治疗药物与肾脏疾病相关性的研究进展［J］．药物评价研究，2021，44（9）：2013-2019.

[5] 袁华，李静华，封宇飞．114 例别嘌醇不良反应文献分析［J］．中国药物应用与监测，2016，13（6）：359-362.

[6] 曹雯，陈国芳，刘超．别嘌呤醇还是苯溴马隆：降尿酸药物的选择之辩［J］．药品评价，2016，13（15）：5-8，26.

[7] 林华，候亮，高丽辉，等．芒果苷与别嘌醇长期毒性比较研究［J］．中国民族民间医药，2020，29（16）：16-22.

[8] SHINKAFI T SALIHU, BELLO L, HASSAN S WARA, et al. An ethnobotanical survey of antidiabetic plants used by Hausa-Fulani tribes in Sokoto, Northwest Nigeria［J］. Journal of Ethnopharmacology, 2015, 172: 91-99.

[9] 张志姣，梁瑞鹏，赵彤，等．具有降尿酸或抗痛风活性的天然产物研究进展［J］．药学学报，2022，57（6）：1679-1688.

[10] 张燕丽．葵花盘绿原酸的提取及体外降血糖的研究［D］．长春：长春工业大学，2021.

[11] RODRIGO D, SONSOLES H, NATALIA G, et al. Modulation of inflammatory responses by diterpene acids from *Helianthus annuus* L.［J］. Biochemical and Biophysical Research Communications, 2008, 369(2): 761-766.

[12] 戴惠吖，吕帅，王德利，等．葵花盘粉有效成分对小鼠高尿酸血症的治疗作用［J］．吉林大学学报（医学版），2018，44（2）：327-331，466.

[13] 刘小波，薛均来．一种抗痛风中草药葵花盘粉的药理作用［J］．内蒙古中医药，2016，35（8）：130-131.

[14] LI L, TENG M, LIU Y, et al. Anti-Gouty arthritis and antihyperuricemia effects of sunflower (*Helianthus annuus*) head extract in gouty and hyperuricemia animal models［J］. Biomed Research International, 2017: 5852076-5852085.

[15] 孙印石，李珊珊．一种降低尿酸、缓解痛风的复合葵花盘组合物及其制备方法与应用

[P]. 吉林省: CN109833443B，2021-07-27.

[16] 董鹏，宋慧. 痛风发病机制研究进展[J]. 基础医学与临床，2015，35(12): 1695-1699.

[17] 刘欢，庞学丰，吴燕红，等. 清热祛湿法对尿酸钠关节炎大鼠 OPG/RANKL/ NF-κB 信号通路调控的影响[J]. 中华中医药杂志，2018，33(6): 2560-2562.

[18] 吴芃，王亮，李海涛，等. 高尿酸血症模型的建立及降尿酸药物的研究进展[J]. 中国病理生理杂志，2021，37(7): 1283-1294.

[19] ZHANG Y, LI Q, WANG F, et al. A zebrafish (danio rerio) model for high- throughput screening food and drugs with uric acid-lowering activity [J]. Biochemical and Biophysical Research Communications, 2019, 508(2): 494-498.